LA BIJOUTERIE FRANÇAISE
AU XIXe Siècle

HENRI VEVER

PARIS 1908

LA

BIJOUTERIE FRANÇAISE

AU XIXᵉ SIÈCLE

(1800-1900)

PARIS. — IMPRIMERIE GEORGES PETIT
12, RUE GODOT-DE-MAUROI, 12

LA
BIJOUTERIE FRANÇAISE

AU XIXe SIÈCLE

(1800-1900)

PAR

HENRI VEVER

BIJOUTIER-JOAILLIER

II

Le Second Empire

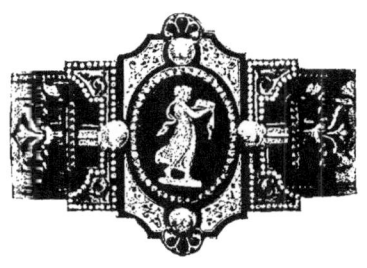
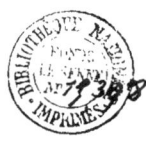

PARIS
H. FLOURY, LIBRAIRE-ÉDITEUR
1, BOULEVARD DES CAPUCINES, 1

1908

Tous droits de traduction et de reproduction réservés.

LA
BIJOUTERIE FRANÇAISE
AU XIXe SIÈCLE

(1800-1900)

AVANT-PROPOS

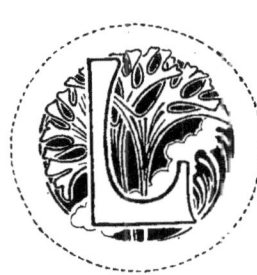

'ACCUEIL bienveillant qui a été fait à la première partie de cet ouvrage, malgré l'aridité inévitable de son sujet spécial et un peu technique, a été pour nous un encouragement précieux à le continuer, encouragement nécessaire aussi, car il n'est pas certain que nous eussions jamais terminé ce travail, si nous ne nous étions senti soutenu par l'assurance qui nous a été donnée, sous plusieurs formes et de côtés différents, que la réunion de ces documents relatifs à la bijouterie française au xixe siècle pouvait n'être pas absolument dépourvue d'intérêt ou d'utilité.

Certes, notre intention et notre désir personnels étaient de poursuivre nos recherches et de les prolonger jusqu'à la période contemporaine ; mais nous avons rencontré sur notre route de si nombreuses difficultés que nous en sommes resté parfois déconcerté.

C'est qu'en effet, dans ce second volume, ce sont des confrères vivants qui entrent en scène ; et la tâche est délicate et épineuse, non seulement de parler d'eux avec une entière justice, ce que nous nous sommes toujours efforcé de faire, mais même de faire un choix parmi tant d'artistes et d'artisans de valeur.

Une autre difficulté consistait dans l'abondance même des renseignements et des documents parmi lesquels il nous fallait faire une sélection. Peut-être notre choix semblera-t-il trop limité à quelques-uns de nos lecteurs, mais nous avons cru devoir nous borner aux éléments qui nous ont paru les plus caractéristiques; et puis, ne fallait-il pas laisser à ceux qui viendront après nous, le soin de compléter et peut-être de rectifier notre travail, ce qu'ils pourront faire avec d'autant plus d'efficacité que le recul du temps leur permettra mieux qu'à nous de juger notre époque actuelle.

Enfin, nous avons encore été embarrassé maintes fois par les contradictions que nous rencontrions, soit dans les différents journaux du temps que nous avions à consulter, soit dans les récits des témoins oculaires dont, après tant d'années écoulées, la mémoire est parfois nébuleuse ou sujette à inexactitude.

Cette difficulté à connaître exactement des faits qui se sont passés à une époque cependant si rapprochée de la nôtre se trouve parfaitement indiquée dans ce passage d'une lettre que nous écrivait M. Victor Champier, le distingué critique d'art, qui sait par expérience l'aridité d'un semblable labeur : « ... Que vous ayiez dû éprouver les plus grandes difficultés à réunir les matériaux que vous venez de mettre en œuvre, j'ose dire que nul plus que moi ne saura s'en rendre compte, car ce que vous avez fait pour la bijouterie, j'ai dû l'entreprendre de mon côté pour d'autres industries. N'est-il pas singulier qu'on éprouve tant de difficultés à se procurer des renseignements exacts ou topiques sur des hommes ou des choses encore si près de nous! Il est aussi difficile, à l'heure qu'il est, de pénétrer au fond de l'histoire des arts du décor de l'époque Louis-Philippe ou de Napoléon III, que d'élucider les problèmes que le xviie et le xviiie siècles ont laissé à résoudre sur ce même sujet à la sagacité des archéologues et des historiens. »

Nous venons d'insister, peut-être un peu plus qu'il ne conviendrait, sur les difficultés de notre tâche, c'est uniquement pour excuser d'avance les imperfections de notre travail et obtenir pour lui le bénéfice des circonstances atténuantes. C'est aussi pour faire comprendre à quel point nous sommes reconnaissant à tous ceux qui ont bien voulu nous encourager et nous aider en acceptant de répondre à nos questions malgré leur importunité, car, dans notre souci de ne négliger aucun moyen de contrôle, nous avons frappé à de nombreuses portes. Continuant à faire appel à ceux de nos confrères les plus anciens ou les mieux qualifiés qui, très obligeamment, mirent leurs archives et leurs souvenirs à notre disposition, nous avons, en outre, soigneusement recueilli les « dires » des personnages dont l'influence a été indéniable pendant les diverses périodes dont nous nous sommes occupé.

Eux-mêmes, ou leurs descendants, ont bien voulu répondre aux questions que nous avons pris la liberté de leur poser et se prêter à une sorte d'enquête qui nous semblait nécessaire et dont les résultats donneront à ce travail, nous l'espérons, un intérêt spécial d'exactitude.

Déjà, lors de la préparation du premier volume de cet ouvrage, nous avions pu nous adresser à des personnalités éminentes du monde monarchiste et même à des membres de la famille royale, en particulier : S. A. Mme la Duchesse de Chartres et Mgr le Duc d'Orléans, ont eu la gracieuseté de nous donner ou de nous faire parvenir des indications qui ont été tout particulièrement appréciées.

Depuis, nous avons mis à contribution la complaisance de nombreux personnages du Second Empire, qui ont bien voulu ne pas s'apercevoir de l'indiscrétion de nos demandes, et les considérer, avec raison du reste, comme uniquement dictées par le désir de ne rien avancer dont nous ne fussions certain.

S. M. l'Impératrice Eugénie a daigné faire en notre

faveur appel à ses souvenirs et nous fournir, par l'entremise de M. F. Pietri, des renseignements très intéressants et indiscutables[1].

Comme on le voit, notre tâche a été grandement facilitée; aussi est-ce avec un sentiment de bien sincère gratitude que nous adressons ici nos remerciements à ceux qui, par leur aide, nous ont donné la possibilité de terminer cet ouvrage; et si ce second volume est favorisé, comme le premier l'a été, de la bienveillance que nous désirons pour lui et que nous sollicitons, c'est en grande partie à ces obligeants collaborateurs qu'il devra son succès.

[1]. Extrait des lettres de M. Pietri : « J'ai grand plaisir à vous donner quelques détails complémentaires au sujet des bijoux de l'Impératrice. Sa Majesté a daigné répondre elle-même aux questions que vous m'avez demandé de lui soumettre..... (Suivent les renseignements.) J'ai reçu et remis à Sa Majesté le premier volume de votre ouvrage, et elle l'a parcouru avec un grand intérêt. »

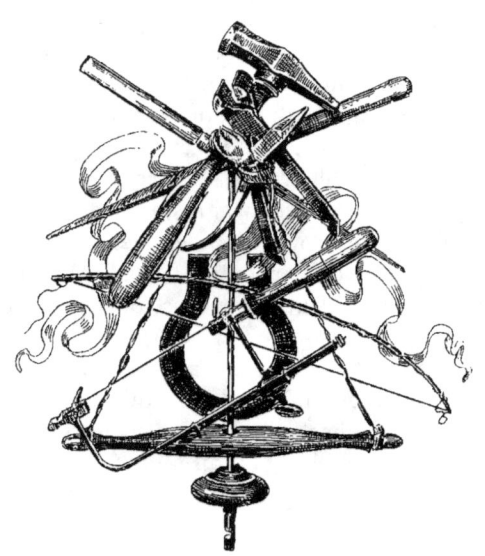

LE SECOND EMPIRE

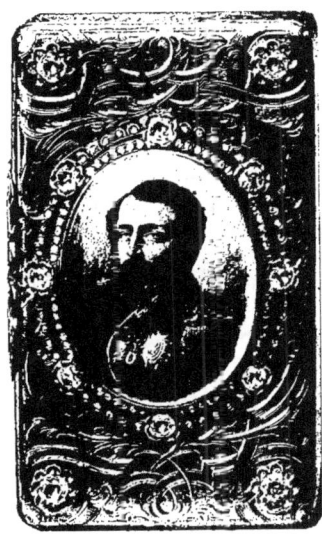

TABATIÈRE EN OR ET DIAMANTS,
avec le portrait de Louis-Napoléon,
Président de la République,
par F. de Fournier (daté : 7bre 1852).

Nous avons terminé la première partie de notre travail par l'étude du bijou pendant la deuxième République. Cette période, assez courte, ne présente pas une homogénéité suffisante au point de vue particulier qui nous occupe, pour que nous ayons cru devoir lui consacrer un chapitre spécial. En effet, les productions industrielles du début (1848 et 1849) ne sont qu'une continuation de celles qui se fabriquaient sous Louis-Philippe ; celles, au contraire, qui coïncident avec l'avènement du « Prince-Président », pourraient déjà se rattacher par plusieurs points au Second Empire.

Nous avons vu que les événements de Juin 1848 avaient été, pour le commerce en général et les industries de luxe en particulier, une cause d'inquiétude grave et de malaise aigu : un grand nombre de maisons de commerce avaient sombré dans la tourmente ; les théories socialistes avaient, à bon droit, effrayé le capital, et il est tout naturel que les achats de bijoux se soient trouvés considérablement réduits. Dans ces conditions, les bijoutiers ne pouvaient pas avoir beaucoup d'entrain à chercher ces modèles nouveaux et devaient se contenter de fabriquer, d'après leurs formules habituelles, des bijoux simples, modestes tirés à l'économie et forcément peu intéressants, ainsi qu'on en peut juger par nos gravures. Cependant, cette période critique ne pouvait se prolonger. Tous désiraient et attendaient un changement prochain, et on peut dire que ce fut avec la complicité tacite de la très grande majorité du pays, que Louis-Napoléon put graduellement réaliser ses rêves de prétendant et renouveler ses tentatives jusqu'alors si peu couronnées de succès. Nommé d'abord député de Paris par 84.420 voix, à la grande stupéfaction des hommes politiques et de la Presse de l'époque dont, faute de ressources, il avait dû négliger le concours, il fut élu Président de la République par le suffrage universel en décembre 1848.

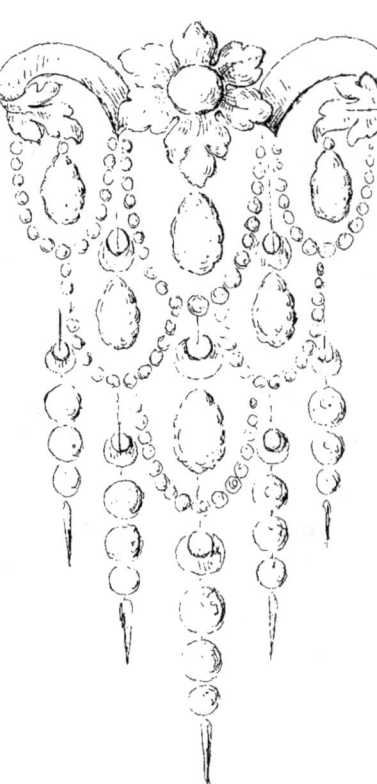

CROQUIS DE BROCHE JOAILLERIE
A PAMPILLES ET PERLES BAROQUES.

Dès lors, il s'efforça de devenir populaire, se montra partout, visitant les hôpitaux, les manufactures, voyageant, inaugurant, passant des revues dans lesquelles sa belle attitude à cheval le servit aussi bien que le souvenir glorieux et toujours vivace de son oncle; il donna à l'Élysée des fêtes brillantes et très suivies [1], cher-

---

1. L'élite de tous les corps constitués assistait à ces belles fêtes, dont la Princesse Mathilde, cousine du Président, faisait les honneurs. La magistra-

chant ainsi à rendre confiance aux capitaux et à faire revivre le luxe auquel les habitudes familiales de Louis-Philippe n'avaient pas donné d'impulsion. Le Prince-Président ne négligea rien pour provoquer une reprise des affaires ; il avait inauguré, en 1849, l'exposition nationale des produits

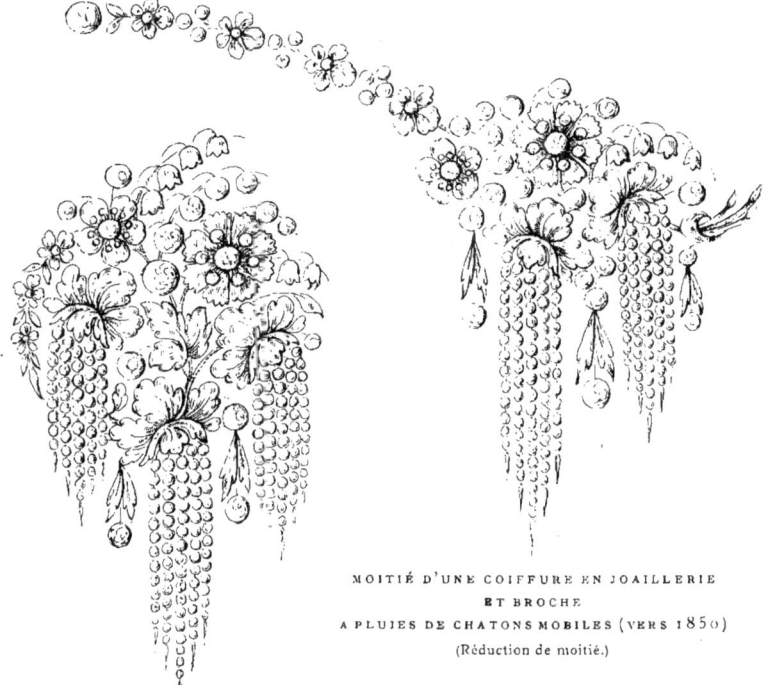

MOITIÉ D'UNE COIFFURE EN JOAILLERIE
ET BROCHE
A PLUIES DE CHATONS MOBILES (VERS 1850)
(Réduction de moitié.)

de l'industrie ; il saisit très habilement l'occasion qui lui fut offerte, en 1851, de s'attirer à la fois les sympathies anglaises et de favoriser le réveil de l'industrie et du commerce français, en engageant, par tous les moyens possibles, ses représen-

ture, l'armée, l'Institut, la haute finance, le monde des lettres et des arts s'y rencontraient, et l'on disait plaisamment : « Il fait danser la République en attendant qu'il la fasse sauter. ».

tants les plus autorisés à prendre part à l'Exposition organisée à Londres. Les appels du Prince-Président furent entendus, et ses encouragements multiples obtinrent un vif succès, ainsi que nous allons le voir.

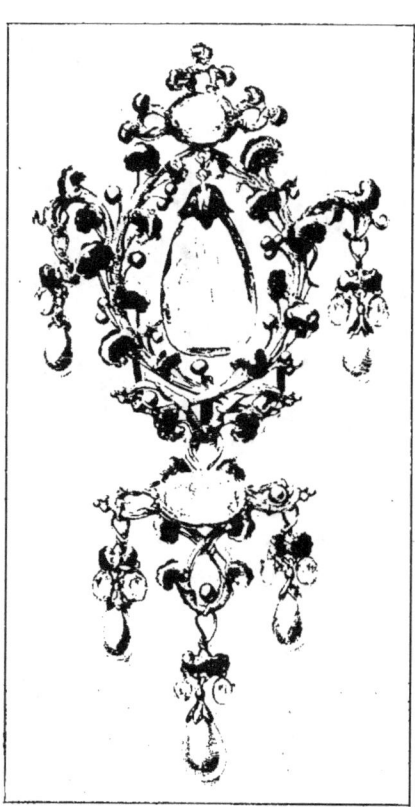

BROCHE AIGUES-MARINES,
ÉMAIL ET PERLES,
par F.-D. Froment-Meurice père.

C'est en France que, pour la première fois, fut émise l'idée d'une Exposition universelle et internationale. Dès 1830, M. Boucher de Perthes en avait conçu le projet, qui s'imposa immédiatement à l'attention, provoquant dans la presse des polémiques qui témoignaient de l'intérêt que le public prenait à cette question. Cependant, malgré la faveur qu'obtint ce projet auprès de l'opinion, aucune résolution ne fut prise pour sa réalisation immédiate. Les principales objections qu'on pouvait opposer à son auteur tombèrent d'elles-mêmes après l'extension prise par les chemins de fer; et ce qui pouvait paraître chimérique en 1830 devint exécutable en 1849. A ce moment, l'Assemblée nationale fut saisie d'une proposition faite en vue d'assurer à la

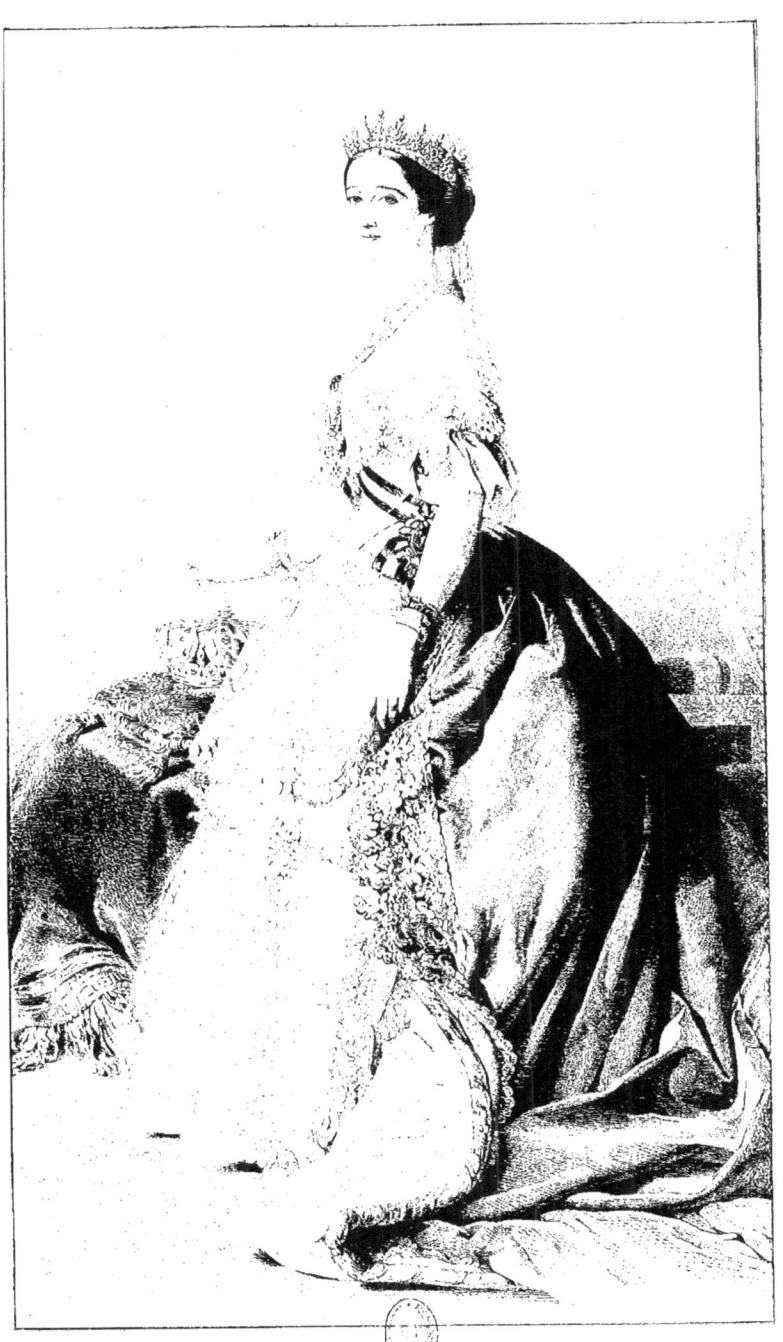

L'IMPÉRATRICE EUGÉNIE EN TOILETTE DE GALA.
par Winterhalter, 1854. (Le diadème de perles date de 1820.)

France la première réalisation d'une si grande entreprise.

Mais, pendant que nous délibérions, les Anglais toujours pratiques, s'emparèrent de notre idée et, avec l'esprit de décision qui les caractérise, la mirent aussitôt à exécution. Cette grande manifestation eut, comme on le sait, un retentissement universel, et l'on peut attribuer à son succès l'organisation des Expositions qui se succédèrent dans les différentes capitales, à commencer par celle de Paris en 1855.

Voici ce que le Comte de Laborde disait de cette aïeule des expositions, si l'on peut s'exprimer ainsi, dans le remarquable rapport[1], qu'il publia un peu plus tard par ordre de l'Empereur, et qui lui valut aussitôt une grande célébrité, en même temps qu'une influence considérable dans les milieux artistiques. Il préconisait l'union entre l'art et l'industrie, considérés jusqu'alors comme complètement étrangers l'un à l'autre, et débutait ainsi : « L'Exposition universelle de Londres, en 1851, a remué le monde, et les effets de cette com-

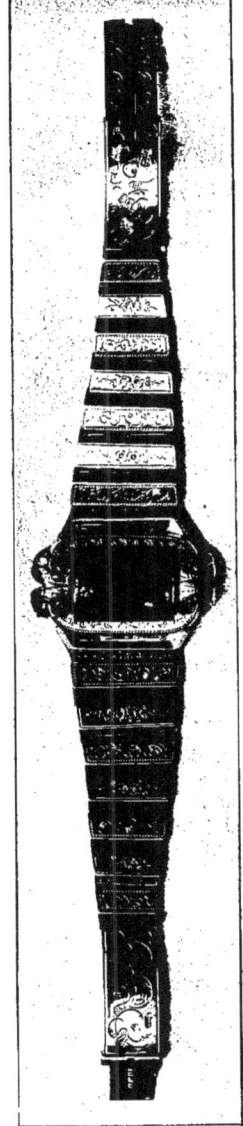

BRACELET D'OR A PLAQUES ARTICULÉES, CLIQUET A CRÉMAILLÈRE (VERS 1850).

---

1. A la même occasion, le Duc de Luynes établit de son côté un rapport des plus intéressants sur l'industrie des métaux précieux à l'Exposition de 1851.

motion se continuent dans les intelligences capables d'apprécier la portée de cet événement. Personne, en effet, ne croira qu'en fermant les portes du Palais de Cristal on a clos la discussion des grands intérêts débattus dans son

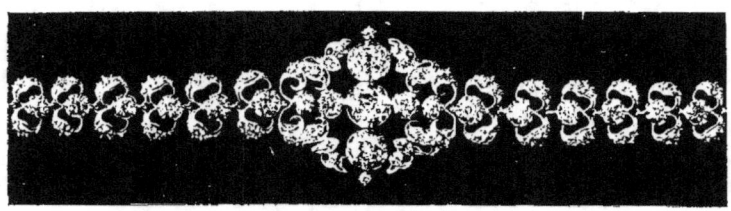

BRACELET SOUPLE EN JOAILLERIE.

enceinte. Loin de là : c'est depuis que les visiteurs sont rentrés dans le courant de leur activité nationale, qu'on s'aperçoit à quel point l'horizon de chacun s'est étendu au delà de sa portée ordinaire. Et cependant, si ce contact des intérêts généraux a soulevé toutes les questions, un résultat a dominé ce mouvement : évident pour tous, il est devenu comme le programme universel. Chacun s'est dit : « L'avenir

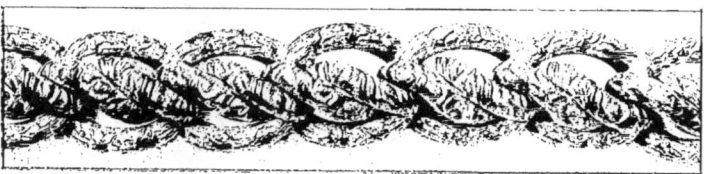

BRACELET SOUPLE EN OR ÉMAILLÉ IMITANT LE BOIS NATUREL (VERS 1850).

des Arts, des Sciences et de l'Industrie est dans leur association. »

A Londres, les exposants français remportèrent un réel triomphe ; la proportion des récompenses qu'ils obtinrent atteignit presque 60 pour 100, tandis que celles des Anglais n'arrivèrent qu'à 27 pour 100 et celles des autres nations réunies à 17 pour 100.

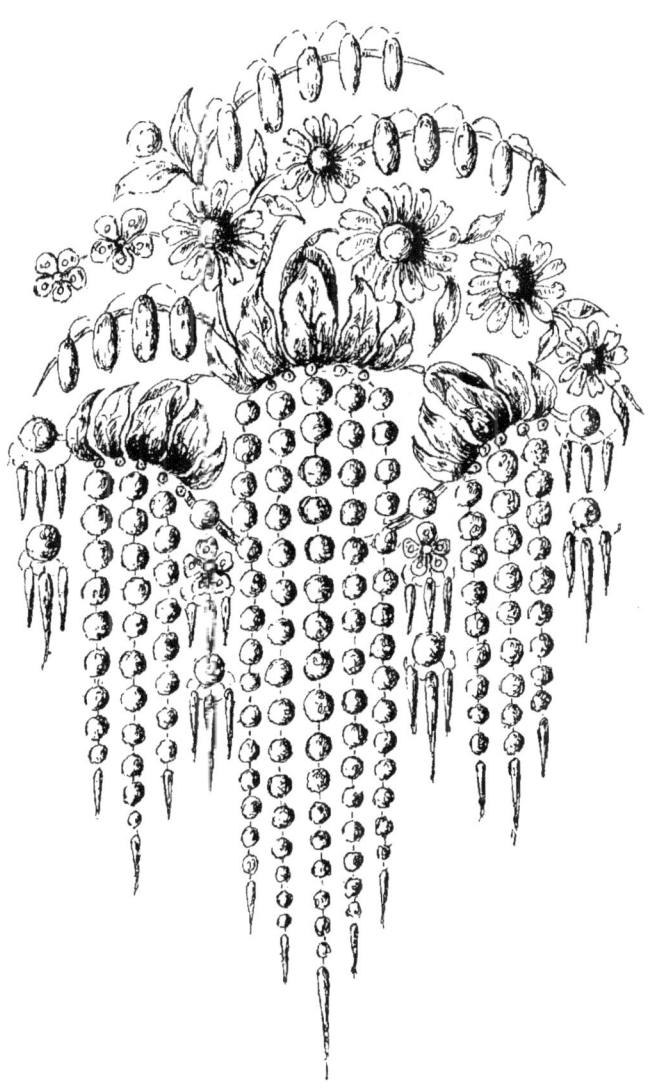

BROCHE A PAMPILLES DE DIAMANTS (VERS 1850).

Le Prince-Président fut très flatté de voir que certains industriels n'avaient pas hésité, malgré l'incertitude des temps, à participer à cette manifestation internationale et à risquer même des capitaux importants pour aller montrer à Londres la vitalité et la supériorité des industries françaises. Il trouva là une preuve de leur confiance dans l'avenir et, par conséquent, de leur confiance en lui. Il leur en sut gré, et ne manqua pas de leur donner des preuves efficaces de sa satisfaction. Les bijoutiers, pour qui la participation à

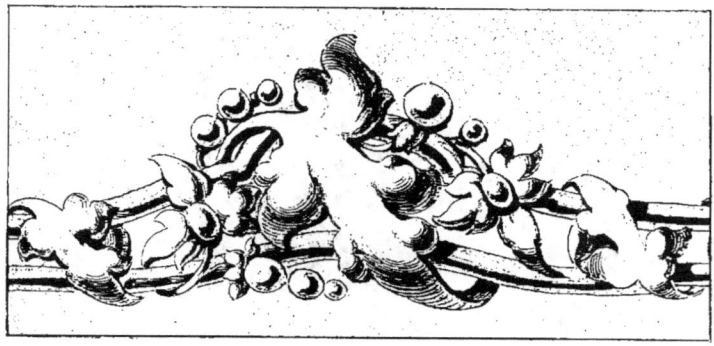

BRACELET A GROSSES FEUILLES D'ÉMAIL.

l'Exposition avait été naturellement plus onéreuse, furent encouragés par des commandes, et l'un d'eux, Lemonnier, fut plus particulièrement l'objet de la faveur du Prince.

G. Lemonnier, ancien employé de Bury, joaillier, rue Richelieu, 92, avait envoyé au Palais de Cristal un ensemble de riches bijoux, parmi lesquels figuraient deux importantes parures exécutées pour la Reine d'Espagne ; elles sont signalées par le rapporteur du jury comme montrant « un goût très sûr et très élevé dans la conception de l'ensemble ». L'une de ces parures se composait d'un collier avec ruban en brillants entrelacés de feuillages en émeraudes, d'une garniture de corsage semblable, et de deux nœuds d'épaule auxquels étaient suspendues de très grosses émeraudes du poids de cinquante-cinq carats chacune. Le bouquet de corsage, la couronne, le bracelet, etc., étaient du même style et d'une grande richesse. « Tout cet ensemble,

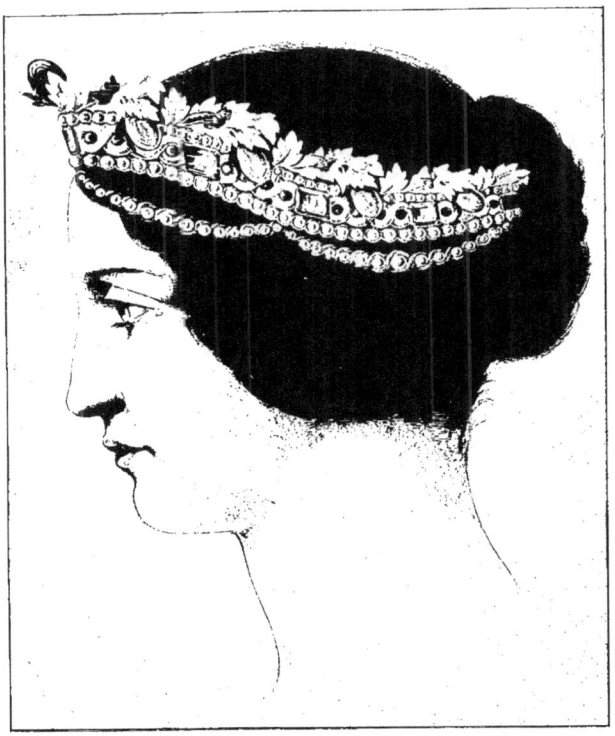

DIADÈME ÉMERAUDES ET BRILLANTS AVEC REHAUTS D'ÉMAIL,
par Lemonnier.

dit le rapporteur, par la grande harmonie et la simplicité de sa disposition, montrait dans son inventeur l'imagination la plus heureuse pour tirer parti d'une profusion de pierres précieuses, sans que leur nombre immense nuisît à l'effet général. » L'autre parure se composait d'une couronne héraldique à fleurons de saphirs, de fleurs en brillants avec saphirs au centre, de guirlandes et pendeloques en forme d'épis, etc. Bref, le joaillier fut très remarqué à Londres et revint en France avec une légitime réputation ; il avait attiré sur lui l'attention de Louis-Napoléon, qui avait suivi de Paris le succès des industriels français, et le Prince-Président lui fit installer à son retour un vaste atelier dont les frais furent supportés par sa cassette particulière. Pour diriger cet atelier, Lemonnier prit, aux appointements inconnus jusqu'alors de 10.000 francs par an, un nommé Maheu, qui était du reste un très bon fabricant, établi rue Vivienne, 15, et travaillant pour les principales maisons de Paris[1].

GRANDE BROCHE EXÉCUTÉE PAR LEMONNIER,
POUR LE MARIAGE DE L'IMPÉRATRICE.
(Hauteur : 24 cent.)
Au centre, la perle de 337 grains.
Chacune des perles-pendeloques pèse 100 grains.

[1]. L'atelier de Maheu était très réputé ; un de ses ouvriers les plus habiles s'appelait Montezer.

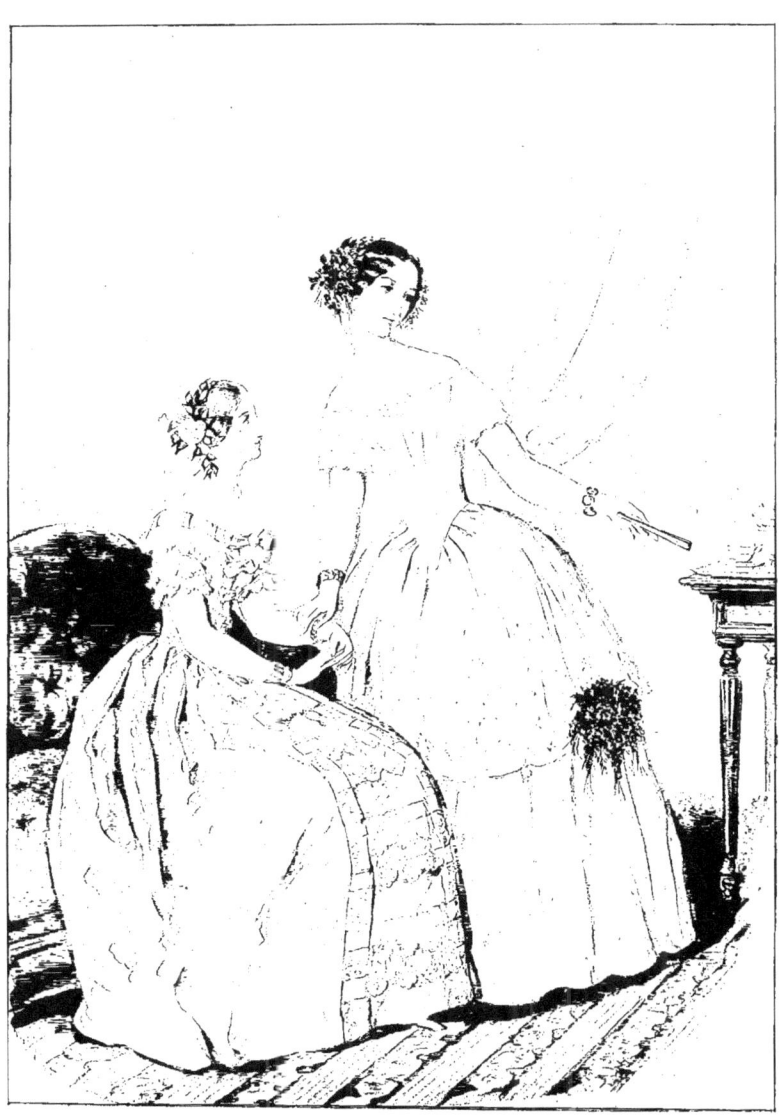

MODES DE 1849.
Aquarelle par Héloïse Leloir. (Bracelets, éventail.)

Lemonnier, avec l'atelier de Maheu, pouvait dès lors exécuter les commandes les plus importantes, et, dès la fin

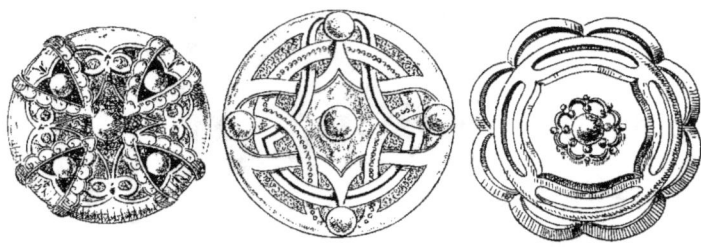

BROCHES.

de 1851, il fut choisi par le nouvel Empereur comme joaillier de la Couronne. Inutile de dire qu'avec un tel patronage ses affaires furent très prospères. Il était fort bien secondé par sa femme, active, intelligente et douée de réelles aptitudes commerciales[1]. Il prit part aux commandes qui furent faites, non seulement à l'occasion du mariage impérial, mais aussi pendant tout le règne de Napoléon III. C'est ainsi qu'il fut chargé d'une nouvelle monture pour cette

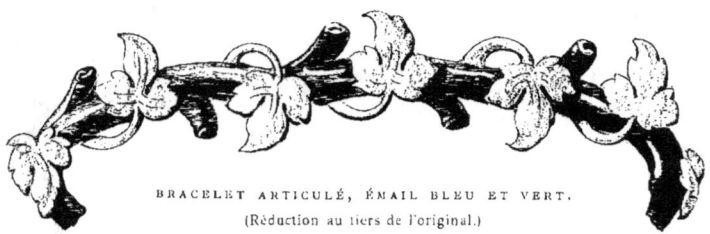

BRACELET ARTICULÉ, ÉMAIL BLEU ET VERT.
(Réduction au tiers de l'original.)

grosse perle de 337 grains, ayant à peu près la forme et la grosseur d'un œuf de pigeon, qu'on appela improprement

---

1. Malheureusement, après la guerre de 1870, cette puissante maison périclita, et, après avoir connu l'opulence, Lemonnier dut terminer sa carrière, vers 1878 ou 1879, chez un confrère comme employé libre aux appointements de 500 francs par mois, augmentés d'une commission de 10 % sur les affaires qu'il procurait à la maison. L'essai ne réussit pas. Son gendre, l'éditeur Georges Charpentier, le fit entrer à Sainte-Périne, où il mourut vers 1882.

Mlle DOCHE, DU GYMNASE (VERS 1850-52)
par Buchner.

la Régente, lors de la vente des diamants de la Couronne, et dont nous avons raconté l'acquisition, faite en 1811, pour Napoléon Ier, par son joaillier Nitot[1]. Lemonnier plaça cette perle unique au centre d'une grande broche longue, composée d'ornements et de feuillages en brillants, mélangés de perles. Quatre des perles pendeloques qui furent placées dans ce bijou pesaient chacune 100 grains.

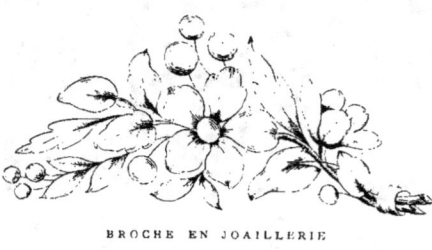

BROCHE EN JOAILLERIE
par Viennot.

D'ailleurs, Lemonnier ne fut pas seul à triompher à l'Exposition de Londres. Son succès fut partagé par les joailliers dont nous avons déjà signalé le mérite sous le règne de Louis-Philippe : Dafrique, Rouvenat, les frères Marrel, Rudolphi, qui furent dignes de leur ancienne réputation, sans toutefois que leurs bijoux, dont nous avons reproduit un certain nombre dans notre premier volume, quoique fort bien exécutés, accusassent des tendances artistiques sensiblement nouvelles.

A cette même exposition, où il avait envoyé les épées d'honneur offertes au général Cavaignac et au général Changarnier, ainsi que de nombreux objets d'art et de

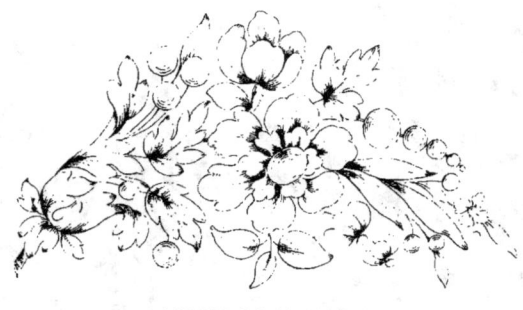

BOUQUET DE JOAILLERIE
par Viennot.

1. Voir tome Ier, p. 46.

bijouterie[1], Froment-Meurice père, « né artiste et fils d'orfèvre », comme dit le Duc de Luynes, gagna la rosette d'officier de la Légion d'honneur.

Parmi les lauréats de l'Exposition de 1855, il en est un dont nous n'avons pas encore eu l'occasion de parler et qui nous paraît cependant mériter une mention particulière, tant à cause de sa valeur personnelle qu'en raison du genre

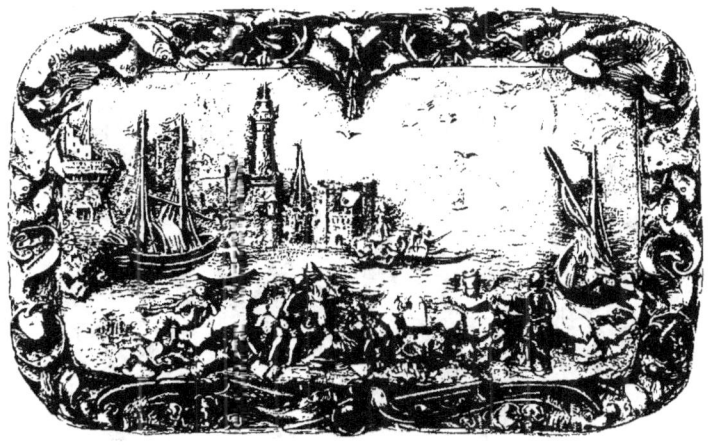

ÉTUI A CIGARES EN « ARGENT GALVANIQUE »
par A. Gueyton.
(Musée du Conservatoire des Arts et Métiers, 1852.) — Largeur, 0ᵐ135.

spécial auquel il s'était adonné avec un succès mérité et soutenu pendant une assez longue période. Alexandre Gueyton (1818-1862) s'était spécialisé dans la fabrication des pièces d'orfèvrerie et des bijoux au moyen de la galvanoplastie, application alors toute nouvelle de l'électricité, « ce phénomène fait instrument par la science et mis aux mains de l'ouvrier » (style du Rapport officiel).

Il naquit à Tournon (Ardèche), en 1818. Son père, petit bijoutier de province, le mit en apprentissage chez un de

1. Voir tome Iᵉʳ, p. 168 et suiv.

ses confrères de Valence, que le jeune homme quitta lorsqu'il fut en état de gagner sa vie. A l'âge de 18 ans, il alla à Genève pour se perfectionner dans son métier et pour apprendre la gravure en taille-douce et la gravure sur poinçon. Vers 1840, il s'établit à Paris et monta une fabrique de bijouterie courante; le résultat ne répondant pas à son attente, il y adjoignit l'orfèvrerie, afin d'augmenter ses chances de réussite.

Gueyton exposa pour la première fois en 1849. A ce

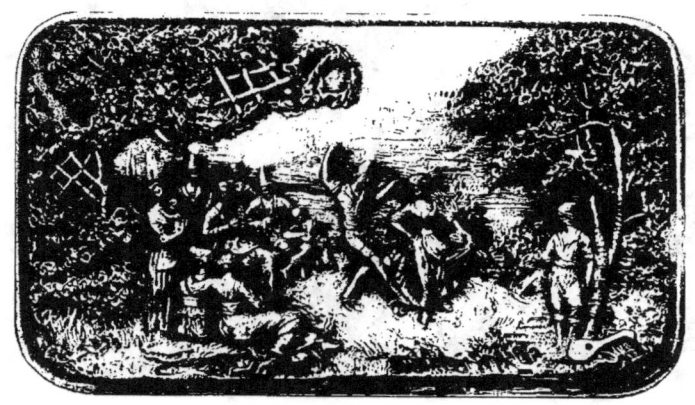

PORTE-CARTES EN « ARGENT GALVANIQUE »
par A. Gueyton.

moment, il s'occupait surtout de la fabrication des armes de luxe, des sabres et des épées d'honneur; cependant, il fit également figurer dans sa vitrine d'autres objets de genre très varié : un coffret orné d'une figure de femme dansant sur une perle, d'après Pradier, des bracelets en acier, des broches algériennes, des cachets, des bijoux rehaussés de lapis, de malachites et d'autres pierres; puis de charmantes petites compositions en haut-relief, comportant un très grand nombre de figures minuscules modelées et ciselées avec talent, qui lui valurent une médaille d'argent.

Gueyton s'était beaucoup intéressé aux essais du chimiste

Jordan et à ceux de Jacobi, et il résolut, dans une application différente de celle de Christofle, de faire de l'*orfèvrerie galva-*

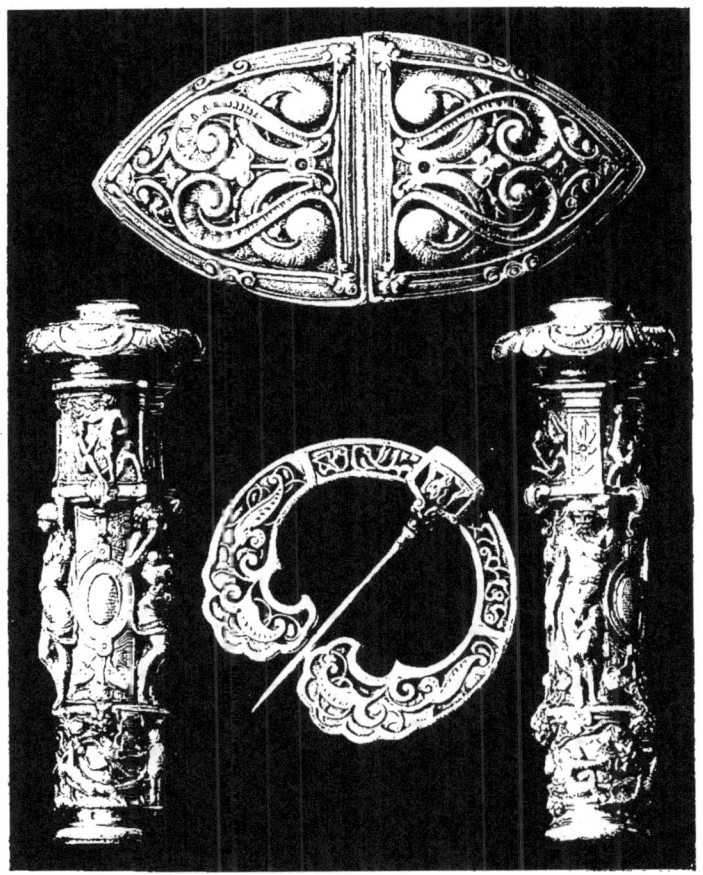

BIJOUX ANTÉRIEURS A 1858
par Alexandre Gueyton. (Boucle, broche, pommeaux de cannes.)

noplastique pour remplacer la fonte et la ciselure. Ses essais furent longs, laborieux, et amenèrent plus d'une fois de cruelles déceptions. Enfin, le succès couronna ses efforts, et en 1851, à l'Exposition de Londres, il fut, croyons-nous, le seul orfèvre français qui, avec Bruneau, envoya un

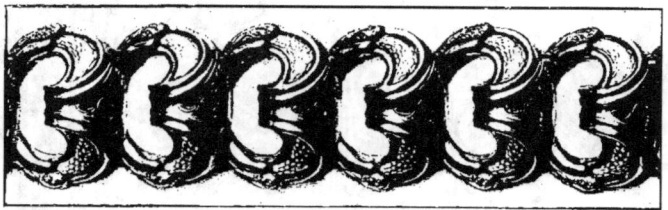

BRACELET SOUPLE A GROS MAILLONS OR ET ÉMAIL BLEU (VERS 1850).

certain nombre d'objets artistiques obtenus par la galvanoplastie : étuis à cigares, coffrets, coupes, statuettes, tabatières, qu'il eût été impossible de faire aussi bien et à un prix aussi modéré, par les procédés habituels de fonte et de ciselure.

En présence des commandes qui lui parvinrent de toutes

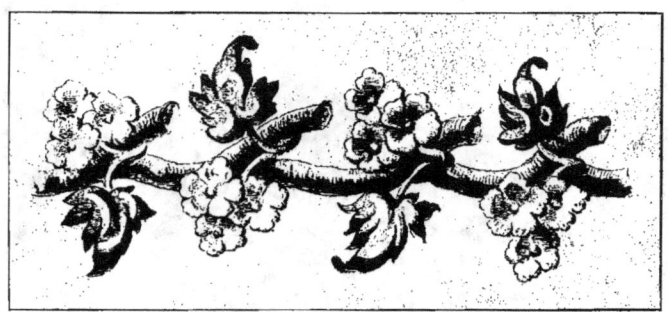

BRACELET ARTICULÉ, BOIS CISELÉ, FLEURS ET FEUILLES D'ÉMAIL.

parts, Gueyton se lança dans cette nouvelle branche d'industrie et y consacra toutes ses ressources. Il entreprit ainsi l'établissement de plus de cinq mille modèles, dont il offrit plusieurs au Conservatoire des Arts-et-Métiers, en 1852, comme spécimens de cette application nouvelle de la galva-

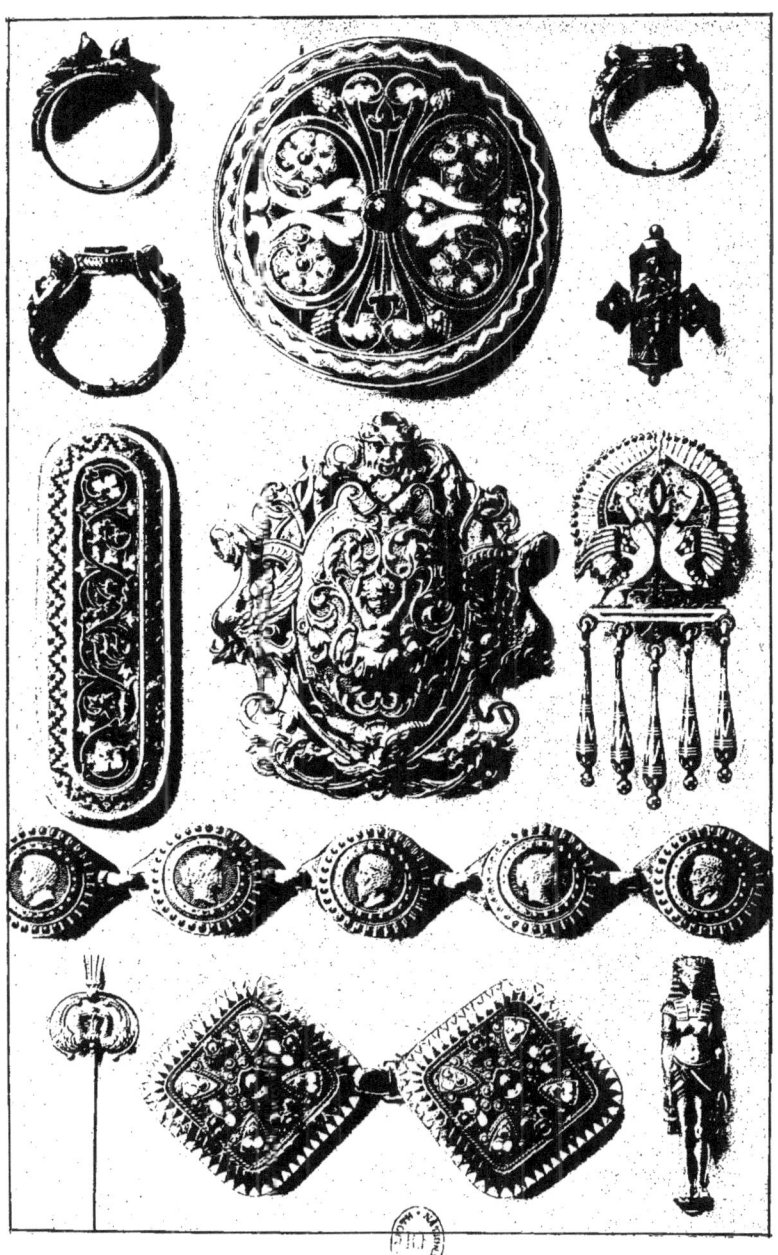

BIJOUX ANTÉRIEURS A 1862
par A. Gueyton père.

noplastie qui lui valut d'être décoré en 1859. A. Gueyton exposa de nouveau en 1855[1] et en 1862 à Londres. Le rapporteur signale « l'épée en or offerte au maréchal Baraguey d'Hilliers par le département d'Indre-et-Loire; les bijoux et émaux dans le genre italien du XVIe siècle, qui sont d'une finesse exquise et d'une grande variété de couleur. »

Son genre de fabrication ressemblait beaucoup à celui de Wagner et de Rudolphi, sans cependant cette profusion de lapis qui faisait dire de ce dernier qu'il en avait pavé les allées de son jardin. Il eut pour principaux collaborateurs Justin, sculpteur-modeleur très apprécié, qui travailla beaucoup pour Froment-Meurice père, et Morel-Ladeuil, ciseleur, sculpteur et orfèvre de grand talent, avec

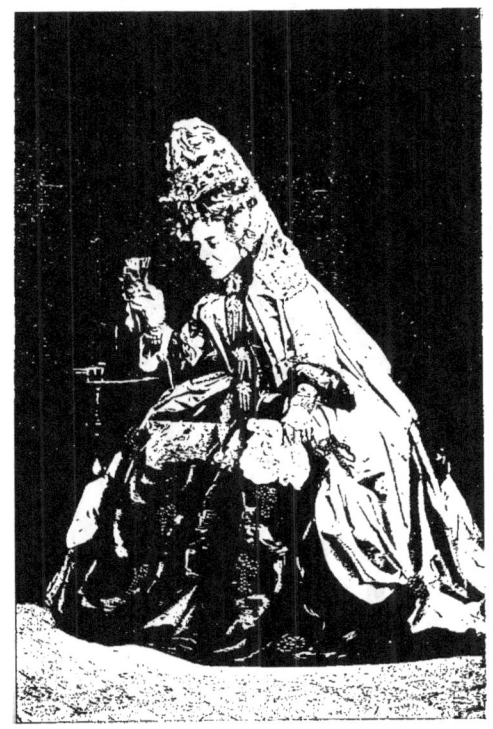

Cliché Pesme.
DÉJAZET EN COSTUME DE THÉATRE, AVEC DES BIJOUX DE VILLE.
(Parure de trois broches semblables en joaillerie : broche miniature, châtelaine, croissant et perles dans la coiffure, bracelets en perles, bagues, boutons d'oreilles.)

1. Gueyton publia, en 1855, un opuscule intitulé : *l'Art de la galvanoplastie, à l'usage des orfèvres, des bijoutiers et des bronziers.*

lequel il fut en rapports suivis de 1855 à 1860. Gueyton exposa une dernière fois en 1862, année de sa mort[1].

Gueyton avait le sens artistique très développé ; il fréquentait assidûment les musées, où l'attiraient d'une manière toute particulière les motifs de décoration des civilisations disparues. C'est ainsi qu'il s'inspira avec bonheur des documents égyptiens réunis au Louvre ; il sut également tirer un excellent parti, aux musées de Cluny et de Saint-Germain, de cette multitude d'objets gallo-romains et mérovingiens que l'on n'avait pas eu le temps d'étudier encore, et qui provenaient des sépultures mises à jour, sur toute l'étendue du territoire, par les grands travaux entrepris pour la construction des chemins de fer.

Les bijoux sortis des ateliers de Gueyton furent accueillis avec une grande faveur aux Tuileries,

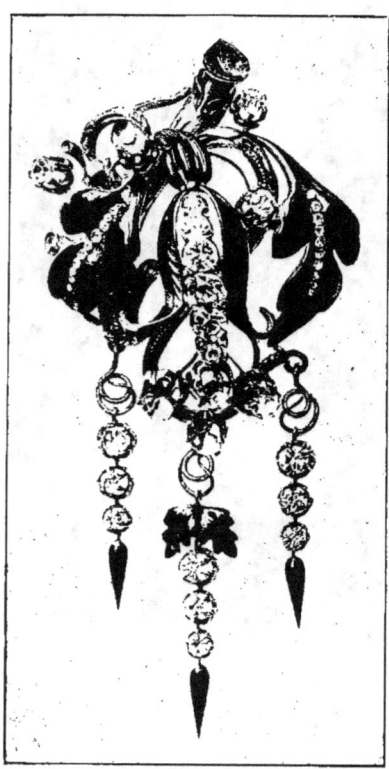

BROCHE A PAMPILLES,
DIAMANTS ET ÉMAIL VERT ET BRUN
(COMMENCEMENT DU SECOND EMPIRE).
Hauteur : 0m 13.

[1]. Dans l'*Azur*, nous trouvons : « Gueyton (Alexandre), rue du Grand-Chantier, 4, ci-devant rue Chapon, 11. Fabrique d'orfèvrerie et de bijouterie par la galvanoplastie, objets d'art et armes de luxe, tabatières, coffrets, vases, coupes, brûle-parfums, prix de régates, de courses et chasses. Médaille d'or, 1849. Grande médaille d'honneur aux Expositions universelles de 1851 et 1855. Médaille de 1re classe en 1862.

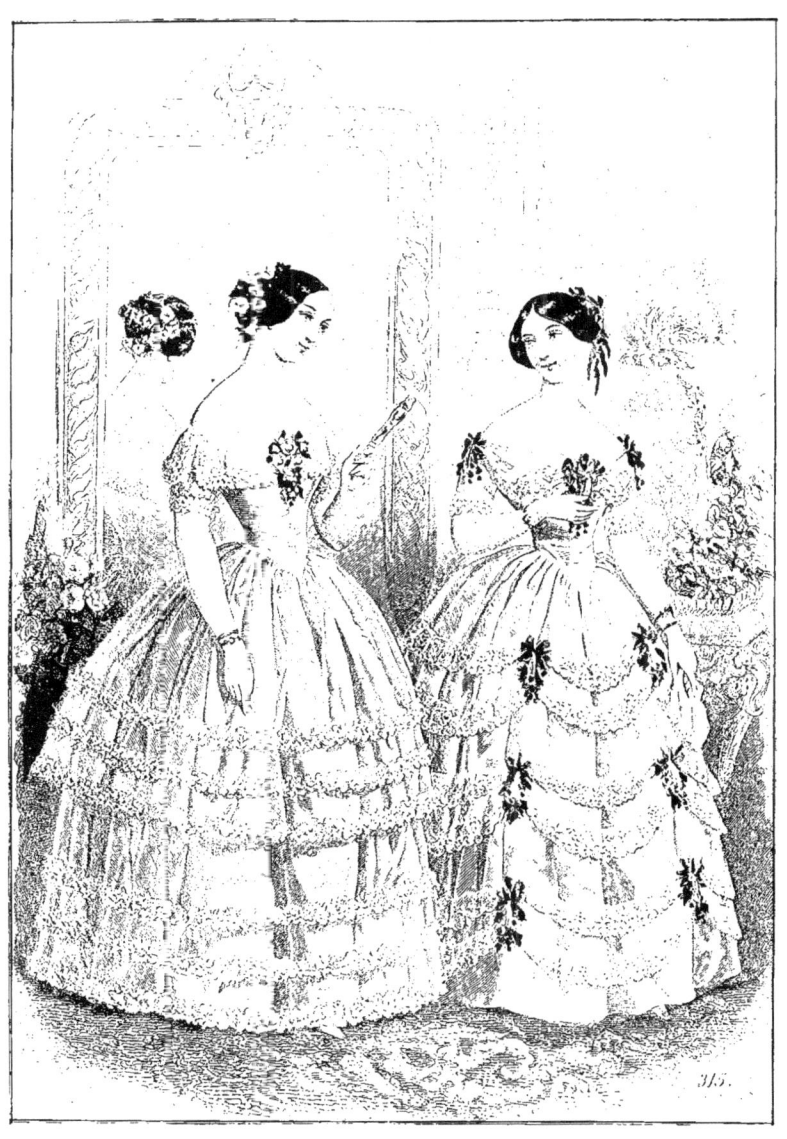

LES MODES PARISIENNES (1849).
Grande broche de corsage joaillerie et émail, bracelets.

et l'Impératrice commanda à l'artiste une parure ciselée et émaillée, boucle et agrafes de style byzantin, qu'elle aimait à porter souvent. Les dames de la Cour imitèrent l'exemple de la Souveraine et la vogue de l'orfèvre-bijoutier s'affirma dès lors de plus en plus.

Afin de se consacrer plus spécialement aux bijoux de style et à l'orfèvrerie artistique, Gueyton céda, vers 1856, toute sa fabrication de galvanoplastie à deux de ses contre-maîtres, nommés Bertrand et Subinger. Le contrat de cession leur donnait la faculté de conserver ou de rendre la maison après un essai de dix années. La proposition était avantageuse : ils gardèrent la maison ; elle existe encore aujourd'hui et c'est le fils de M. Bertrand qui en est le propriétaire actuel.

BROCHE JOAILLERIE,
FEUILLES ET PAMPILLES (1851)
par O. Massin. — Hauteur : 0ᵐ 22.

En dehors des bijoux proprement dits, Gueyton, nous

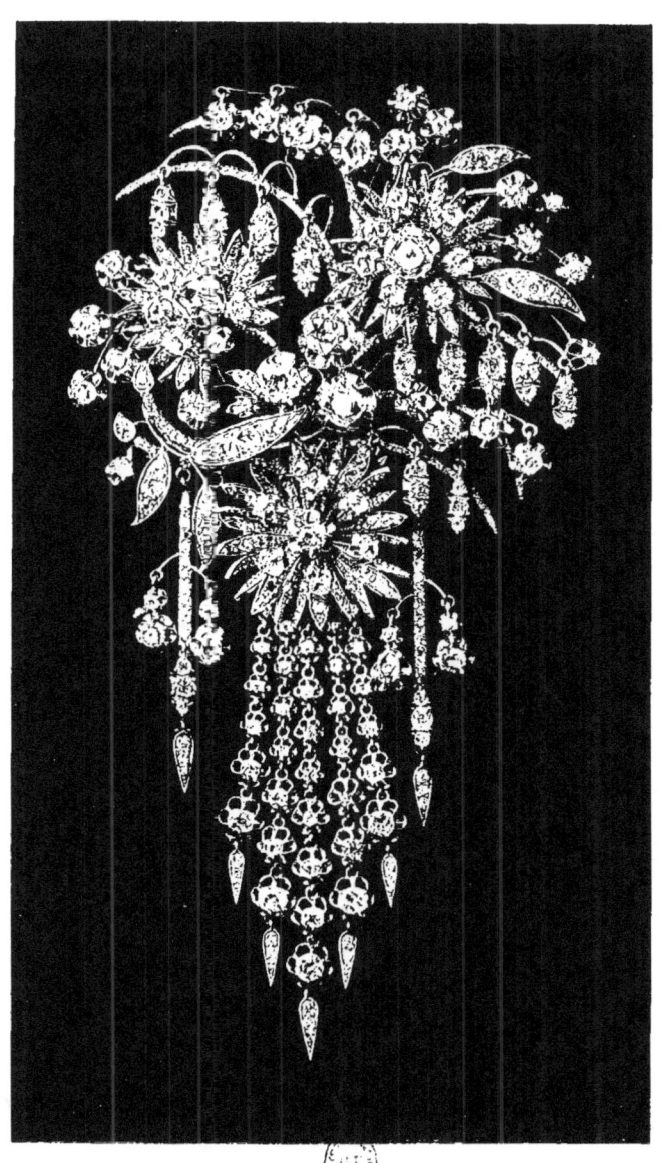

BROCHE DE CORSAGE EN JOAILLERIE, BLEUETS ET PAMPILLES
(1832).

l'avons vu, exécuta un grand nombre de pièces d'art, des épées d'honneur, le coffret que les Dames du faubourg Saint-

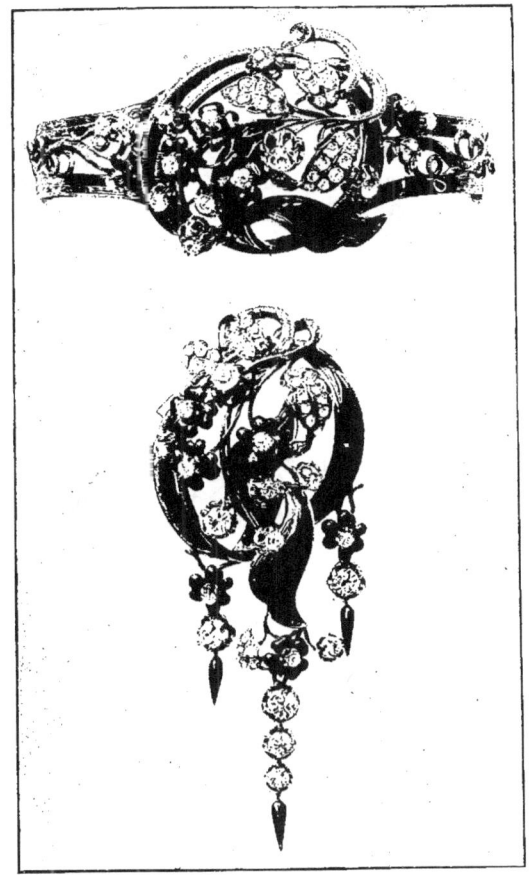

BRACELET ET BROCHE, DIAMANTS ET ÉMAIL NOIR ET VERT
(COMMENCEMENT DU SECOND EMPIRE).
Réduction d'un tiers.

Germain offrirent à la Reine de Naples en témoignage de protestation lorsque l'Italie annexa son royaume ; il fit aussi, pour le Prince Youssoupoff, un très important service de table de cent couverts, composé de seize cents pièces d'argenterie de style byzantin, et valant près d'un million ; puis, plus tard, le grand lampadaire offert au Saint-Sépulcre par le Comte de Chambord, etc.

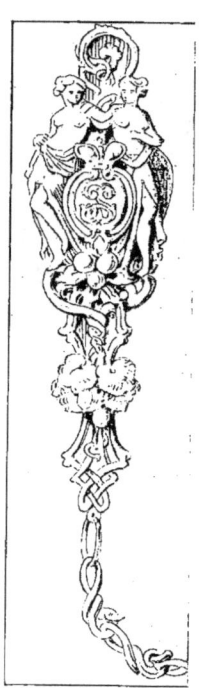

LORGNON EN OR.
Femmes en argent, écusson ovale, émail bleu, monogramme en roses, fruits et feuilles émaillés (1852).

Gueyton montrait une confiance et une audace dans ses entreprises qui allaient parfois jusqu'à l'imprudence. Il fut un jour séduit par l'idée d'essayer de l'orfèvrerie d'église. Il se mit courageusement à l'ouvrage et composa de nombreux et importants modèles qu'il exécuta d'une façon magistrale, mais sans pouvoir en tirer profit. Heureusement, Gueyton inspirait de solides amitiés ; aussi, pour atténuer l'amertume de cette grosse déception, Poussielgue, qui appréciait beaucoup l'effort de son ami, lui acheta ses modèles en conservant même à certains d'entre eux le nom de leur auteur. Dans une autre circonstance, en 1851, Gueyton avait fabriqué pour l'Exposition de Londres des objets d'une exécution très soignée, mais qui, en raison de leur prix de revient élevé, étaient d'une vente difficile. Ce fut cette fois son ami Stern, le graveur, qui, le voyant tourmenté à ce sujet, eut l'excellente idée, pour le tirer d'embarras, de le mettre très obligeamment en rapport avec quelques-uns de ses meilleurs clients étrangers ; sur ses conseils et ses instances, ils achetèrent à Gueyton plusieurs de ses importantes pièces d'exposition, atténuant ainsi les lourds sacrifices qu'il s'était imposés à cette occasion.

Lorsque Gueyton mourut en 1862, laissant trois enfants

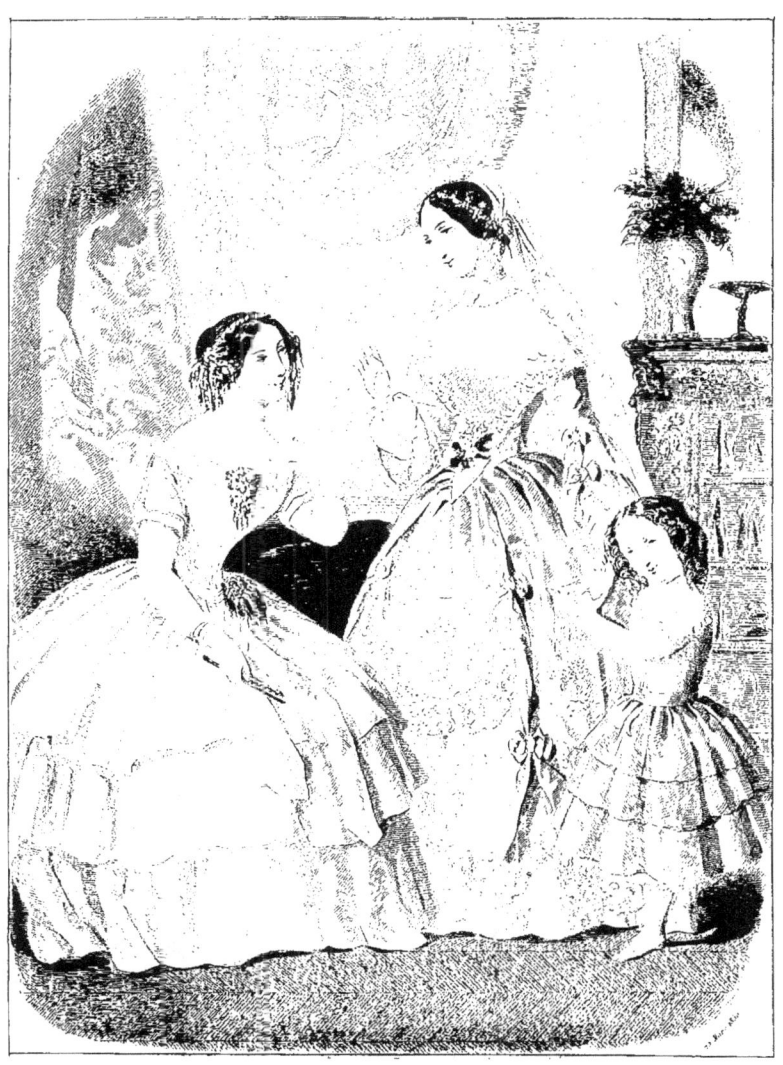

MODES DE 1850.
Ornement de coiffure en joaillerie à deux bouquets, broche à pampilles, bracelets.

en bas âge, beaucoup de ses œuvres restaient inachevées. Émile Froment-Meurice, ému de cette situation si sem-

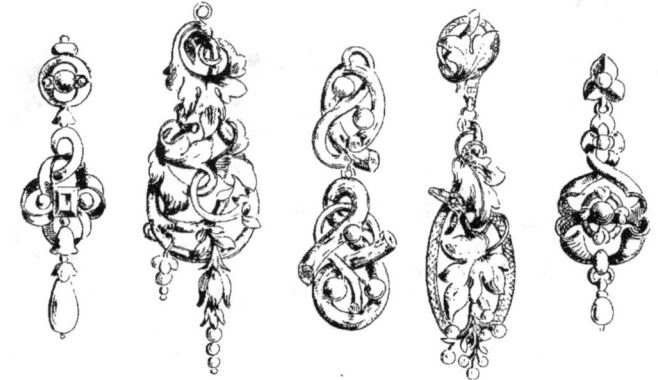

PENDANTS D'OREILLES.

blable à la sienne, s'offrit alors spontanément pour terminer, à ses frais et au profit des jeunes orphelins, le grand lam-

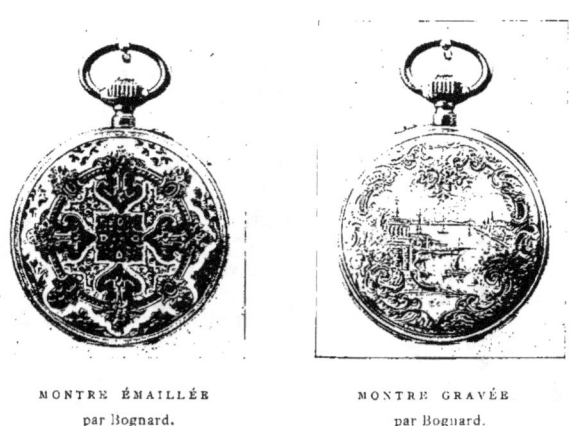

MONTRE ÉMAILLÉE
par Bognard.

MONTRE GRAVÉE
par Bognard.

padaire commandé par le Comte de Chambord, pour l'église du Saint-Sépulcre ; il tint à en diriger lui-même l'exécution jusqu'à son complet achèvement.

Cette généreuse confraternité, ce noble désintéressement honorent autant celui qui les inspirait que ceux qui les ont pratiqués.

Ce fut Marc Gueyton qui succéda à son oncle, chez lequel il était dessinateur. Il se fit une fructueuse spécialité des bijoux représentant des emblèmes politiques et religieux, et resta à la tête de la maison depuis 1862 jusqu'à sa mort,

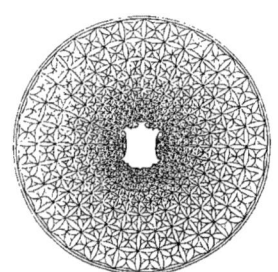

FOND DE MONTRE
gravé par Bognard.

survenue en 1883. A cette date, ce fut un des fils d'Alexandre, M. Camille Gueyton, qui reprit la suite des affaires, ainsi que nous le verrons plus loin.

Nous devons signaler ici, bien qu'il n'ait pas exposé à Londres, mais en raison du caractère de ses œuvres, un graveur qui sut se créer un genre très personnel à la fin du règne de Louis-Philippe et durant les premières années de celui de Napoléon III : Jean-Louis (dit John) Bognard, né à Genève en 1824 et mort à Paris en 1897. Son père et son frère étaient graveurs-guillocheurs et sa belle-sœur reperceuse ; il vécut, par conséquent, dans un milieu où son éducation professionnelle se fit en quelque sorte toute seule. A l'âge de 20 ans, comme il venait de perdre sa mère, il résolut de

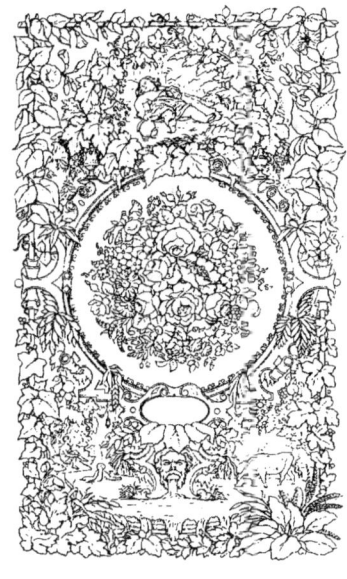

CARNET
par Bognard.

tenter la fortune à Paris. A peine intallé rue Meslay, sa grande habileté de graveur et ses compositions ingénieuses lui assurèrent bien vite une clientèle assidue. Bognard excellait dans la décoration des fonds de montres, des boutons de manchettes, qu'il interprétait dans une note spéciale qui porte bien le cachet de son époque. C'est lui qui fit ces

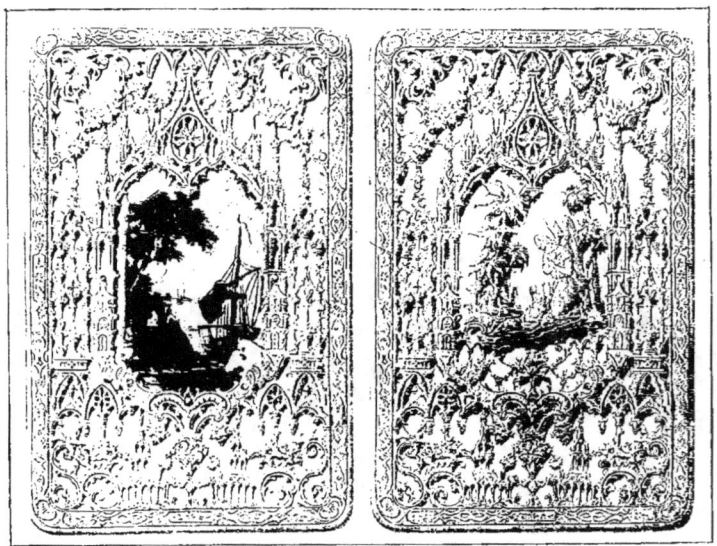

CALEPIN DE DAME
par Bognard. — Hauteur : 0ᵐ 135.

porte-cartes, ces porte-cigares couverts de dessins compliqués, mais cependant bien agencés, dans lesquels les personnages, les fleurs, les animaux, sont mélangés à des ornements abondants, gravés et repercés avec une grande sûreté de main. Nous en avons déjà reproduit un spécimen caractéristique dans notre premier volume (p. 355).

D'un esprit inventif, Bognard fabriqua différents objets, notamment des porte-monnaie, en carton doublé d'une très

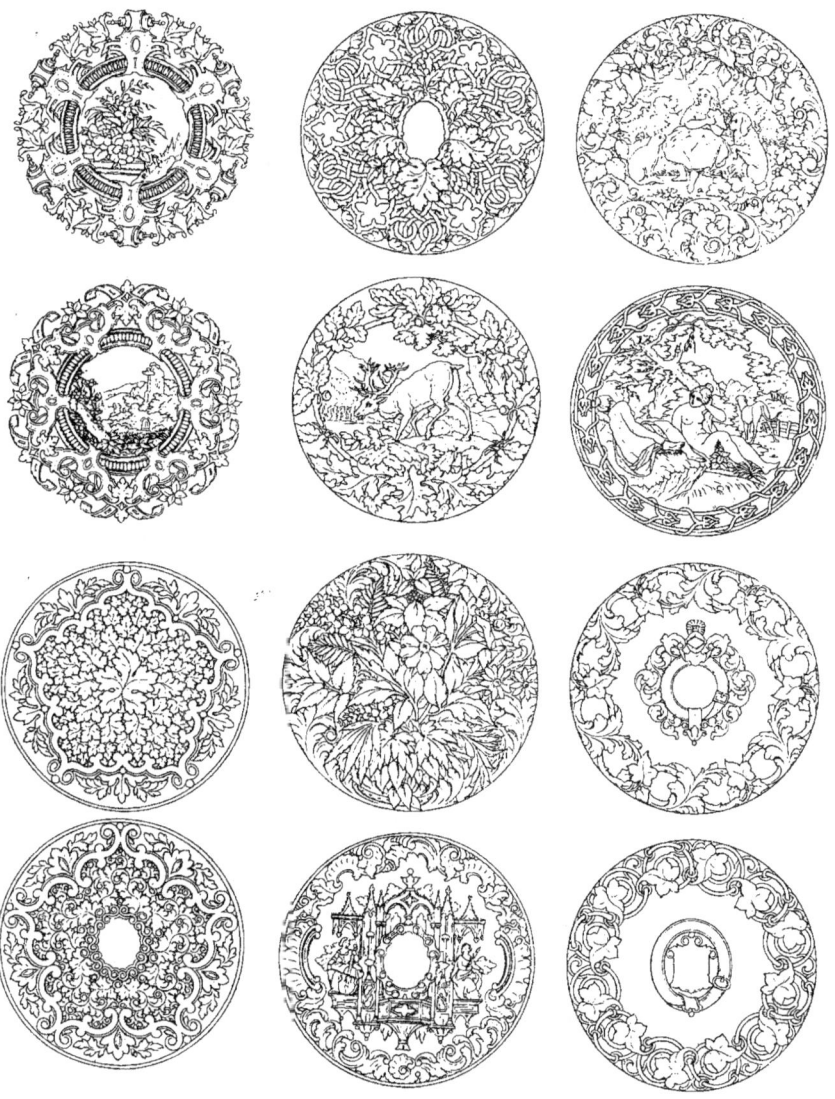

FONDS DE MONTRES
par Bognard.

mince feuille d'argent, plus mince qu'une feuille de clinquant ; il obtenait ces pièces par un simple coup de balancier, procédé qui s'emploie toujours pour la fabrication des étiquettes en papier doré des confiseurs et des liquoristes. C'est même à cette fabrication que Bognard se consacra exclusivement en la développant, lorsque, vers 1854, il dut abandonner la bijouterie, les nombreux travaux d'une extrême finesse qu'il avait exécutés jusque-là lui ayant fatigué les yeux.

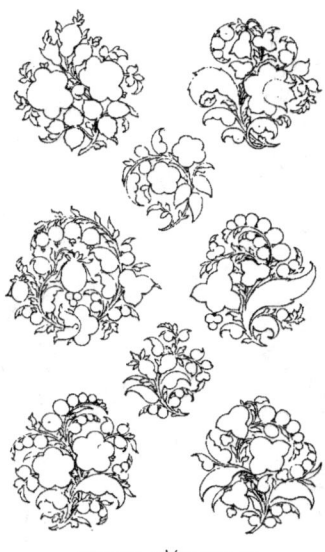

MOTIFS D'ÉPINGLES
par Bognard.

Naturalisé français en 1869, il continua jusqu'à sa mort à faire de l'imprimerie et de la chromo-lithographie pour étiquettes de luxe à relief en plusieurs tons. Sa fille, de qui nous tenons ces renseignements, ainsi que les documents reproduits au cours de ces pages, a épousé M. Dreux, bijoutier, rue de la Perle, qui cisèle dans l'or de petits animaux analogues à ceux de Hubert Obry.

Nous ne pouvons terminer cet aperçu sur l'Exposition de Londres sans rappeler que ce fut au cours de la cérémonie de la distribution des récompenses aux lauréats français, le 26 novembre 1851, que Louis Bonaparte prononça un discours dont les termes, mesurés mais très fermes, laissaient entrevoir le prochaine réalisation de son rêve ambitieux. Quelques jours plus tard, le coup d'État était consommé. L'année suivante, l'Empire était proclamé et le souverain annonçait presque aussitôt son prochain mariage avec Mlle Eugénie de Montijo, comtesse de Téba.

Ces événements se succédant si rapidement influèrent

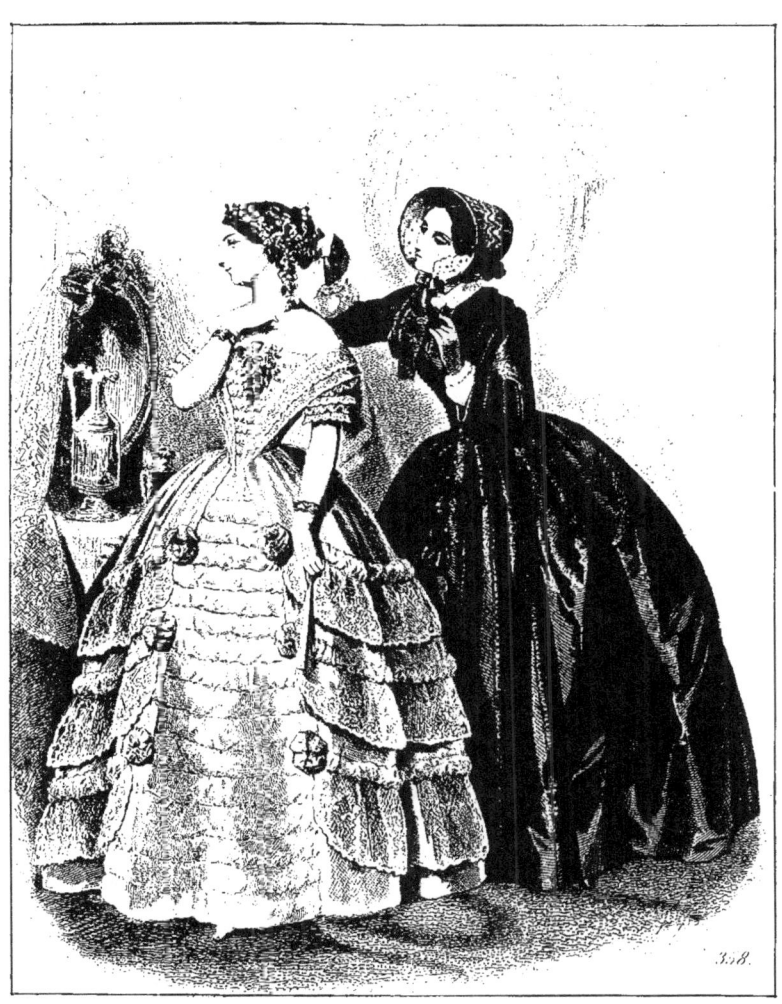

AVANT LE BAL (1850),
par Compte Calix.
Coiffure de diamants, broche à pampilles, bracelets.

considérablement, non seulement sur l'état général des esprits, mais sur le développement des affaires et inaugurèrent une ère de prospérité matérielle et de luxe extraordinaires.

A l'occasion de son mariage, Napoléon III fit démonter un certain nombre des anciens bijoux composant les Diamants de la Couronne, dont les éléments furent utilisés dans de nouvelles parures d'un goût plus moderne. Selon la volonté expresse du Souverain, ce travail ne fut confié qu'à des joailliers ayant un atelier à leur nom, fabriquant réellement, et non à des marchands. « C'est ainsi que Lemonnier, Baugrand, Mellerio, Kramer, Ouizille-Lemoine, Viette et Fester exécutèrent la couronne impériale et les décorations de l'Empereur, la couronne de l'Impératrice, le diadème, le peigne, la ceinture, les broches, le bouquet, la coiffure et l'éventail [1]. »

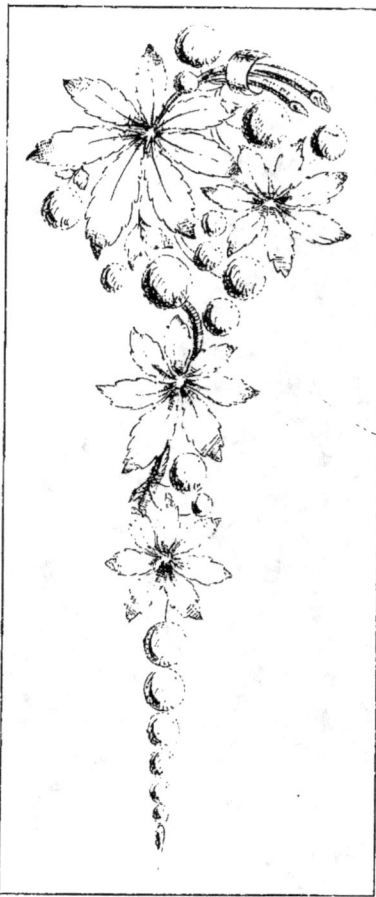

BROCHE FEUILLES DE MARONNIER EN JOAILLERIE (VERS 1854).
par Fester. — Hauteur : 0ᵐ17.

1. Germain Bapst, *Histoire des Joyaux de la Couronne*, p. 624.

La couronne impériale fut commandée à Lemonnier, qui en confia l'exécution à Maheu. Malheureusement, cet

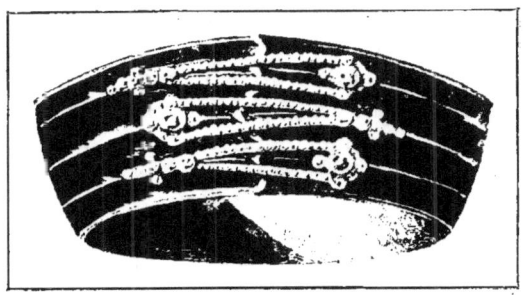

BRACELET D'ÉMAIL, A LACETS DE DIAMANTS.

ouvrage, qui promettait d'être très beau, et dont les frères Fannière avaient modelé les aigles, ne fut jamais terminé, des raisons politiques ayant fait abandonner la cérémonie

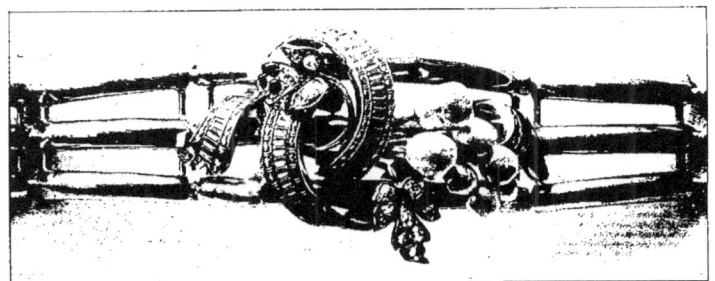

BRACELET OR, ÉMAIL BLEU ET PERLES, A ARTICULATIONS.
Exécuté en 1854.

du Couronnement. Seule la croix qui la surmontait a été sertie[1]. Le dessin de cette couronne est identique à celui de la couronne qui figure à côté de l'Impératrice, dans le por-

[1]. Cette croix fut vendue isolément, lors de la vente des Diamants de la Couronne, où elle figurait parmi les objets non catalogués.

trait de Winterhalter (page 9), et à la couronne frappée sur les pièces de cinquante centimes au millésime de 1867.

Un journal de l'époque[1] donne aussi, au sujet des bijoux du mariage impérial, les détails suivants : « Lemonnier fit éclore plusieurs parures, véritables fleurs d'intelligence et de génie. L'une de ces parures était en perles fines et en rubis et se composait de la petite couronne fermée qu'on place derrière la tête, d'un bracelet, et d'un collier à plaques.

« L'autre, en perles noires, d'une rareté introuvable, consistait en un bracelet formé de trois grosses perles noires.

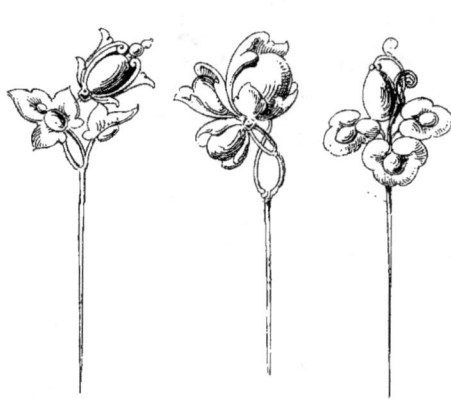

ÉPINGLES DE CRAVATE.

» A ces deux principales parures venaient se joindre des bracelets aux dessins élégants, composés de pierres de toutes nuances où l'œil se perd.

» Puis, c'étaient des parures Louis XV en pierres de toutes couleurs. Une parure de saphirs et de diamants, et une parure d'émeraudes et de perles fines.

» Fossin se chargea d'une partie des Diamants de la Couronne, et imagina pour l'Impératrice Eugénie des bracelets, des broches de corsage et d'épaule d'un travail remarquable. »

Pour les toilettes, qui étaient merveilleuses, je renvoie aux journaux du temps le lecteur curieux de connaître le détail des innombrables chapeaux, robes de soir, robes habillées, peignoirs, manteaux de cour, etc., créations de Mmes Vignon, Palmyre, Virot et autres.

1. *La Sylphide*, 10 février 1853.

Citons seulement la robe exécutée par Mme Vignon[1], pour le mariage religieux, parce qu'elle peut être rattachée en quelque sorte à la bijouterie, en raison des nombreuses pierres précieuses qui y figuraient. Cette robe était en velours épinglé blanc, constellé de pierreries. Le corsage montant avait de grandes basques rondes garnies de volants d'Angleterre et de deux rangées de diamants. Le devant du corsage, orné également de point d'Angleterre, coquillé droit, était enrichi depuis le haut jusqu'en bas d'épis en diamants formant brandebourgs, au centre desquels brillait une étoile en guise de bouton[2]. Les larges manches « pagodes » étaient décorées de quatre rangées de point d'Angleterre et, entre chaque rangée, scintillaient des diamants. Une ceinture de diamants et de saphirs « marquait la finesse d'une taille de nymphe » (47 centimètres, dit-on). La jupe de la robe était en demi-queue traînante, toute recouverte de point d'Angleterre. Entre les brandebourgs de diamants

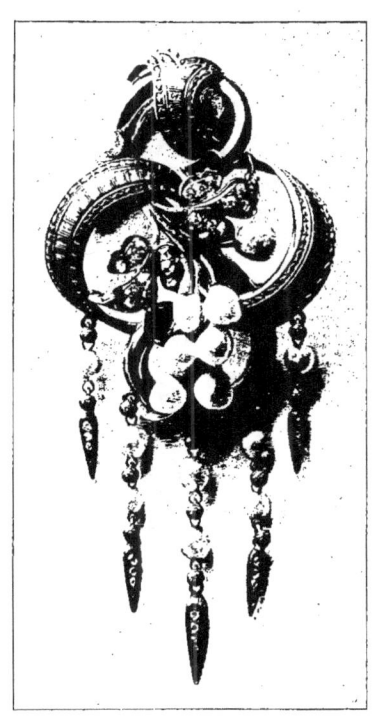

BROCHE EN OR,
ÉMAIL BLEU ET PERLES,
EXÉCUTÉE EN 1854.

---

1. Mme Vignon, à qui l'on commanda les toilettes de jour, n'eut pas à faire moins de trente-quatre robes pour la future épouse. Mlle Palmyre, chargée des toilettes du soir, en fit une vingtaine.
2. Ce sont les sept étoiles n° 9 de la vente des Diamants de la Couronne, adjugées 32.800 francs.

du corsage, se détachait une broche en diamants, présentant au centre une admirable miniature du portrait de l'Empereur. Sur la tête, un diadème et un tour de peigne avec des saphirs merveilleux [1], au cou un splendide collier de perles complétaient la parure [2].

« Au mariage religieux, Mme la Princesse Mathilde avait également une toilette aussi riche qu'élégante, dans laquelle le bijou tenait une grande part : une robe de velours grenat à brandebourgs d'or sur un gilet à boutons de diamants, et une jupe de satin blanc lamé d'or. Elle portait une couronne à pointes garnies de perles avec des agrafes et des fermoirs de diamants. « Ce costume splendide de Mme la Princesse Mathilde, rappelait, y compris l'éclat et la beauté de celle qui le portait, ces admirables portraits de Van Dyck qui ornent le palais de Gênes » [3].

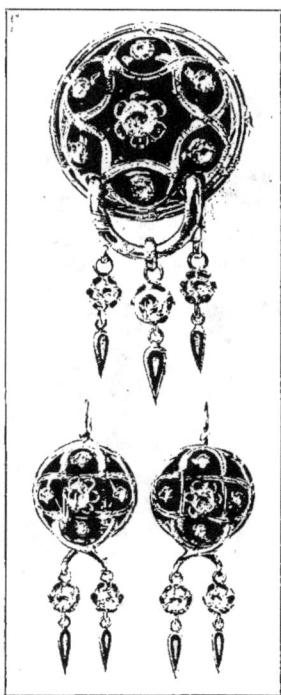

DEMI-PARURE,
ÉMAIL ET BRILLANTS.

Le livre de messe de l'Impératrice, dont Fossin fit la monture, était recouvert de velours blanc, orné de ciselures en argent : d'un côté on voyait l'aigle sur champ de gueules, surmonté d'une couronne impériale

---

1. La robe pour le mariage religieux devait tout d'abord être en point d'Alençon, afin de rendre hommage à l'industrie nationale. On la fit cependant en point d'Angleterre à cause du grand voile, surmonté de fleurs d'oranger, qui était rattaché au diadème, et qu'il avait été impossible de trouver assez grand en point d'Alençon.
2. Pour le dîner, l'Impératrice portait une parure de diamants et de rubis.
3. *Le Constitutionnel.*

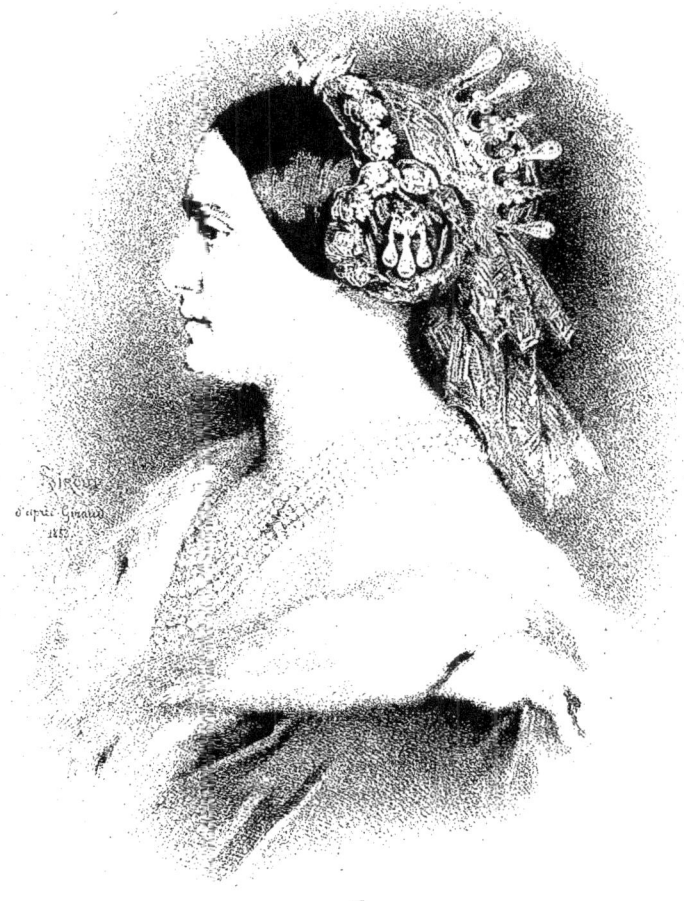

S. A. I. MADAME LA PRINCESSE MATHILDE.
Lithographie de Siroux, d'après le tableau de Giraud (1853).

en diamants ; de l'autre se trouvaient les initiales de l'Impératrice Eugénie, également sur champ de gueules, et

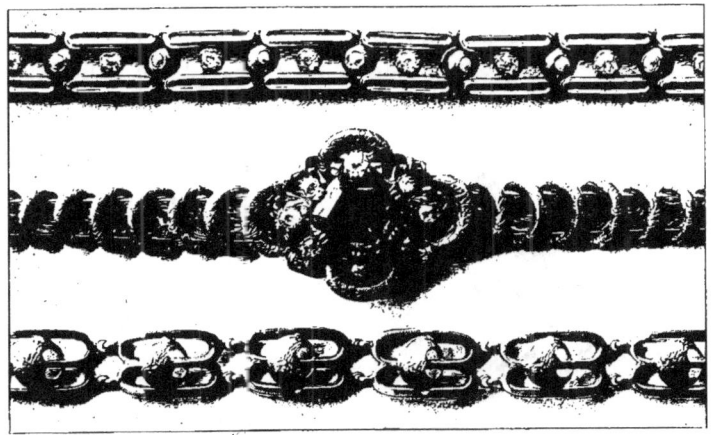

BRACELETS SOUPLES.

surmontées, comme l'aigle, d'une couronne impériale en diamants.

Le Conseil municipal avait décidé qu'une somme de six

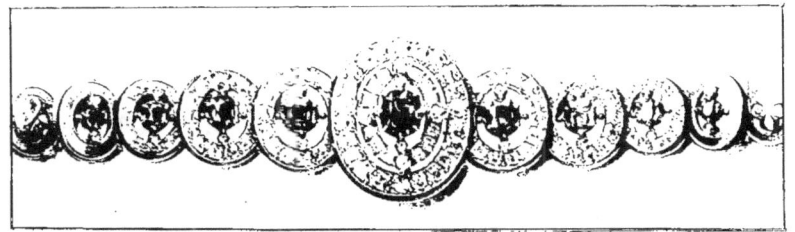

BRACELET SOUPLE, RUBIS ET BRILLANTS (TYPE COURANT),
par Petiteau.

cent mille francs serait affectée à l'acquisition d'un collier de diamants qui serait offert au nom de la Ville de Paris à la jeune et charmante souveraine, dont l'amabilité, la grâce et la beauté captivaient déjà tous les esprits. (Au centre de ce collier devait être placé un diamant en forme de cœur, appartenant à Lemonnier. Ce diamant, de l'eau la plus pure, pesait 23 carats et était évalué 90.000 francs.) Mais la nouvelle Impératrice, mue par un sentiment d'une délicatesse touchante, n'accepta pas ce cadeau, afin, dit-elle, de ne pas occasionner de dépense à la Ville. Sur son désir, la somme fixée pour l'achat de cette parure fut employée en charités[1].

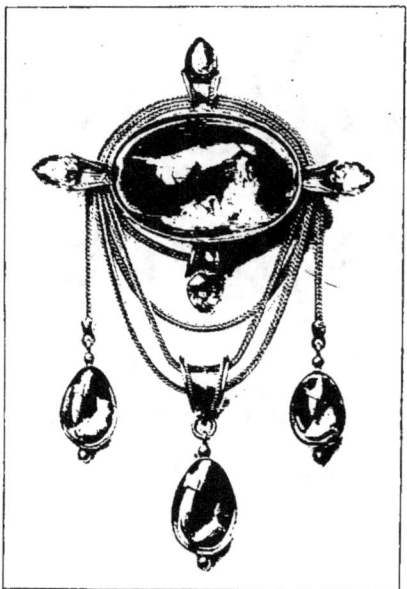

BROCHE AVEC CABOCHONS D'AMÉTHYSTES.

L'impériale fiancée fit un usage analogue de la somme de deux cent cinquante mille francs que l'Empereur lui avait envoyée comme argent de poche dans un portefeuille, « pour tenir lieu de la bourse d'usage »[2]. Mais, malgré l'importance de ces libéralités, le mariage impérial n'en fut pas moins l'occasion de cérémonies grandioses, qui occasionnèrent un mouvement commercial exceptionnel.

1. Un établissement fut fondé dans un immeuble acheté spécialement rue Cassette, où les jeunes filles pauvres devaient recevoir une éducation conforme à leur position.
2. Sur cette somme, cent mille francs furent attribués aux Sociétés maternelles de secours aux femmes en couches et cent cinquante mille servirent à fonder de nouveaux lits à l'Hospice des Incurables.

LE SECOND EMPIRE 49

Le mariage civil avait eu lieu aux Tuileries[1], dans la salle

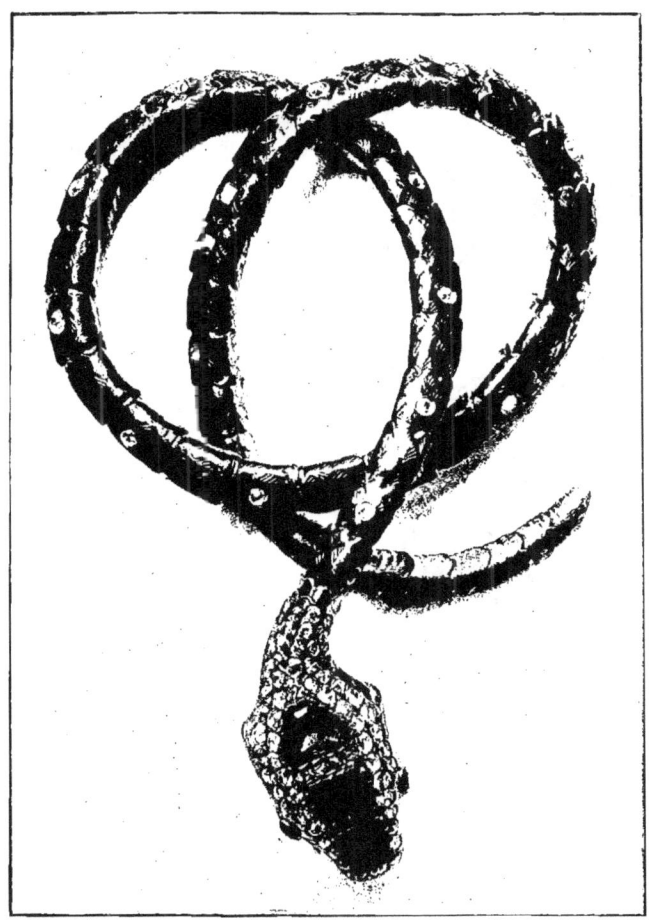

COLLIER SERPENT SOUPLE ENTIÈREMENT ÉMAILLÉ,
AVEC ÉMERAUDES ET BRILLANTS (1855).

des Maréchaux. C'est à Notre-Dame, décorée par les archi-

[1]. La relation officielle des cérémonies relatives au mariage civil mentionne

tectes Viollet-le-Duc et Lassus, que fut célébré le mariage religieux (29 janvier 1853). On avait fait redorer pour la circonstance le carrosse du Sacre dans lequel, en 1804, avaient pris place Napoléon Ier et Joséphine.

Lorsque, au sortir de la cathédrale, l'Impératrice apparut aux yeux de la foule émerveillée, « plus blonde et plus éblouissante que le soleil »', ce fut un long frémissement : des acclamations enthousiastes retentirent, un vrai délire s'empara des assistants : le peuple, conquis, était fier d'avoir une souveraine aussi séduisante.

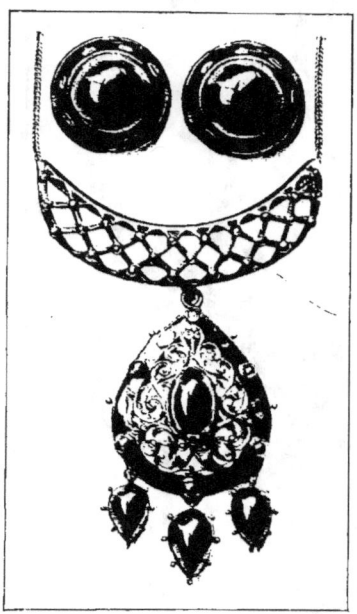

DEVANT DE COLLIER
ET BOUTONS DE MANCHETTES,
GRENATS CABOCHONS ET ÉMAIL.

L'Empereur, en grand uniforme de lieutenant-général, avec les décorations en joaillerie, et le riche collier de grand maître de la Légion d'Honneur qu'avait porté Napoléon Ier le jour de son sacre, paré également du collier de la Toison d'or qui avait servi à Charles-Quint, avait ceint l'épée de diamants exécutée autrefois par Bapst pour Charles X, dont nous avons parlé précédemment, et qu'on peut voir aujourd'hui au Louvre dans la galerie d'Apollon.

que « l'auguste fiancée de l'Empereur avait une robe en point d'Angleterre, garnie, au bas, d'agrafes de lilas blanc avec corsage drapé garni de même. Elle portait un collier de perles fines, une épingle et des boucles d'oreilles en diamants, une coiffure blanche en clématites ».

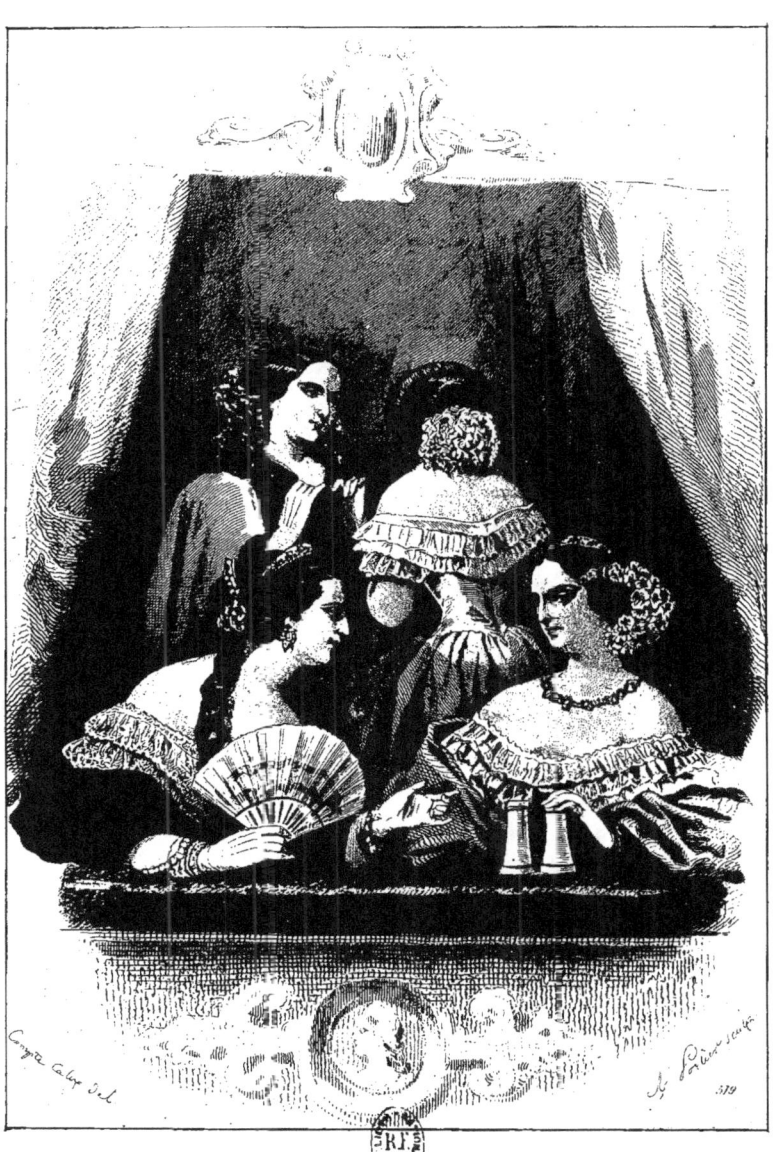

AU THÉATRE DES ITALIENS, EN 1853
par Compte-Calix.
(Colliers, diadèmes, boucles d'oreilles, bracelets, etc.)

La pièce de mariage, en or massif avec diamants

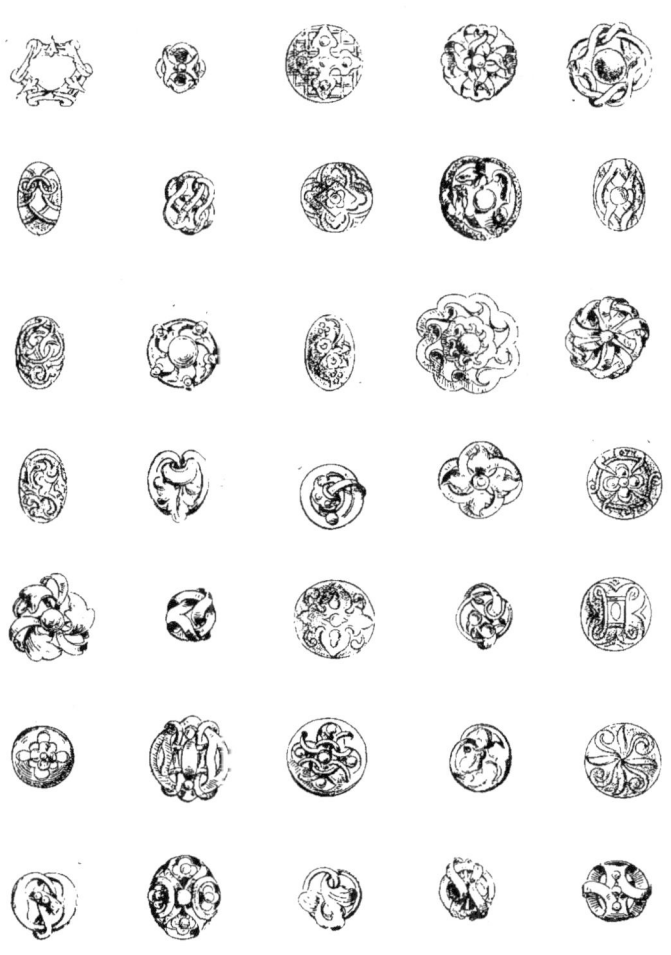

BOUTONS DE CHEMISE,
par Goësin.

sur la tranche, portait d'un côté les chiffres enlacés des souverains ; de l'autre, la date écrite en pierres fines Les alliances étaient de simples anneaux d'or mat, larges et unis, sans aucune recherche.

Dans la corbeille, les journaux signalèrent particulièrement comme étant l'objet sinon le plus riche, mais le plus curieux de cette collection précieuse de joyaux, une broche ovale en diamants, dont le centre était formé d'un seul grand diamant plat très mince[1] recouvrant le portrait de l'Empereur. Un autre diamant en forme de pendeloque était suspendu sous ce bijou.

Dans le concert de commentaires élogieux dont la presse d'alors accompagne la nomenclature des présents, l'idée de cette *broche-portrait*, « aussi heureuse que nouvelle », paraît avoir obtenu un succès tout spécial. On semble regretter généralement que le temps ait manqué pour modifier le style trop classique des Diamants de la Couronne, et qu'on n'ait pu, pour cette cause, en remonter qu'une partie[2]. Nous signalerons aussi un trèfle d'émeraudes et de diamants qui figure dans le portrait de l'Impératrice en costume d'apparat par de Pommayrac

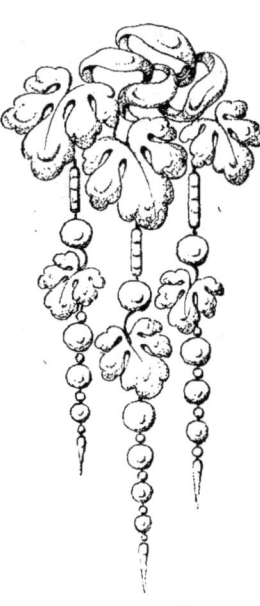

BROCHE JOAILLERIE
A PAMPILLES (VERS 1850).

1. Ce brillant, de forme plate, dit *à portrait*, est vraisemblablement celui qui figure dans le catalogue de la vente des Diamants de la Couronne sous le n° 24, et qui fut adjugé 11.800 francs à M. le Baron de Horn.

2. Il est certain que plusieurs parures importantes, datant de la Restauration et qui n'étaient pas sorties des coffres pendant toute la durée du règne de Louis-Philippe, ne furent jamais démontées, puisqu'elles figurèrent intactes à la vente de 1887. L'Impératrice est d'ailleurs représentée, dans le portrait officiel de 1854 par Winterhalter, avec un grand diadème de perles exécuté en 1820, lors du remaniement des Diamants de la Couronne ordonné par Louis XVIII.

(voir p. 89). Ce fut, paraît-il, le premier bijou offert par le nouvel Empereur à sa fiancée, qui, au cours d'une chasse en forêt de Compiègne, s'était longuement extasiée devant une feuille de trèfle toute scintillante de rosée. C'est là, sans doute, la raison principale de la préférence marquée de la Souveraine pour l'émeraude, et qui valut à cette

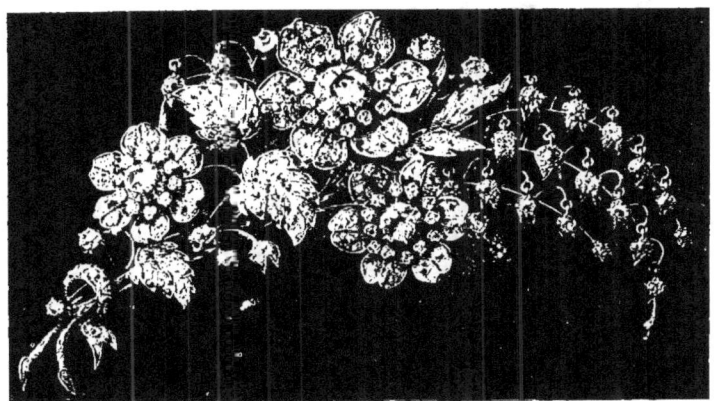

BROCHE ÉGLANTINES ET MUGUETS (1855)
SE PORTANT AUSSI EN AIGRETTE.
(Spécimen d'un type très répandu.)

pierre la vogue qu'elle a conservée pendant tout le Second Empire[1].

L'élan donné par les préparatifs de ces fêtes magnifiques était trop considérable pour qu'on ne le suivît pas avec enthousiasme ; pendant assez longtemps on avait reproché à Louis-Philippe sa retenue dans la dépense et ses goûts modestes, pour qu'une réaction ne fût pas inévitable. On avait à se rattraper d'avoir vécu si bourgeoisement pendant vingt ans. La loi d'alternance constatée depuis les temps les

---

1. Ce trèfle fut donné plus tard à Mme la Duchesse de Mouchy par l'Impératrice elle-même.

plus reculés, devait amener des fils prodigues après des pères économes ; aussi, l'argent lentement accumulé dans les bas de laine pendant le précédent règne était-il tout prêt à en sortir ; et, telle fut la chance inouïe de cette époque privilégiée, que malgré des dépenses quelque peu folles, la fortune publique non seulement n'eut pas à en souffrir, mais se trouva même en fin de compte considérablement augmentée.

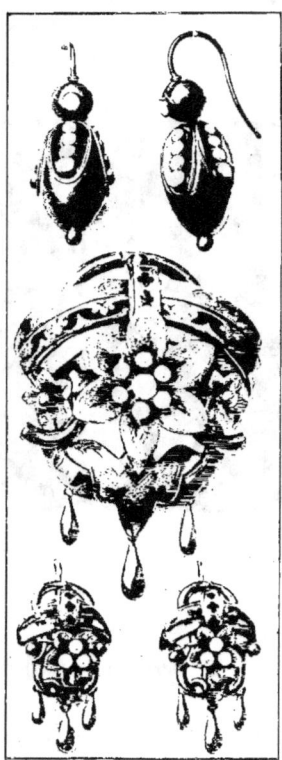

DEMI-PARURE
ET PENDANTS D'OREILLES
OR ET PERLES.

La nouvelle Cour avait été très vite et très bien constituée, et le Palais des Tuileries retrouvait de jour en jour sa splendeur d'autrefois ; ce n'étaient que fêtes, réceptions, soirées. L'exemple donné en haut lieu était forcément suivi par la société. Au début, ce n'était pas encore la fête ininterrompue, la féerie, le délire des dernières années, mais un commencement plein de promesses pour l'avenir. Le couple impérial, très accueillant, charmait par sa bonne grâce ; l'Impératrice Eugénie était très jolie, très élégante et avait vraiment grand air. Elle portait admirablement la toilette ; la Mode, qui prenait d'elle son mot d'ordre, suivait non seulement ses volontés les plus nettement exprimées, mais ses moindres désirs sans cesse renouvelés, et se modifiait continuellement, donnant une impulsion considérable aux industries de luxe en particulier et surtout à celle du bijou. Entourée des grandes dames qui dirigent avec elle la mode et le goût, l'Impératrice

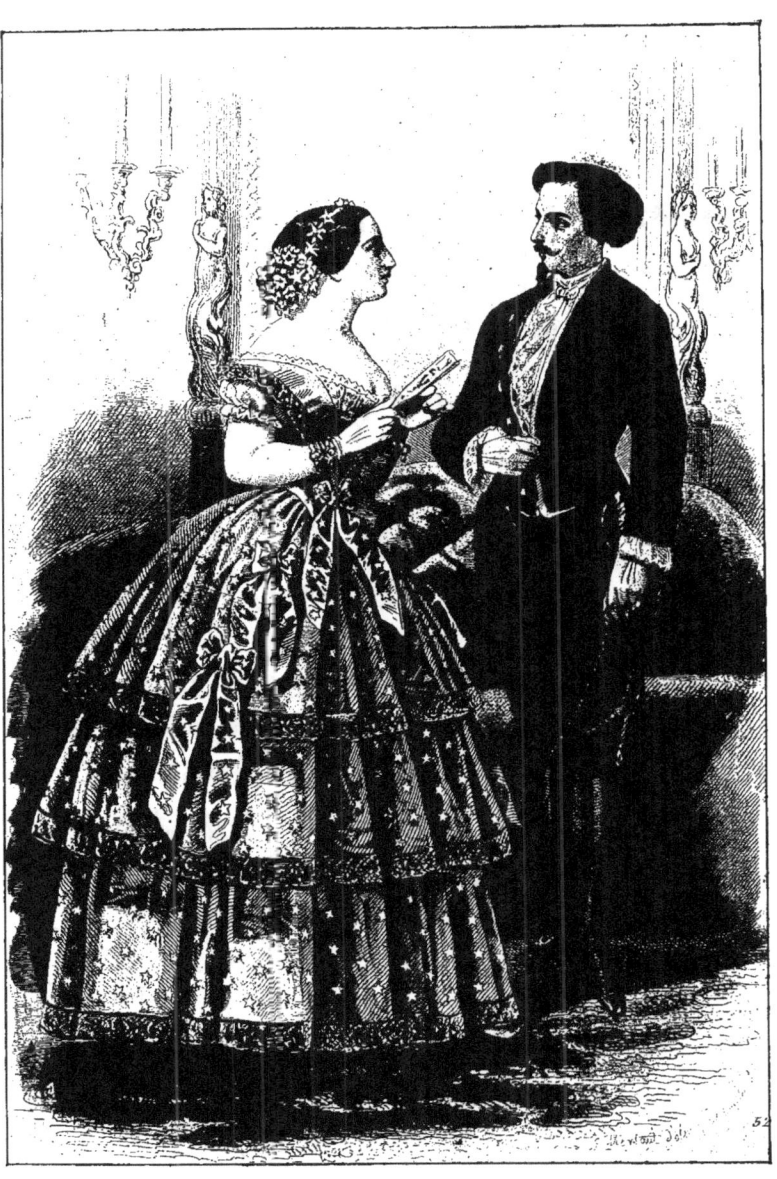

TOILETTE DE COUR (1853).
Étoiles de diamants dans les cheveux, bracelets.

les éclipse toutes par sa grâce et sa beauté. Nulle n'est plus élégante qu'elle, nulle ne sait faire valoir avec plus de séduction le charme d'une robe inédite ou d'une parure nouvelle, qu'aussitôt toutes les Parisiennes fortunées s'empresseront de commander à leurs fournisseurs.

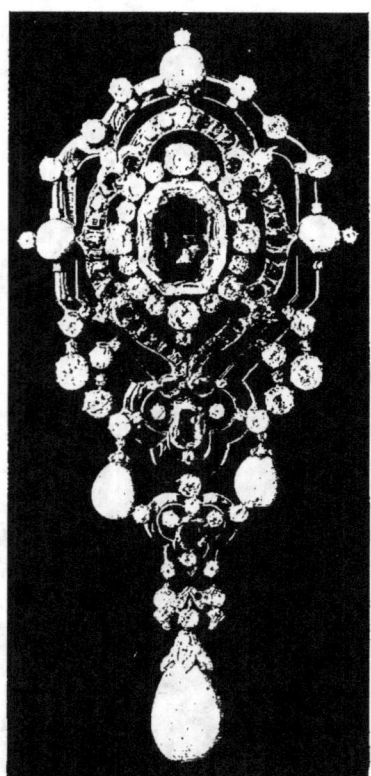

GRANDE BROCHE : SAPHIRS, RUBIS, PERLES ET ÉMAIL (VERS 1855-1860).
Hauteur : 0^m 16.

« Dès 1853, dit M. Charles Simond[1], les affaires jouissent d'une prospérité si brillante, si ininterrompue, que, pour des milliers de favorisés, la corne d'abondance paraît inépuisable. Les rêves les plus fous semblent devoir s'exaucer. Il n'est si petit marchand qui ne possède des rentes, voire des immeubles au soleil, et ne puisse en dix ans, parfois plus tôt, passer, avec de beaux bénéfices encaissés, la main à son successeur. Les misérables eux-mêmes bénissent cette ère d'or, qui, sous l'égide de la paix proclamée en de solennels discours auxquels on ajoute foi, doit voir bientôt l'extinction du paupérisme en réalisant les promesses des idées napoléoniennes.

« Toutes les ambitions comptent sur des satisfactions et

1. *Paris de 1800 à 1900* (Plon-Nourrit, 1901).

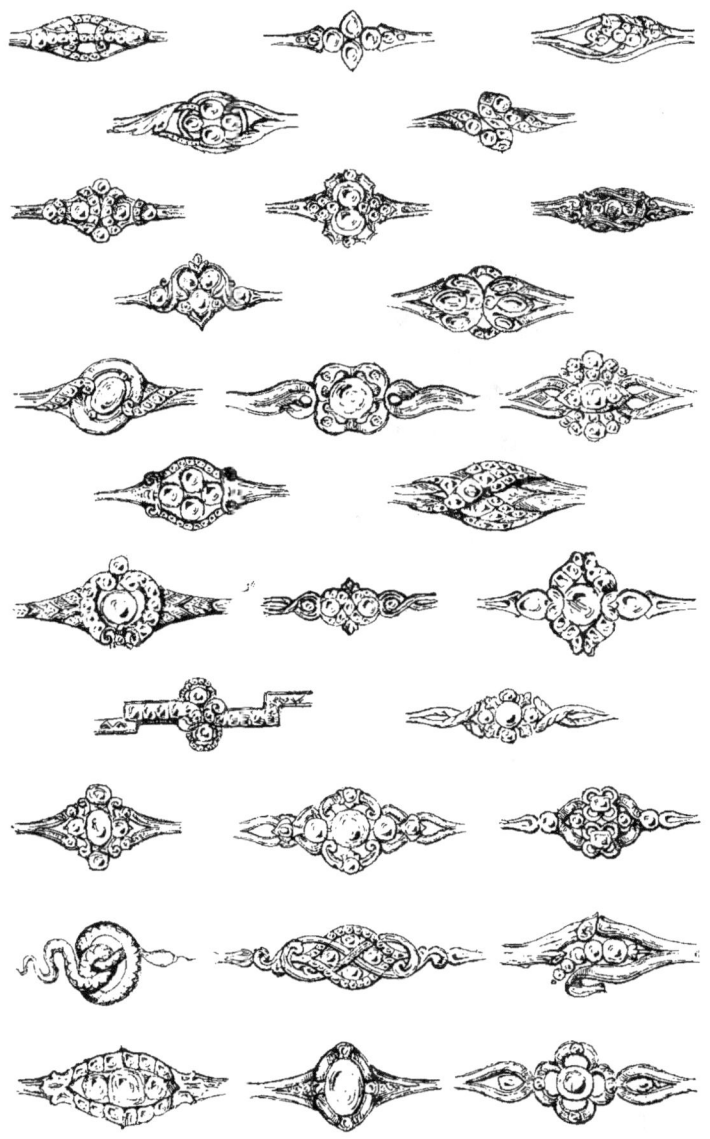

BAGUES DU TEMPS DE NAPOLÉON III.

les obtiennent. Armée, clergé, haute finance, bourgeoisie déjà cossue et celle qui le sera demain, classes laborieuses des villes et des campagnes, aucune catégorie de la société n'est perdue de vue. Les irréconciliables eux-mêmes, ceux qui resteront en exil jusqu'à la fin, s'écrient que « l'univers penche enfin du bon côté » et chantent « le verdissement du printemps universel ».

Parmi les personnalités les plus marquantes de la bijouterie artistique de cette époque, il convient de placer Alexis Falize, dont nous avons eu déjà l'occasion de parler dans notre précédent volume. Nous avons dit pourquoi les affaires de la maison Janisset avaient périclité et comment la Révolution de 1848 avait déterminé sa chute définitive ; Falize, qui travaillait exclusivement pour cette maison, en subit le contre-coup et dut reprendre son indépendance commerciale. Après une période de crise et d'épreuves, il devint un des fournisseurs les plus appréciés des principaux marchands bijoutiers de la capitale. Bien

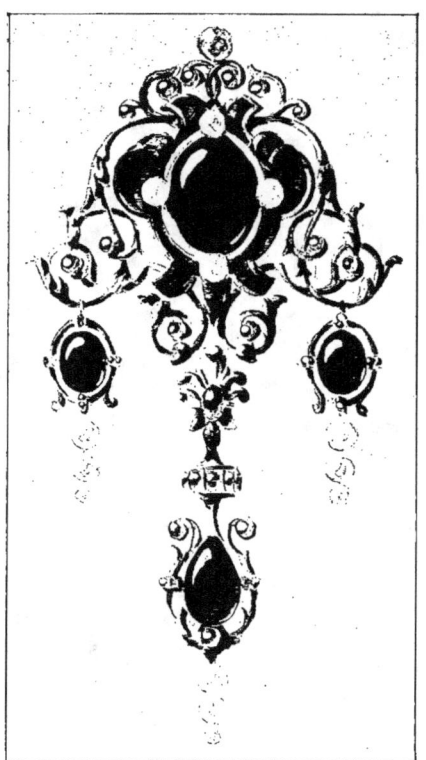

BROCHE ÉMERAUDES CABOCHONS ET PERLES
par Alexis Falize père (1853).

que les notes qu'il nous a été possible de recueillir à son sujet soient un peu rétrospectives, elles nous semblent cependant présenter assez d'intérêt pour les faire figurer ici.

Alexis Falize (1811-1898) ou, plus exactement, Mignon Falize, descendant d'une très ancienne et très honorable

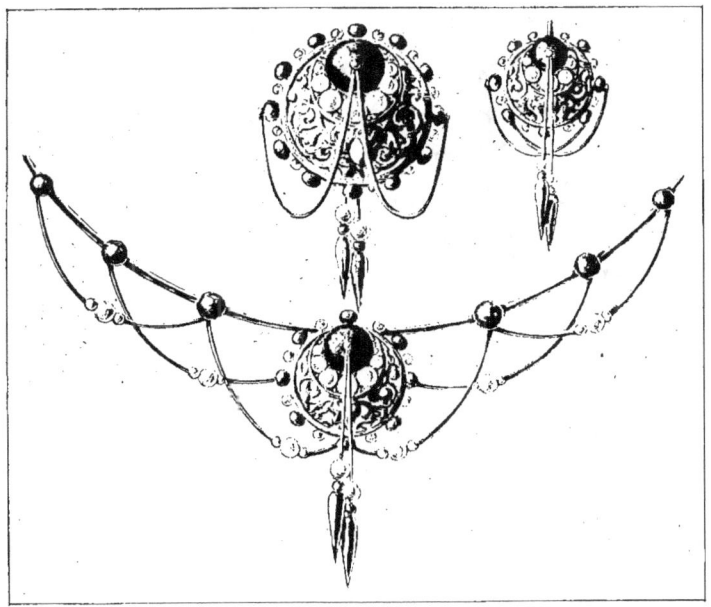

BROCHE, BOUCLE D'OREILLES ET COLLIER
par Alexis Falize père.

famille de Huy-sur-Meuse, naquit le 23 septembre 1811, à Liége, alors chef-lieu du département de l'Ourthe[1]. Il était l'aîné de cinq enfants; deux de ses frères, Guillaume et Hyacinthe, furent également bijoutiers. Son père était un cordonnier renommé pour la perfection de son travail et l'ingéniosité de ses innovations; il avait une clientèle de premier ordre et, comme aurait dit Joseph Prudhomme,

[1]. La Belgique fut française de 1795 à 1814.

chaussait des têtes couronnées. Fournisseur des familles aristocratiques, il allait tous les étés à Spa, la ville d'eaux à la mode, où se rencontraient les plus grands personnages de l'époque, et le jeune Alexis, qui l'accompagnait dans ses tournées, avait toujours conservé comme un souvenir vivace de son enfance la vision de ces clients considérables, tels que l'Empereur Alexandre Ier de Russie et d'autres souverains. A la mort de son père, en 1822, sa mère, restée sans fortune, fut très heureuse d'accepter l'offre que lui fit un grand-oncle de Paris, M. Favart, chef d'une institution renommée, de se charger d'Alexis jusqu'à l'achèvement de ses études. L'enfant quitta donc son collège dans le courant de l'année 1823 et arriva dans la grande ville dont il fut émerveillé. Il racontait parfois ce qui avait le plus frappé sa jeune imagination : la mort de Louis XVIII, la construction lente de l'Arc de l'Étoile, l'achèvement de la Madeleine, l'éclairage au gaz, les omnibus alors tout nouveaux, etc.

M. Favart donna à Falize une instruction solide, puis le

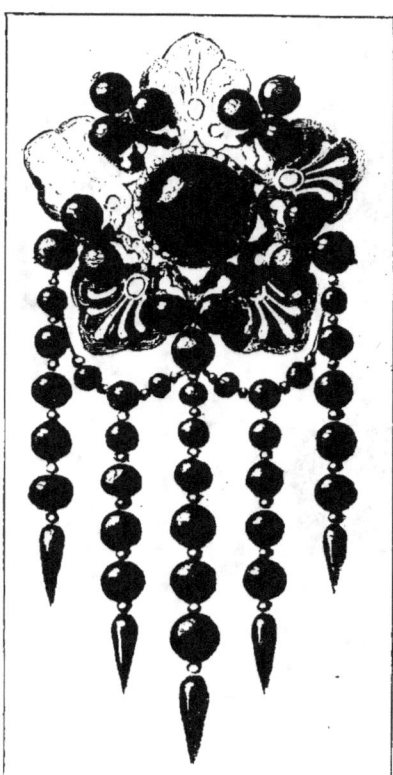

BROCHE CORAIL ET OR ÉMAILLÉ
par Alexis Falize père (1855).

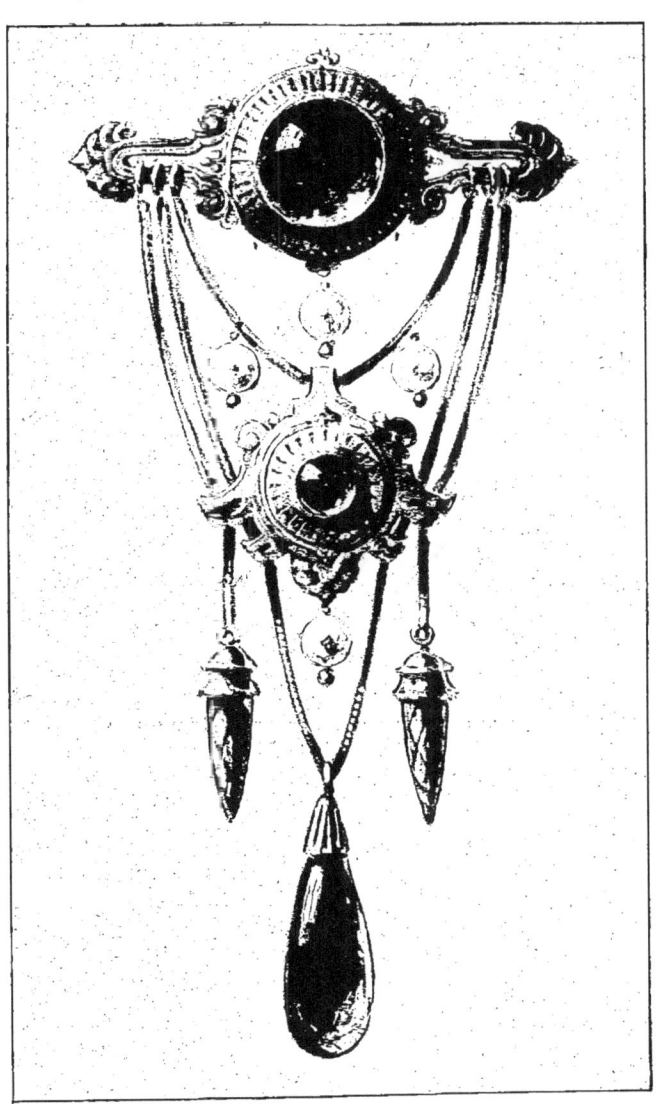

GRANDE BROCHE OR ET CABOCHONS
par Alexis Falize père.

prépara au commerce par une connaissance approfondie du français, de l'arithmétique et de la comptabilité. L'enfant était d'ailleurs un excellent élève, à l'esprit éveillé, ne demandant qu'à s'instruire. Lorsqu'il eut 17 ans, il fallut lui choisir une profession. On le mit en apprentissage chez un papetier, où le jeune homme, astreint à de pénibles corvées, ne se plaisait guère. Il n'y resta, du reste, pas très longtemps, car, lors de la révolution de 1830, son patron fit faillite, comme tant d'autres, et sa maison disparut.

Les occupations d'Alexis Falize devinrent celles de tous

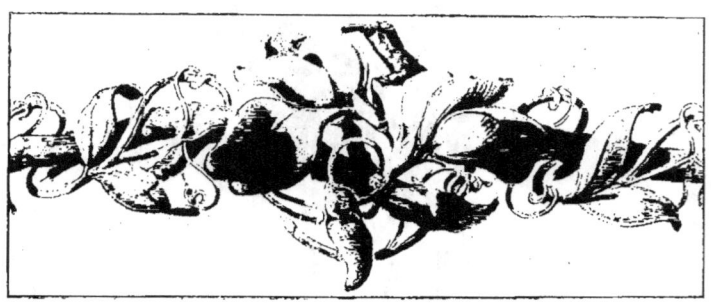

BRACELET POIS DE SENTEUR ÉMAIL. (VERS 1850)
par Alexis Falize.

les citoyens d'alors : il endossa l'uniforme de garde national et assista aux événements qui se déroulaient dans la capitale de la France et dont le contre-coup fut si considérable en Belgique, son pays natal.

Une fois l'ordre rétabli, Falize, resté sans situation, revint à la pension Favart, mais en qualité de professeur. Outre la géographie, le français et l'arithmétique, il enseigna la tenue des livres, l'écriture et enfin le dessin, qu'il pratiquait déjà d'une façon remarquable et pour lequel il avait toujours eu un goût très prononcé. Cette nouvelle situation lui plaisait beaucoup et il croyait son avenir assuré dans cette maison où il était estimé et aimé comme un fils.

Malheureusement, en 1832, survint la terrible épidémie

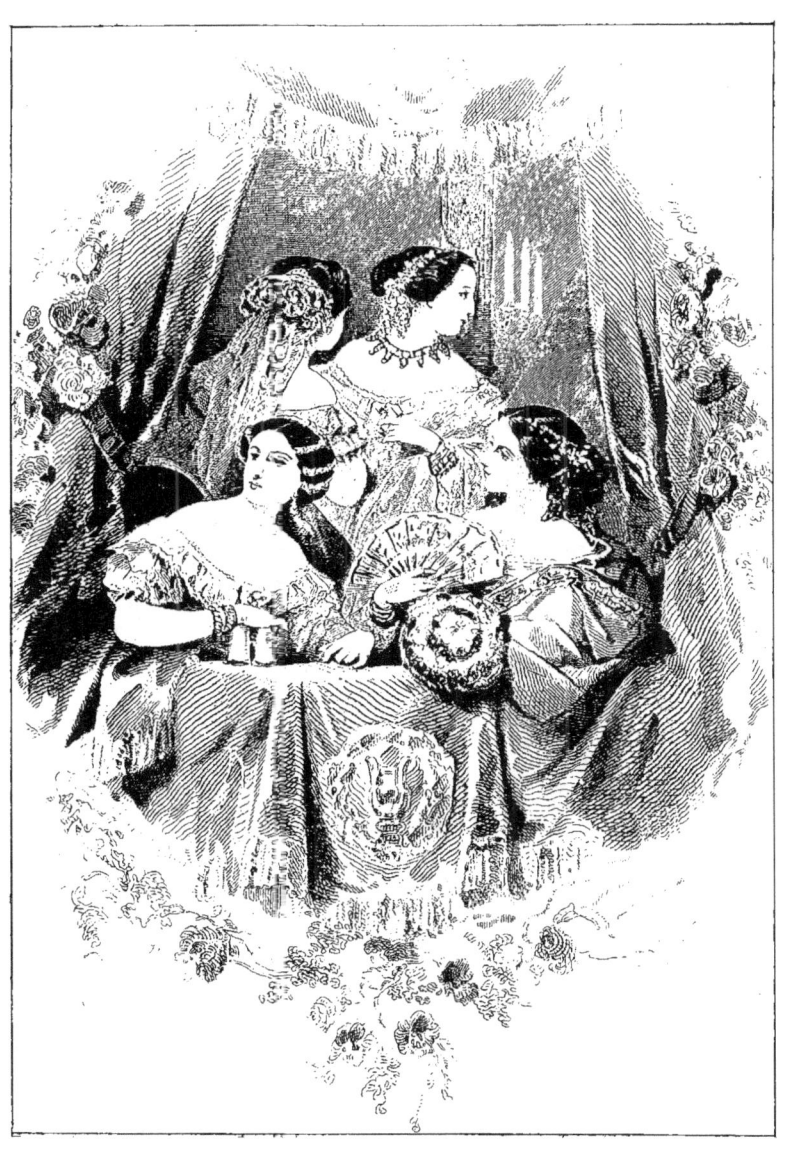

UNE LOGE AUX ITALIENS EN 1854,
par Compte-Calix.
(Parures de diamants dans les cheveux, colliers, bracelets, etc.)

de choléra qui décima si cruellement la population parisienne. Le fléau fit son apparition dans l'institution de Favart; mais, grâce aux soins empressés prodigués aux élèves, aucun d'eux ne fut mortellement atteint : seul, l'infortuné Favart, victime de son dévouement, fut emporté d'une façon foudroyante. Dès lors, Alexis Falize, privé de son protecteur et parent, dut renoncer à tous ses projets et quitter la pension dans laquelle il espérait pouvoir terminer sa carrière.

C'est à ce moment que Guillaume, son second frère, vint à Paris pour apprendre un métier. Grâce à la recomman-

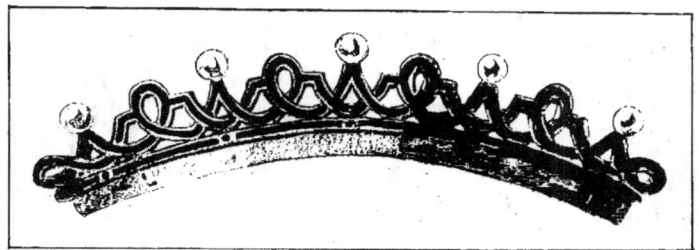

PEIGNE ÉMAIL BLEU ET PERLES
par Alexis Falize.

dation de M. Meurice, orfèvre[1], dont le fils, Paul Meurice, était élève à la pension Favart, le jeune Guillaume Falize entra comme apprenti chez M. Maudoux, bijoutier rue Saint-Martin, où son plus jeune frère, Hyacinthe[2] vint bientôt le rejoindre, également en qualité d'apprenti : cette

---

1. Nous avons dit précédemment que ce M. Meurice épousa la veuve d'un autre orfèvre nommé Froment. Le fils qui naquit de cette union prit le double nom de Froment-Meurice lorsqu'il reprit la maison paternelle en 1832.

2. Nous trouvons dans l'*Azur* de 1858 les deux frères établis : « Falize (Guillaume), rue Grétry, n° 1, près de l'Opéra-Comique, fabrique de bijoux de fantaisie et fait la commande; Falize (Hyacinthe), rue Marsollier, n° 7, bijouterie, joaillerie et commande. »

Avant leur installation respective, les deux frères avaient été associés rue Traînée. Alphonse Fouquet a travaillé dans leur atelier en 1846, après avoir été antérieurement chez leur frère Alexis.

Guillaume Falize est mort en décembre 1906, âgé de 86 ans.

double circonstance éveilla chez Alexis Falize l'idée d'embrasser la même profession que ses frères. Il se présenta donc chez les frères Mellerio dits Meller, alors rue de la

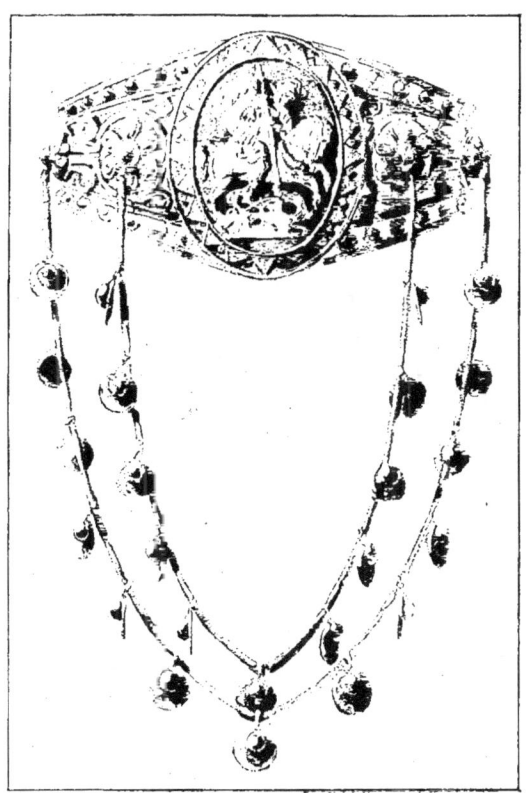

BRACELET « SAINT GEORGES » A CHAINETTES
par Alexis Falize. — Réduction du cinquième.

Paix, 22, qui lui firent le meilleur accueil et chez lesquels il entra le 1er octobre 1833. On donna au nouveau commis, outre le logement et la table, des appointements qui lui permirent, tout en améliorant son existence personnelle, de venir en aide à sa mère et à sa jeune sœur.

Le jeune homme se mit avec ardeur au travail. Chargé d'abord de la tenue des livres, il s'en acquitta à la grande satisfaction de ses patrons; mais, avide de s'instruire et séduit par les parures qu'il avait constamment sous les yeux, il sut bien vite faire son éducation de bijoutier.

Laissons-lui d'ailleurs la parole, car, sur la fin de sa vie, Alexis Falize avait commencé à mettre à jour quelques notes autobiographiques qui, malheureusement, s'arrêtent aux premières années de sa carrière, mais donnent cependant bien l'idée des habitudes commerciales de cette époque.

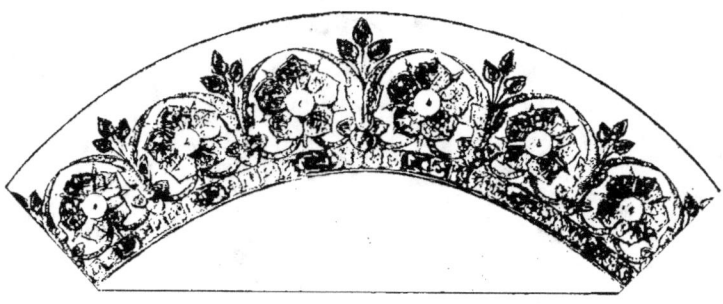

DIADÈME RUBIS, BRILLANTS ET PERLES
par Alexis Falize.

On verra qu'elles ont bien changé depuis. Voici comment il s'exprime sur son séjour dans la maison Mellerio :

« La boutique est fort simple, sans aucun luxe, comme d'ailleurs dans toute la rue de la Paix, où sont plusieurs autres bijoutiers. L'étalage dans les vitrines consiste en quelques pièces d'argenterie très ordinaires, du style du Premier Empire. C'est seulement au Palais-Royal que brillent les étalages de bijoux, parce que tous les soirs les galeries sont envahies par une foule de promeneurs parisiens et étrangers.

» Mais, dans l'intérieur du magasin, quelle profusion de diamants et de pierres précieuses sous les glaces des comptoirs ! Ces richesses indiquaient bien l'importance de cette

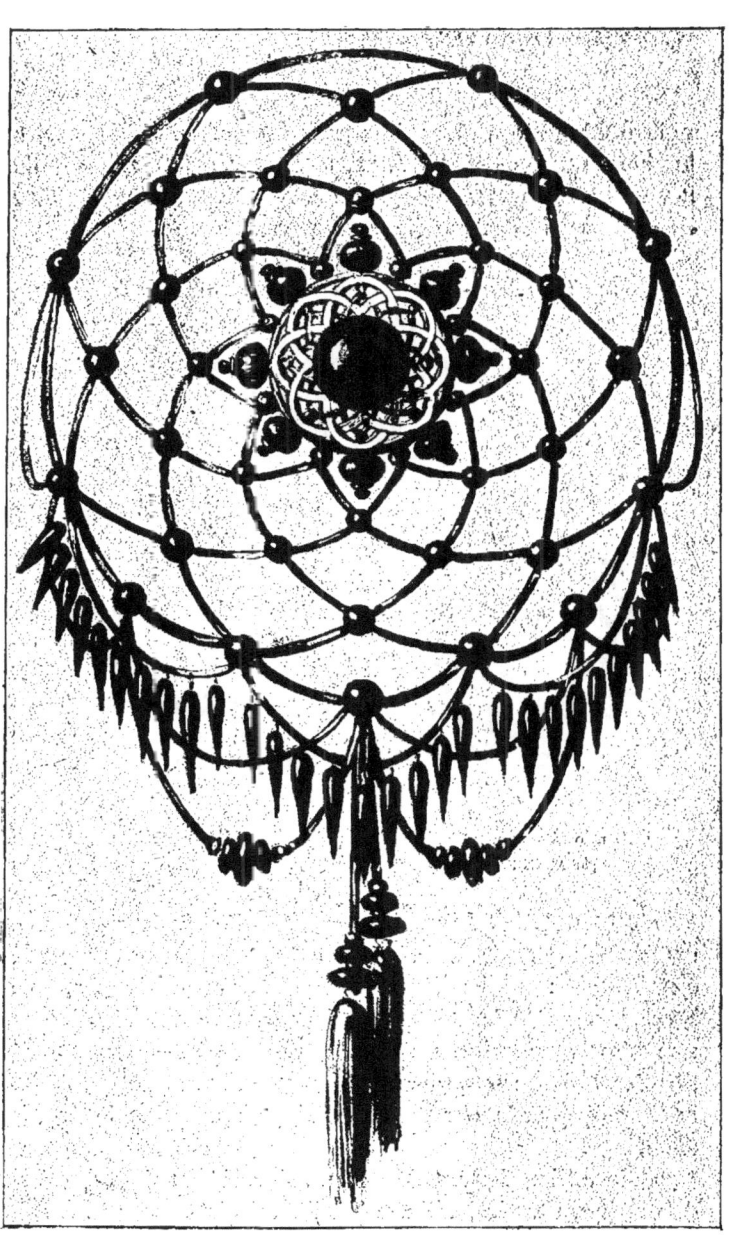

RÉSILLE CORAIL ET OR
par Alexis Falize père.

maison Mellerio, qui avait pour clientèle la Reine Marie-Amélie, la Princesse Adélaïde, toute l'ancienne aristocratie et une grande partie de la noblesse créée par l'Empire.

» Émerveillé par ce beau commerce de la bijouterie, je m'applique à tout connaître, soit en prenant en main chaque bijou du magasin, soit en assistant aux ventes faites à la clientèle.

» Sur un carnet que je portais constamment, j'inscrivis de nombreuses notes : les prix et les différents titres de l'or et de l'argent, des comptes tout faits pour les différentes pesées de l'argenterie, pesées qui se faisaient encore par marcs, onces et gros ; les noms et les qualités des pierres précieuses, leur valeur selon leur beauté et leur grosseur ; les différents prix des diamants ; enfin, grâce aux explications qui m'étaient données par MM. Mellerio, je possédai bientôt toutes les connaissances qui m'étaient nécessaires.

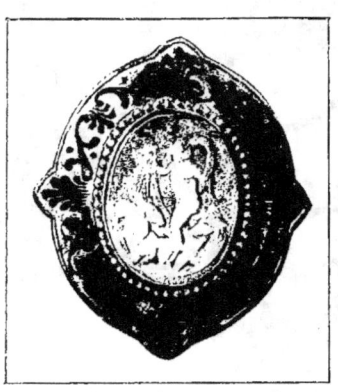

BROCHE CAMÉE
par Alexis Falize.

» Alors, il était de mode de mettre dans les corbeilles de mariage de grands écrins contenant une parure complète, c'est-à-dire : un bandeau, un collier à pendeloques, une broche, des boucles d'oreilles girandoles, deux bracelets et une boucle de ceinture ; les pierres les plus souvent employées étaient : le péridot, l'améthyste, la topaze du Brésil, la chrysoprase, la chrysolithe, l'aigue marine et le grenat cabochon.

» Au milieu de tant de bijoux, si variés et de valeurs si différentes, c'est la joaillerie que j'admirais surtout : colliers de perles, rivières et aigrettes de diamants et tant d'autres pièces charmantes où brillaient les rubis, les saphirs, les émeraudes, les opales, les turquoises, etc.

» Mes patrons, découvrant en moi du goût et surtout le

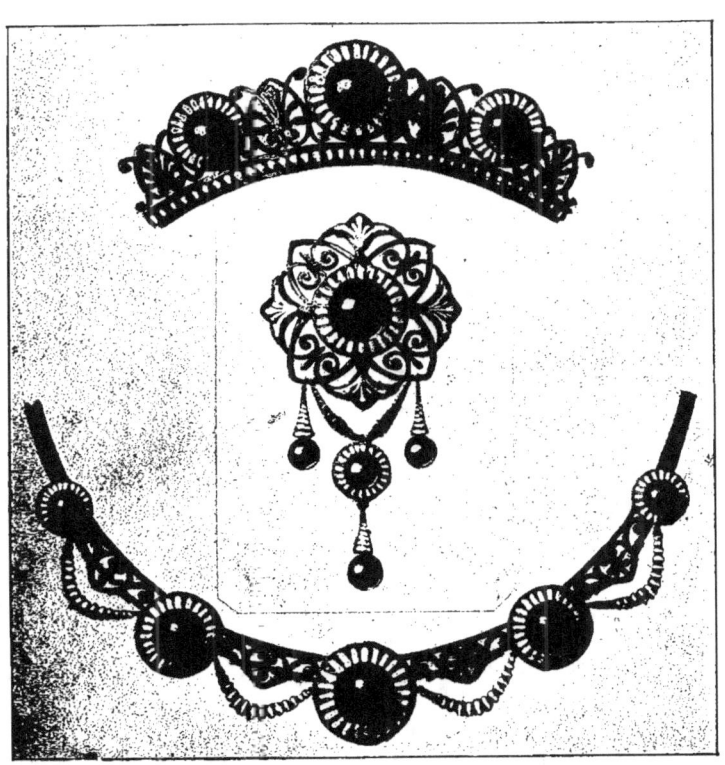

PEIGNE, BROCHE, COLLIER LAPIS ET ÉMAIL
par Alexis Falize père.

désir de m'instruire, se firent un devoir de m'enseigner tout ce que je devais savoir pour leur être utile.

» Après quelque temps, je pus leur faire observer que beaucoup de pièces avaient de mauvaises formes, que la ciselure, la gravure et l'émail, plus artistement employés et plus à propos, devaient donner aux bijoux un effet beaucoup plus gracieux. Mes croquis, que je crayonnais sous leurs yeux, furent souvent approuvés, et bientôt commença pour moi le soin de composer des parures, de prendre des commandes auprès des clients et de faire exécuter dans les ateliers où j'appris peu à peu toute la théorie de la fabrication.

» Dans cette famille Mellerio, qui était fort riche, on vivait avec une sage économie : aucun luxe, pas même dans la boutique, d'apparence très ordinaire, et qu'on éclairait le soir par quelques quinquets de fer blanc accrochés aux murs. Logement, mobilier, toilette, tout était de la plus grande simplicité. Mœurs patriarcales, observance des devoirs religieux, respect des enfants envers les parents, tous signes révélant une heureuse famille. »

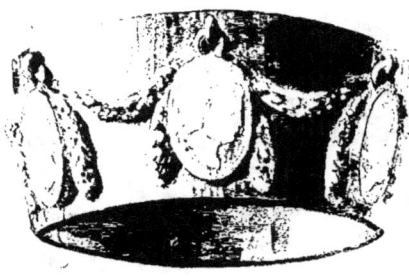

BRACELET
par Alexis Falize père.

Après une année passée dans cette maison, Falize, qui était allé à Liége revoir sa famille et respirer l'air natal, revint à Paris fiancé avec une de ses compatriotes, mais avec cette condition, imposée par les parents, que le mariage n'aurait lieu que lorsque le jeune homme serait établi patron. C'est alors que Marchand aîné, frappé par le mérite des dessins de Falize, lui proposa de quitter les Mellerio, auxquels il ne pouvait compter succéder, puisqu'ils avaient des fils, et d'entrer chez M. Janisset qui, malade, cherchait « un commis de bonne famille, capable, connaissant bien le commerce de la bijouterie, la comptabilité, et sachant dessiner. » Comme M. et Mme Janisset n'avaient pas d'enfants, Falize pouvait avoir quelque espoir de leur succéder un jour.

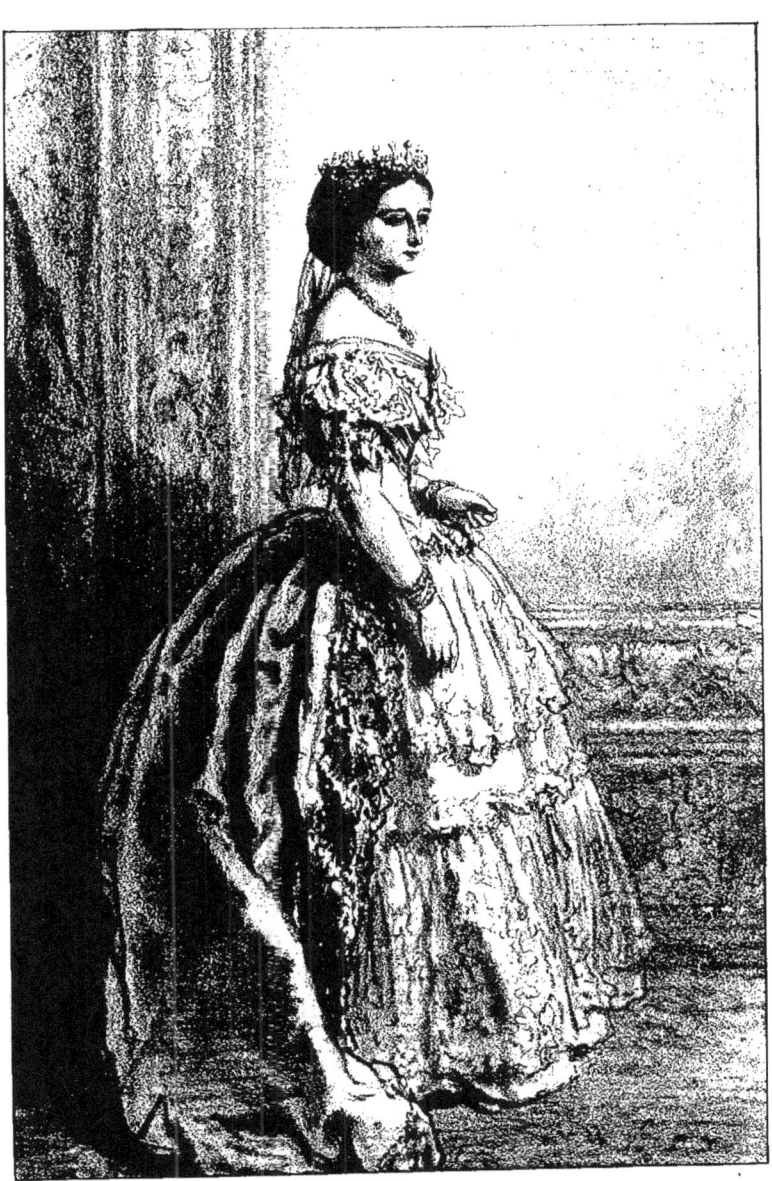

S. M. L'IMPÉRATRICE EUGÉNIE : COSTUME OFFICIEL DU 2 JANVIER 1855
par Gavarni.
(Diadème, collier, broche, bracelets.)

Alexis Falize mit au courant de la situation MM. Mellerio, qui approuvèrent sa décision et, à la fin de 1835, il entra chez Janisset. « Quelle différence, écrit-il, entre la maison que je viens de quitter et celle-ci ! La clientèle n'est plus la même : avec la jeune noblesse, c'est la finance, la diplomatie, le monde des artistes, littérateurs et compositeurs. Il faut, pour cette clientèle toujours en fêtes et en plaisirs, des fantaisies toujours nouvelles. Il faut des bijoux créés spécialement pour chacun, et ornés souvent de chiffres, d'armoiries et de devises galantes.

» La grande confiance qu'on m'exprimait augmenta mon désir de réussir : je me procurai diverses gravures d'ornements de tous styles ; j'étudiai sur les papiers peints, les tapisseries, partout où il y avait du décor et, dès mon début, j'eus le bonheur de créer de jolies choses.

» J'étais d'ailleurs bien souvent inspiré par les idées de Mme Janisset, femme de beaucoup de goût, jolie et fort distinguée ; Mme Janisset avait le talent de séduire ses clients, de leur faire acheter ce qu'elle savait devoir leur plaire. Aucune vendeuse, disait-on, ne lui était comparable [1].

» C'est ainsi que, pour faire exécuter les pièces d'art que j'avais dessinées, je fréquentais journellement les ateliers des Marchand, des Chaise et des frères Marrel (ceux-ci pour les pièces d'art seulement).

» Il était un fabricant, nommé Joureau-Robin [2], qui, par contrat, ne travaillait que pour la maison Janisset. J'avais besoin d'aller tous les jours chez lui et dans son atelier ; je me mettais en rapport avec lui et avec ses ouvriers pour l'explication des pièces nouvelles à exécuter.

» De 1835 à 1838, les affaires furent si prospères, que Mme Janisset, devenue veuve, et qui venait de se remarier (avec M. Rollac), résolut de quitter sa boutique du passage des Panoramas pour s'établir plus grandement sur l'empla-

---

1. Voir tome Ier, p. 295 et suiv.
2. Il s'agit ici d'Aristide Robin, qui était établi sous le nom de Joureau, au Palais-Royal. (Voir tome Ier, p. 200.)

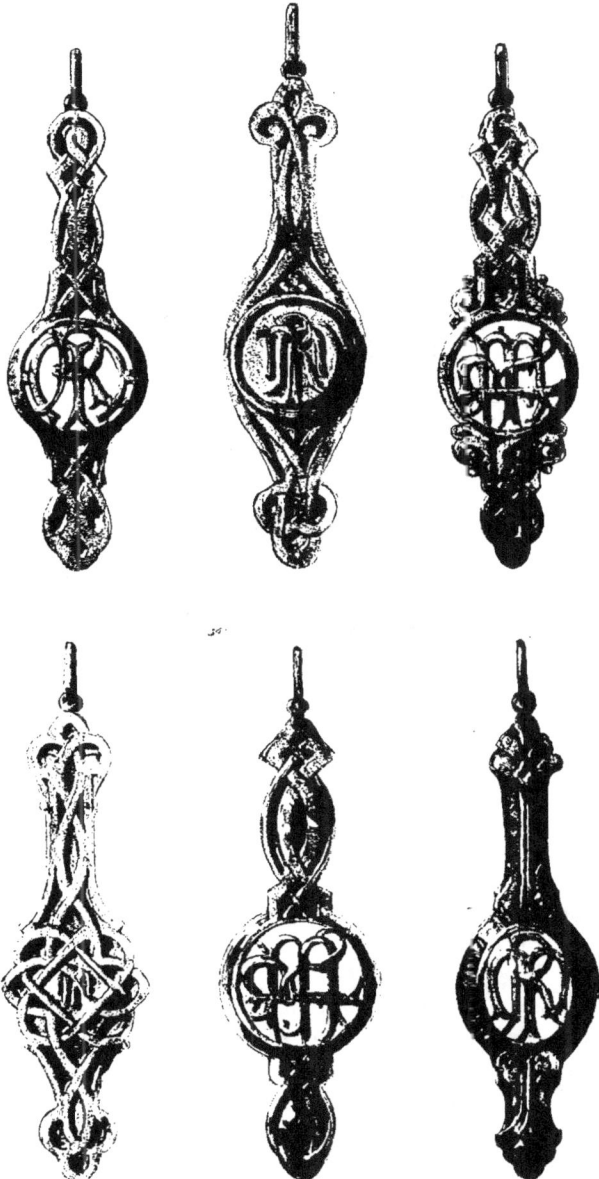

LORGNONS
par Alexis Falize père.

cement de l'hôtel Frascati, maison de jeu du coin de la rue de Richelieu et du boulevard, qu'on avait fermée en 1837, puis démolie, où l'on construisait une grande maison de rapport. Mme Janisset se fit présenter les plans de cette maison et y choisit ce qui pouvait lui convenir (rez-de-chaussée et entresol). Alors, je fus chargé de tracer sur une copie de ce plan les diverses divisions nécessaires pour la boutique, le bureau, un étroit couloir, le salon et la salle à manger prenant jour sur la cour. (Le salon entre la boutique et la salle à manger, éclairé par des portes tout en glaces.)

« C'est à cette époque que Joureau-Robin, vieux garçon,

BRACELET NÉO-GREC AVEC CAMÉE
par Alexis Falize père.

me parla de son projet de quitter les affaires et de vendre son fonds. Quelle plus belle occasion pour moi de m'établir, d'obéir à la volonté du père de ma fiancée, dont je ne pourrais obtenir la main qu'après une attente de plus de quatre ans !

» Je fis part de mon espoir à ma patronne qui, après une assez longue hésitation tout en ma faveur, finit par m'approuver, à la condition que, de même que M. Joureau-Robin, je ne travaillerais que pour sa maison.

» Alors, je me mis sérieusement en rapport avec M. Joureau et, quoique sans argent, j'achetai cette fabrique pour le prix de 5.000 francs et, en plus, un coffre-fort Fichet de 1.300 francs, dont on avait fait tout récemment l'acquisition. »

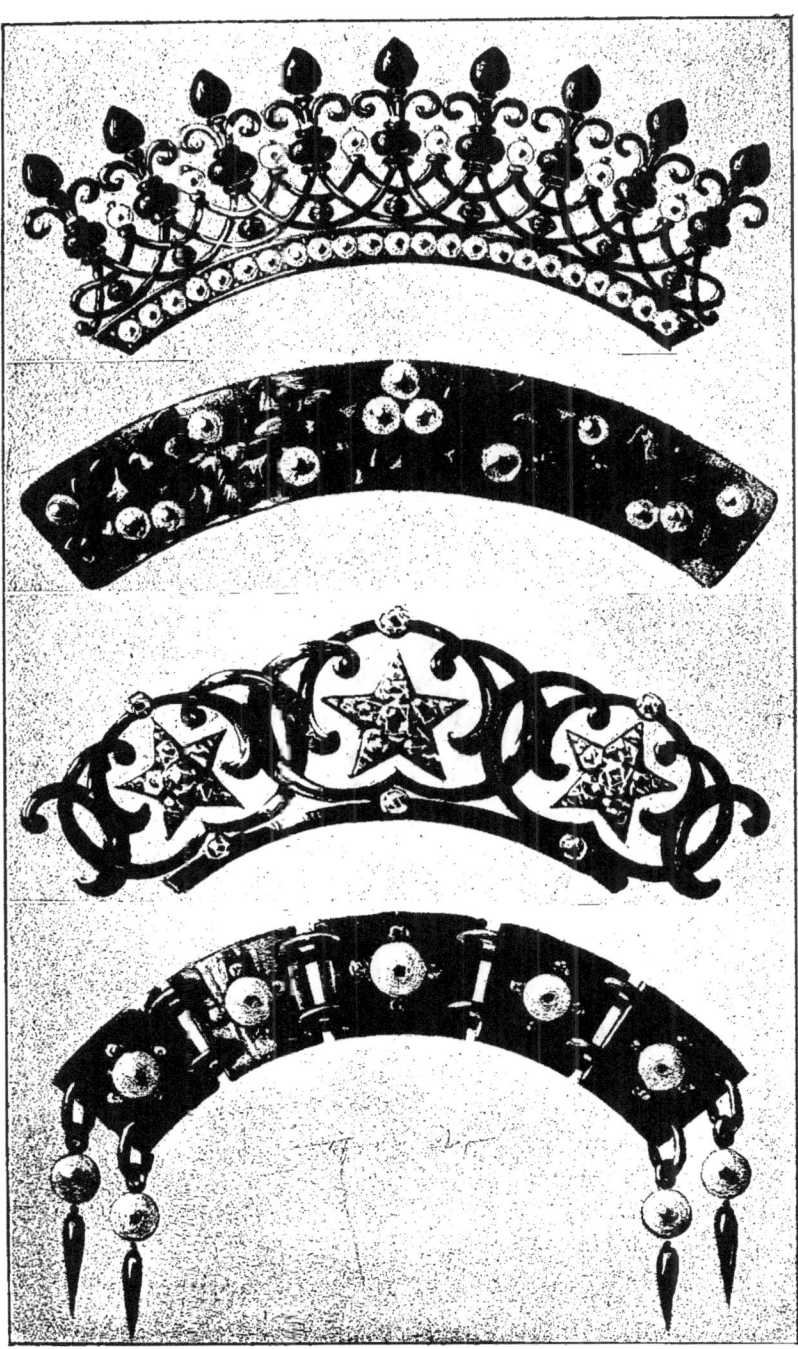

PEIGNES DE CHIGNON
par Alexis Falize.

Alexis Falize put enfin se marier en 1838 et revint aussitôt à Paris avec sa jeune femme « qui fut, dit-il, un peu étonnée de l'exiguïté du logement que m'avait cédé mon prédécesseur. Ce logement, situé au Palais-Royal, galerie de Valois, était composé d'un atelier, d'un petit bureau, d'une seule chambre et d'une petite cuisine. — On était moins difficile alors qu'aujourd'hui.

« Depuis le 1ᵉʳ juillet, continue Falize, j'étais installé et

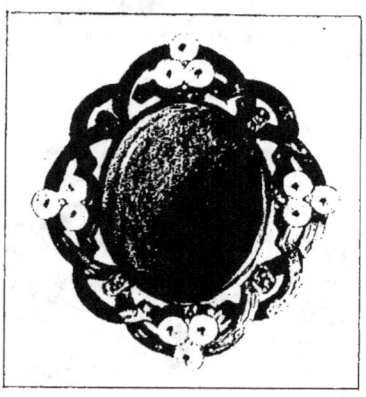

BROCHE
par Alexis Falize.

j'avais commencé à produire, ayant gardé les ouvriers de M. Joureau ; mais, comme je n'avais pas d'argent, ce fut la maison Janisset, pour laquelle je devais travailler uniquement, qui me fit l'avance des fonds qui m'étaient nécessaires.

» Mon succès fut rapide. Les nouveautés que je créais augmentèrent la réputation de la maison Janisset, au point que plusieurs marchands, pour lesquels je ne pouvais travailler, firent acheter chez Janisset les modèles qu'ils faisaient copier par d'autres fabricants.

» En 1840, mon bail prenant fin, je quittai le Palais-

Royal et m'établis rue Montesquieu, n° 6, où je restai jusqu'en 1871. »

Tels furent les débuts de ce bijoutier de grande valeur, dont la production, comme dessinateur et comme fabricant, fut très considérable, et qui, par ses œuvres, contribua puissamment à la rénovation du bijou d'art et à cette résurrection du goût dans les objets de parure, qui se manifesta au début du Second Empire.

Alexis Falize est un des très rares artistes industriels de cette époque qui créèrent des choses véritablement nouvelles et surent s'affranchir des formules d'art décoratif dont on s'était contenté jusque-là. Sa longue carrière fut consacrée à l'invention de formes et de types inédits

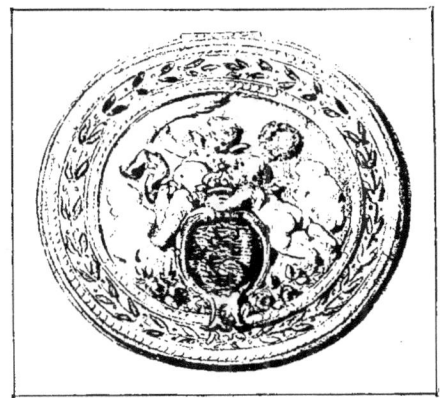

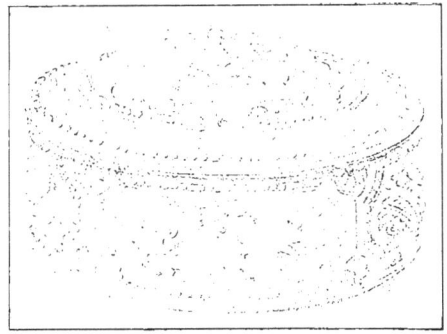

BONBONNIÈRE DE STYLE LOUIS XVI,
EXÉCUTÉE POUR L'IMPÉRATRICE.

et au perfectionnement continu de sa fabrication, à quoi il apporta toujours un soin exceptionnel. Son talent s'exerça avec un égal succès dans tous les genres; il connaissait à fond les styles et avait le souci de les respecter. Il excellait dans le bijou d'art, qu'il préférait à la plus riche joaillerie, produisant des œuvres unanimement appréciées.

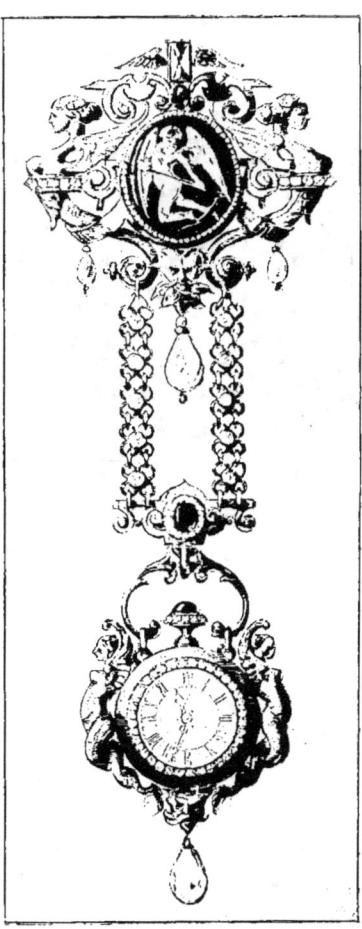

CHATELAINE RENAISSANCE
par Alexis Falize.
(Haut., 0m17.)

C'est entre 1860 et 1865 qu'Alexis Falize commença à s'intéresser tout particulièrement aux émaux, qu'il contribua à remettre en vogue en les employant dans ses bijoux. C'est ainsi qu'il ressuscita d'abord les émaux limousins, avec le concours des meilleurs émailleurs de l'époque : Alfred Meyer, Claudius Popelin, Lepec et, dans la suite, Grandhomme. Plus tard, séduit par les émaux cloisonnés de l'Extrême-Orient, il étudia les procédés séculaires des Chinois et, avec la collaboration de Tard, émailleur de talent, il fabriqua, en cloisonné d'or avec émaux mats, des bijoux charmants et qui avaient un grand cachet de nouveauté, bien qu'ils fussent inspirés des motifs persans, indiens et surtout japonais. Mais Falize avait su leur donner, comme à tout ce qui sortait de ses mains, un caractère personnel très reconnaissable. Enfin, vers 1871, il créa aussi un nouveau type

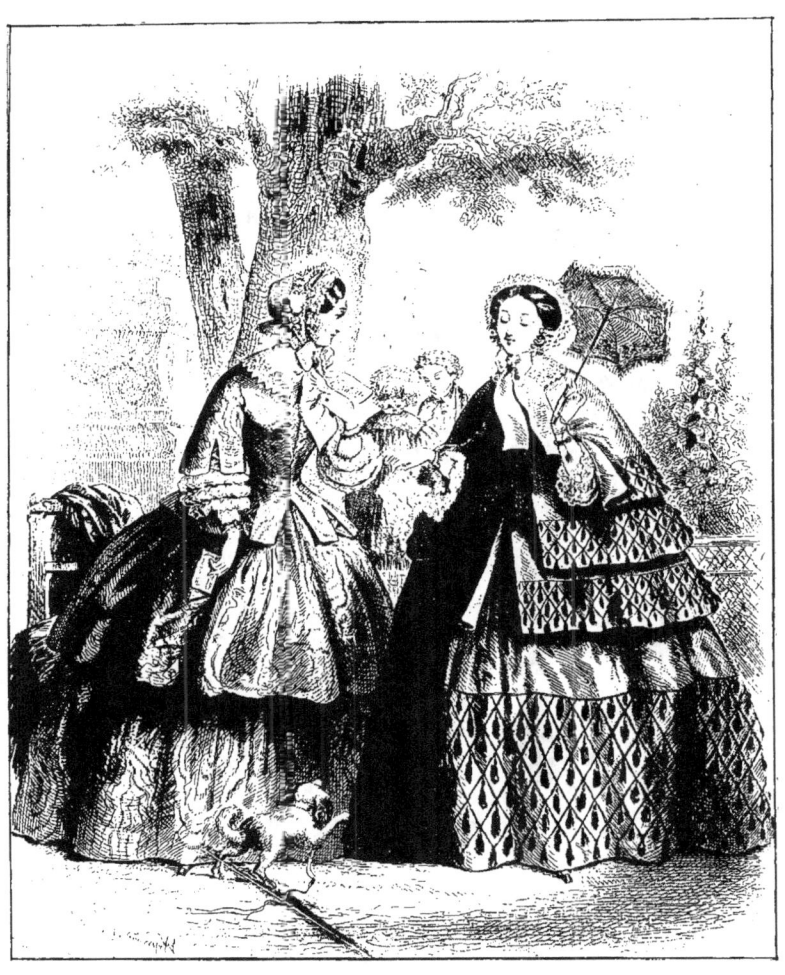

MODES DE PRINTEMPS (1855).
Bracelets, manche d'ombrelle. *(Petit Courrier des Dames.)*

d'émaux cloisonnés sur paillons, avec reliefs sur plusieurs plans et d'une coloration particulièrement chaude. Il utilisa ces émaux merveilleux d'exécution dans une nouvelle série de bijoux très artistiques : médaillons, boucles d'oreilles, flacons, bonbonnières, bracelets, crochets de montre, etc., dont le succès fut aussi grand que légitime ; on n'avait jamais rien fait de semblable ni d'une « façon » aussi précieuse. Aujourd'hui encore, ces jolis objets ont conservé tout leur charme.

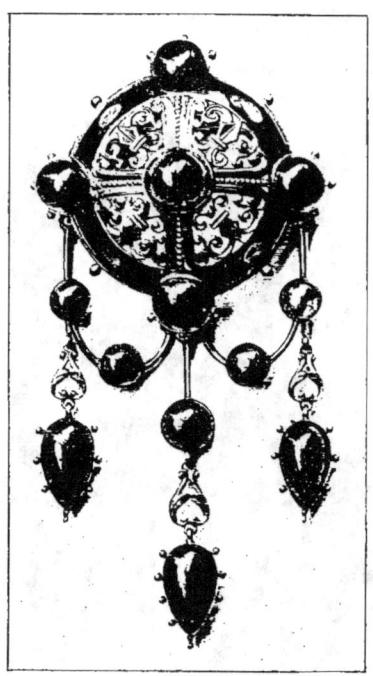

BROCHE GRENATS CABOCHONS
ET ÉMAIL.

Alexis Falize, avons-nous dit, était un dessinateur hors de pair ; l'exécution même de ses dessins présentait un cachet tout personnel. Indépendamment d'une originalité et d'une recherche extrême dans la composition, Falize avait un talent spécial, un « chic » tout particulier pour aquareller ses œuvres. Il excellait dans la mise à l'effet des matières les plus variées ; les ors de toutes nuances, les émaux splendides, les gemmes de toute nature, les pierreries les plus rutilantes naissaient sans effort sous son pinceau de magicien. Les jeux de la lumière sur les perles, la transparence et l'éclat des cabochons étaient d'un « rendu » qui frisait le trompe-l'œil. Il savait manier comme personne les gouaches et les couleurs, faisant preuve d'une maîtrise incomparable. Dans ses dessins, l'harmonie et la chaude coloration de sa palette, la sûreté

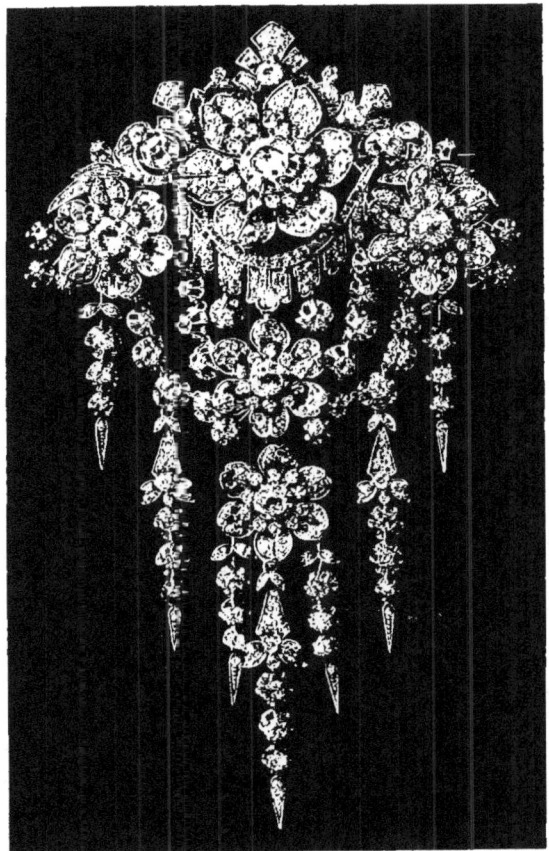

BROCHE DE CORSAGE EN JOAILLERIE (1855).
(Spécimen d'un modèle très répandu.)

et l'esprit de sa touche faisaient reconnaître au premier coup d'œil la main habile qui les avait tracés.

Il est bien regrettable que tant de petits chefs-d'œuvre aient été dispersés ou perdus et que, malgré toute la fécondité de leur auteur, il n'en reste qu'un nombre restreint, car la plupart de nos dessinateurs d'aujourd'hui y trouveraient un enseignement précieux.

Mais Alexis Falize travaillait d'une façon anonyme; ce grand laborieux, fabricant attitré des plus importantes maisons de bijouterie de Paris, n'exposa jamais sous son nom [1]. Il était ignoré du grand public, mais tenu en très haute estime par les artistes et les gens de métier qui appréciaient la conception originale de ses dessins, et sa fabrication de premier

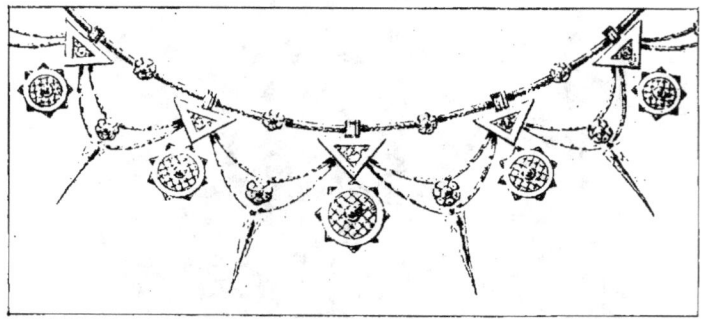

COLLIER SECOND EMPIRE
(Réduction de moitié.)

ordre pour laquelle il n'épargnait ni le temps, ni les essais, ni les recherches.

Après des débuts modestes et difficiles, Falize travailla, non sans connaître les jours d'épreuve, pendant quarante-trois années et, malgré le labeur écrasant que lui imposait la création ininterrompue d'une foule d'œuvres charmantes, il trouva encore le moyen de s'intéresser à toutes les questions corporatives. Il prit une part importante aux diverses améliorations apportées dans l'organisation générale du métier pour le bien de tous, s'intéressant aux questions d'enseignement du dessin, du travail des apprentis, etc. Il fut un des fondateurs de la Chambre syndicale en 1864 et

1. C'est Lucien Falize, son fils, qui exposa pour la première fois en 1878.

son premier président. Ami de Fontenay et de Massin, il s'occupa avec eux de l'École professionnelle de dessin, qui

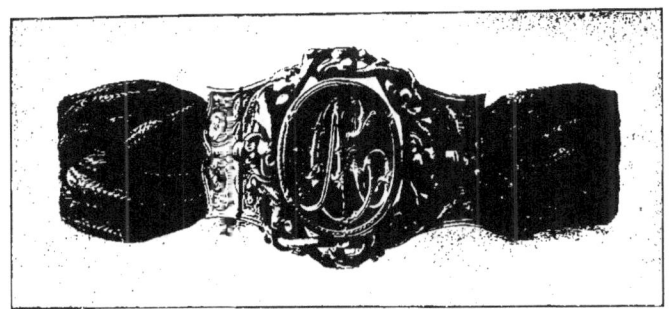

BRACELET VIEIL ARGENT CISELÉ, AVEC PARTIES D'ORS DE COULEURS, CORPS EN CHEVEUX.

fut ouverte en 1868, dans un local du Conservatoire des Arts et Métiers, et de la fondation d'une usine destinée à améliorer les procédés jusqu'alors défectueux qu'on employait pour le traitement des déchets d'or et d'argent provenant des ateliers d'orfèvres et de bijoutiers. C'est ainsi que se forma, dès 1859, la Société dite des Cendres, qui a rendu de grands services à tous les fabricants et qui, s'étant dès l'origine installée rue Sainte-Croix-de-la-Bretonnerie, se trans-

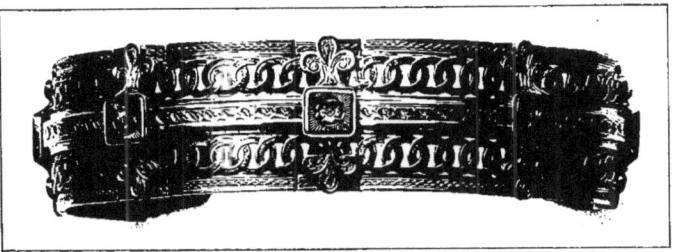

BRACELET ARTICULÉ, OR ET ÉMAIL.

féra plus tard rue des Francs-Bourgeois, dans le local qu'elle occupe actuellement. C'est là que fut le siège social de la

Chambre syndicale, de 1869 à 1894, date à laquelle elle fut transférée rue de la Jussienne, 2 *bis*.

Après une longue vie de labeur, Alexis Falize se retira

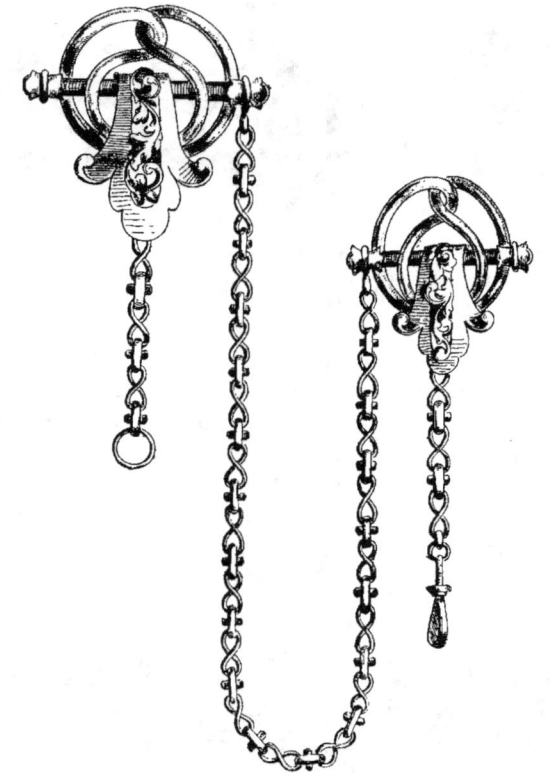

CHAÎNE DE MONTRE POUR DAME, RELIÉE PAR DEUX BROCHES.
(Ce genre de chaîne s'appelait « mathilde » ou « demi-mathilde », selon qu'il comportait deux broches ou une seule.)

en 1876 à Moret-sur-Loing, adorable coin de campagne à la lisière de la forêt de Fontainebleau, où, quelques années avant la guerre de 1870, il s'était fait construire une coquette habitation, en prévision du moment où il transmettrait à son fils sa maison de bijouterie. C'est là qu'il espérait pouvoir vivre paisible au soir de la vie, jouir enfin près de sa femme d'un repos bien gagné. Mais, cette même année 1876, il eut l'affreuse douleur de perdre sa fidèle compagne et il resta seul à Moret pendant vingt-deux

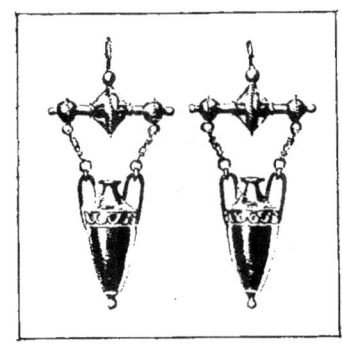

PENDANTS D'OREILLES AMPHORES.

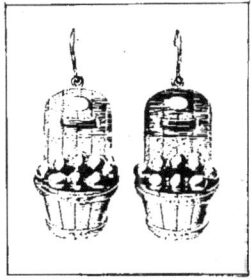

PENDANTS D'OREILLES HOTTES.

années, entouré et choyé par ses petits-enfants, qui passaient chez lui toutes leurs vacances, et adoré de tous ceux qui le connurent et qui appréciaient en lui, non seulement la noblesse et la dignité de sa vie, mais aussi sa grande bonté, la simplicité de ses habitudes et de ses goûts et sa prodigieuse lucidité, car sa vieillesse magnifique et toujours active lui permit non seulement de s'intéresser à tous les travaux de sa profession et d'en suivre l'évolution et les progrès, mais de continuer pour sa part à dessiner et à peindre.

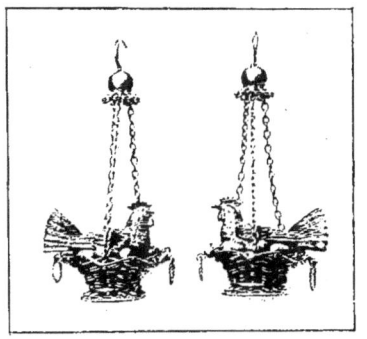

PENDANTS D'OREILLES « COCOTTES ».

Alexis Falize mourut le 21 juin 1898, à l'âge de 87 ans;

88 LA BIJOUTERIE FRANÇAISE AU XIXe SIÈCLE

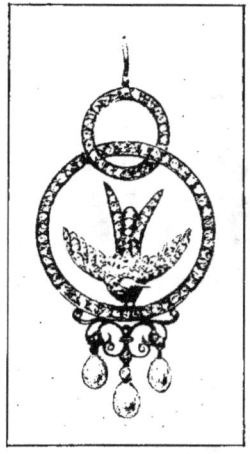

PENDANT D'OREILLE
COLIBRI
EN JOAILLERIE (1867),
par Rouvenat.

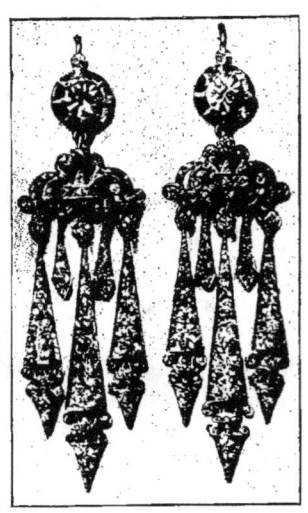

BOUCLES D'OREILLES
EN JOAILLERIE.

il n'avait pu supporter le coup douloureux que lui avait porté, l'année précédente, la mort de son fils, Lucien Falize, dont il avait fait l'éducation artistique et qui, après avoir été son collaborateur depuis 1856, puis son associé effectif à partir de 1871, continua avec éclat la tradition paternelle lorsqu'il reprit seul la maison en 1876. Nous parlerons d'ailleurs longuement de lui plus loin.

Nous avons vu que, jusqu'aux premières années du Second Empire, la joaillerie était restée stationnaire. On continuait à fabriquer, sans grandes modifications, les lourdes rivières banales et les parures à feuillages et chatons espacés, qui arrachaient ce cri éloquent à Massin, le maître joaillier qui devait, vers le milieu du règne, porter le coup fatal à cette mode lamentable : « J'ai vu en 1851, que dis-je, j'ai fait plus que voir, j'ai pratiqué comme ouvrier cette joaillerie détestable, dont on ne mourait pas, mais dont on ne vivait pas non plus, et lorsque je m'étonnais devant mon patron Fester de ce délabrement de toutes choses, il me disait : « Que voulez-vous y faire ? Pourvu que je fasse des feuillages

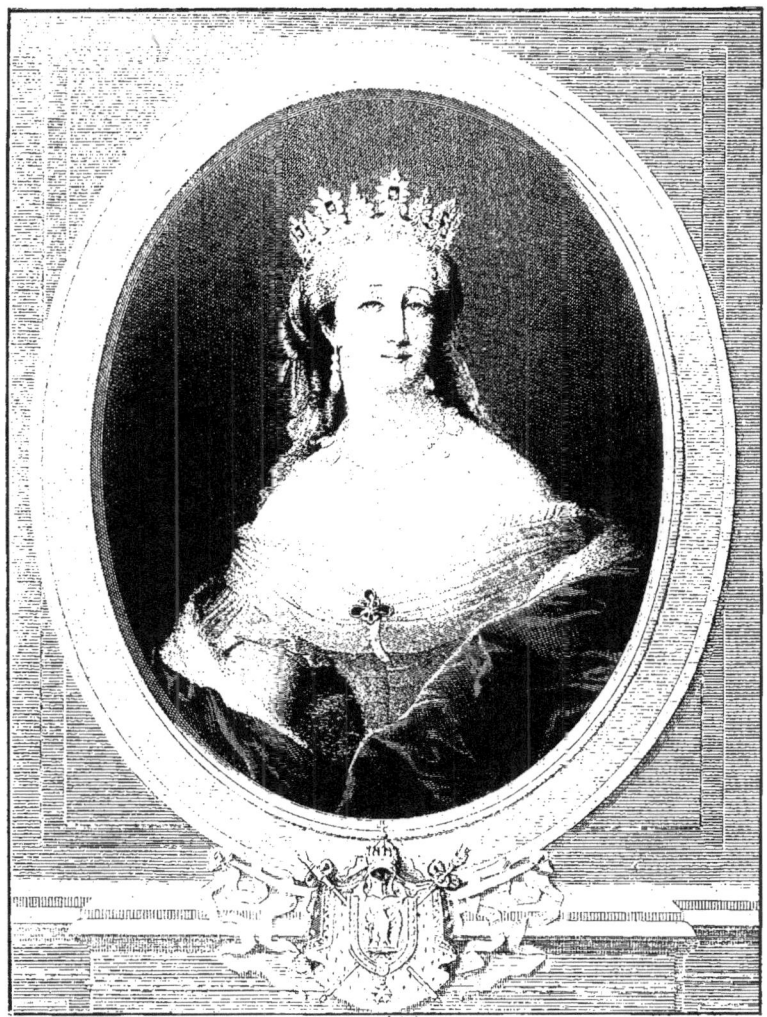

S. M. L'Impératrice Eugénie.
Gravure de Danguin, d'après une miniature par De Pommeyrac.
(Diadème et broche trèfle, émeraudes et brillants, collier et pendants d'oreilles perles.)

pointus avec des fleurs rondes ou des feuillages ronds avec des fleurs pointues, beaucoup de chatons, le tout à trente sous la pierre, c'est tout ce qu'on me demande! » Et cependant Fester était un artiste capable des meilleures choses en joaillerie. Ainsi, feuillages pointus, fleurs rondes et chatons, voilà le plus clair de l'esthétique de la joaillerie à l'époque. Dans

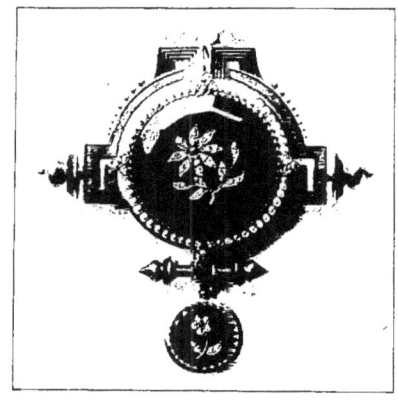

BROCHE AVEC FLEURETTES INCRUSTÉES SUR TOPAZES, FILETS D'ÉMAIL NOIR.

ces conditions, il est évident que l'on ne pouvait chercher d'autres progrès que ceux de la plus stricte économie dans la main-d'œuvre et on alla très loin dans cette voie. J'ai souvenance de macarons ornements, fondus tout d'une pièce, dorés en dessous pour économiser la doublure d'or, et que l'on se tissait de diamants! Exemple frappant de la richesse de la matière et de l'indigence de la main-d'œuvre »[1].

Quant aux bijoux de cette même période, ils étaient, nous le répétons,

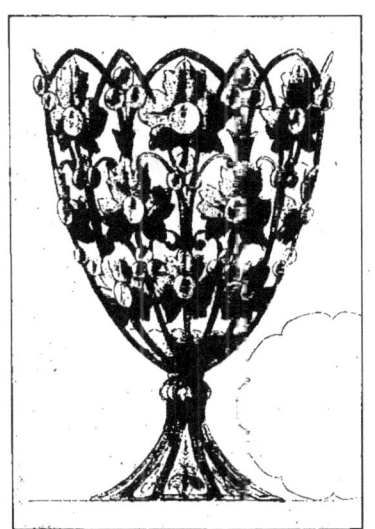

ORNEMENTATION D'UNE TASSE TURQUE APPELÉE «ZARFD».

[1]. Rapport sur la Joaillerie à l'Exposition de 1889, par O. Massin.

encore semblables à ceux que l'on fabriquait à la fin du règne de Louis-Philippe. La principale nouveauté consistait alors à reproduire en or ciselé ou émaillé le bois naturel avec son écorce.

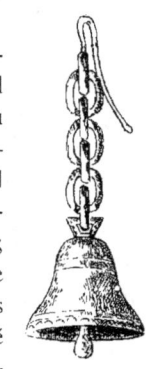

On voyait communément des broches, des bracelets présentant un fond d'émail aux tons vert cru ou gros bleu transparent, laissant apercevoir un dessous flinqué ou guilloché, sur lequel étaient posés en haut relief des bouquets en roses ou des grappes de perles ; c'étaient souvent aussi des feuilles de vigne avec raisins en corail ou en perles de qualité inférieure et d'une régularité très relative ; des *demi-parures* composées de la broche et des pendants d'oreilles, — ces derniers d'un modèle identique à la broche, mais de dimensions réduites ; — des bracelets en or, très larges, avec cinq ou six grosses perles

CHAINE.

BOUCLE D'OREILLE CLOCHETTE OR.

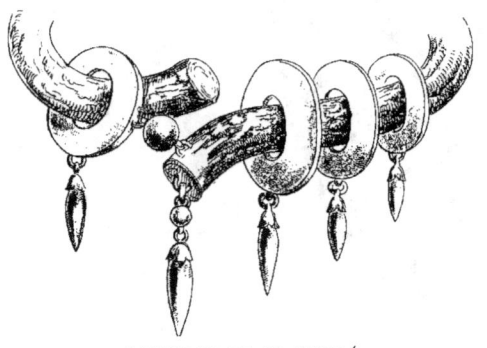

BRACELET EN OR CISELÉ
AVEC IMITATION DE BOIS NATUREL.

de Panama, montées à griffes au milieu d'un entourage de brillants sertis dans l'or, et posées à intervalles égaux sur le corps uni du bracelet, qui était généralement articulé et toujours avec un cliquet à crémaillère; des étoiles de diamants avec filets d'émail noir ou gros bleu; des camées *durs*, comme on les appelait alors pour les distinguer des camées *coquilles*. Les premiers étaient taillés dans des

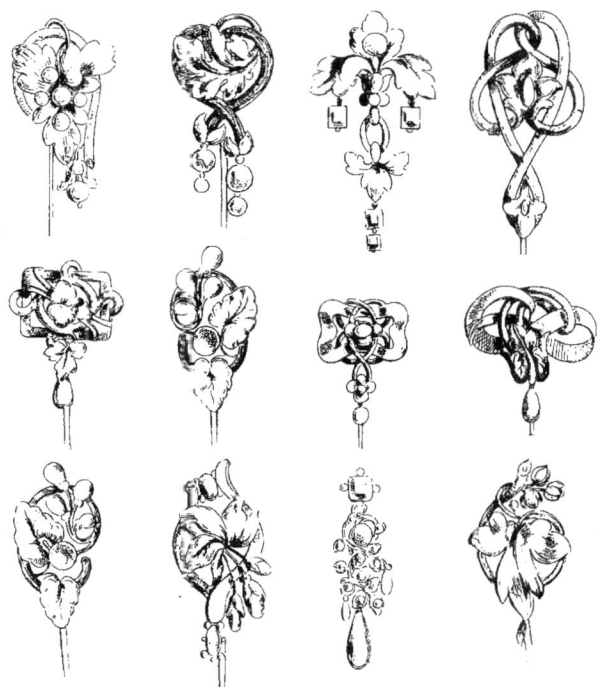

ÉPINGLES DE CRAVATE.

pierres dures, onyx, cornalines, agates, à une ou plusieurs couches de nuances différentes, que le graveur en camées utilisait pour colorer ses figures et donner de la variété à son travail[1]; les seconds étaient simplement sculptés dans certains coquillages marins à deux couches, matière tendre,

[1]. Vers le milieu du règne on les porta très grands et surtout très épais, avec un relief excessif.

plus facile à travailler, et par conséquent beaucoup moins dispendieuse.

La mode fut d'abord aux gros camées durs, gris, à tête blanche, et surtout aux camées à fond noir et à tête blanche, dont la vogue dura bien longtemps. Celle des camées à plusieurs couches n'est venue qu'après.

Mais si le bijou ne présentait pas encore une grande nouveauté, du moins redevint-il en faveur, et reprit-il dès lors une place importante dans la toilette. Puis, progressivement, les industries de luxe se hasardèrent à créer des productions nouvelles. Elles pouvaient d'ailleurs le faire sans grand risque, grâce aux bénéfices inespérés qu'elles réalisaient annuellement. De plus, la prodigalité était si commune à cette époque que la vente des fantaisies, même les plus originales, était pour ainsi dire assurée d'avance. Cette facilité dans la dépense amena aussi une double et importante transformation dans la joaillerie. Comme les considérations d'économie étaient beaucoup moins à l'ordre du jour, l'usage de sertir le diamant dans l'or, jusqu'alors presque exclusivement réservé aux pays d'Orient, prit une grande extension à Paris, et eut pour première conséquence de faciliter l'introduction de l'émail dans les pièces de joaillerie et, d'autre part, de répandre dans le public le goût de la légèreté dans les montures que la résistance de l'or permettait de faire aussi solides quoique beaucoup plus fines. Toutefois, la grande joaillerie ne cessa jamais de se faire en

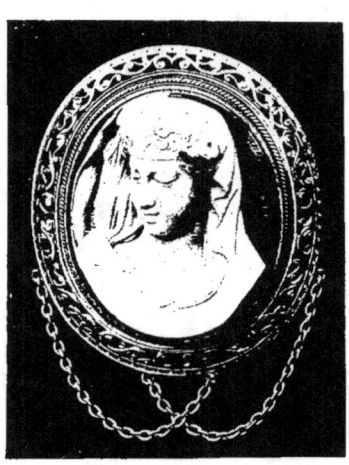

BROCHE
AVEC CAMÉE EN HAUT-RELIEF
par Petiteau.

argent. Mais comme on hésitait beaucoup moins à employer des diamants importants, malgré leur prix élevé, on put renoncer à ces énormes et massifs chatons d'argent, dont le principal rôle était d'étoffer un peu les parures et d'avantager autant que possible les pierres d'une taille défectueuse

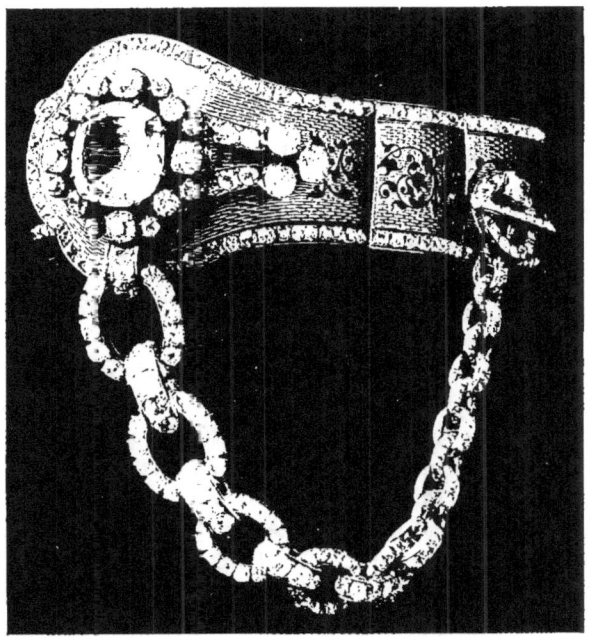

BRACELET SAPHIR ET BRILLANTS, ÉMAIL BLEU SUR FOND GUILLOCHÉ
(VERS 1855-1860).

ou de dimensions modestes. Dans les montures, les formes allégées s'affinèrent, et sur les épaules brillèrent d'un éclat inconnu les diamants délivrés enfin de leurs lourdes prisons d'argent[1].

[1]. Nous ne parlons ici que des gros diamants sertis dans des chatons isolés, car on employait alors énormément du « non recoupé », plus lourd et moins brillant, mais moins cher. Tous les feuillages se faisaient en non recoupé.

Ce fut le moment des diadèmes, des colliers à pampilles, des branches de fleurs rajeunies par Massin, duquel nous parlerons longuement plus loin; vinrent aussi, mais un peu plus tard, dans la seconde moitié du règne, les grands pendants d'oreilles qui s'allongèrent progressivement et démesurément jusqu'à toucher l'épaule. Ils gardèrent leur vogue même dix ans après la chute de l'Empire. On en fit d'innombrables modèles, de simples et de compliqués ; Massin, entre autres, en composa de fort jolis, notamment le modèle « lustre », dont toutes les pierres, suspendues par de petits emmaillements presque invisibles, se balançaient en jetant mille feux.

Mais ce n'était pas seulement en belle joaillerie que s'exécutaient les pendants d'oreilles ; on en portait aussi en or, principalement dans la journée, et beaucoup représentaient les sujets les plus variés et parfois aussi[1], — il faut bien en convenir, — les plus bizarres : des poules couvant leurs œufs, des lanternes d'écurie, des brouettes, des moulins à vent, des hottes, des lampes carcel, des balances, des arrosoirs, etc. On se fera une idée du degré d'exagération auquel peut parvenir la mode, en sachant que certains de ces pendants d'oreilles dépassaient souvent dix centimètres de longueur. Nous en avons même mesuré une paire qui atteignaient jusqu'à 15 centimètres. Ils étaient formés de deux longues lignes de brillants sertis dans des cubes à emmaillements très souples, figurant un ruban qui semblait traverser le lobe de l'oreille, et dont les extrémités se terminaient par deux perles poires, noire et blanche[2].

Malgré le poids relativement considérable de ces bijoux, les dames, à cette époque, les portaient sans défaillance et sans plainte. Il est bon d'ajouter, pour expliquer cet héroïsme, qu'ils s'harmonisaient assez bien avec leurs toilettes et leurs coiffures, ainsi que l'attestent de nombreux et charmants portraits de Winterhalter, de Dubuffe père, de Cabanel, etc.

1. Surtout après 1865.
2. Voir les spécimens analogues reproduits page 334.

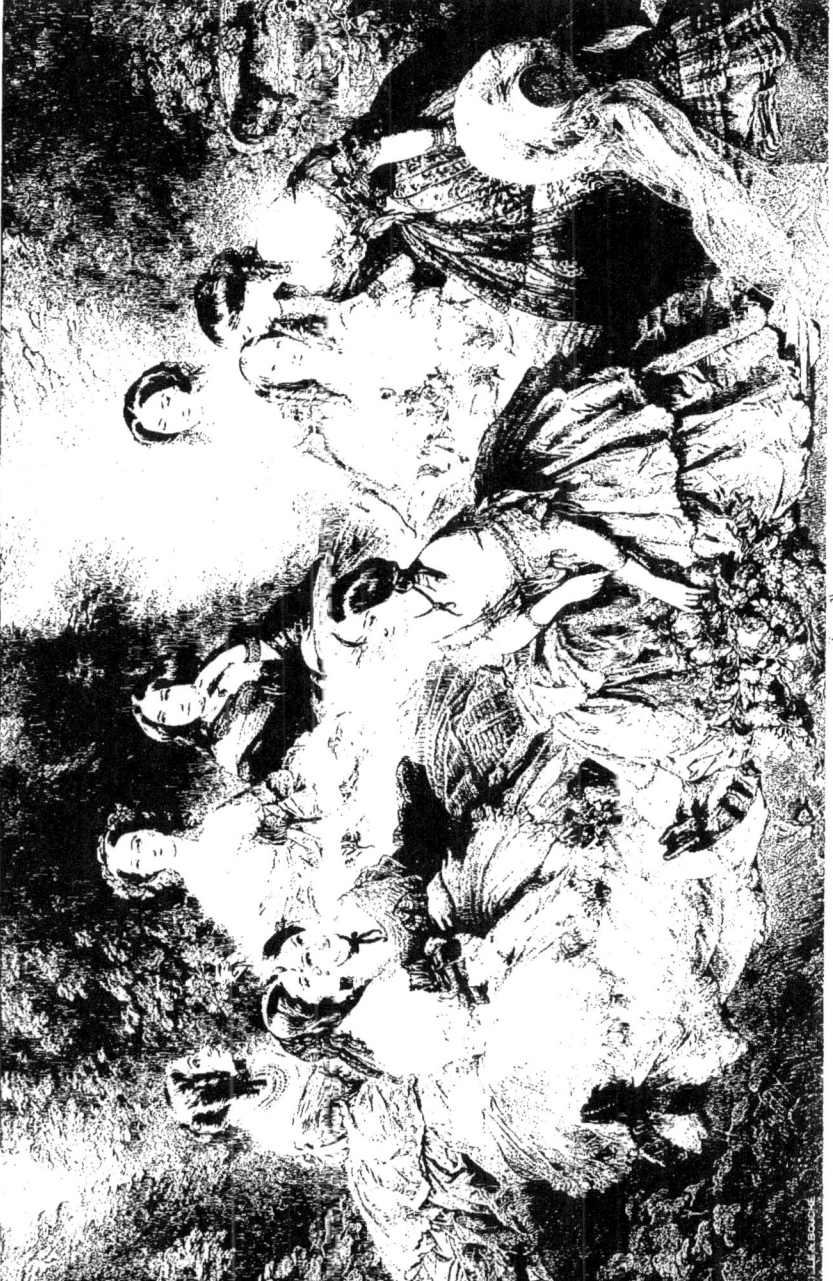

S. M. L'IMPÉRATRICE DES FRANÇAIS ENTOURÉE DES DAMES DE SA COUR
par Winterhalter (1855).

Princesse d'Essling.   L'Impératrice Eugénie.   Duchesse de Bassano.   Baronne de Malaret, née Ségur.
Baronne de Pierres.   Vicomtesse de Lezay-Marnezia.   Comtesse de Montebello.   Marquise de Latour-Maubourg.
Marquise de Las Marismas.

LE SECOND EMPIRE 99

Le grand tableau de Winterhalter, intitulé : *l'Impératrice Eugénie entourée de ses dames d'honneur*, reproduit ici une des œuvres les plus belles et les plus caractéristiques de l'époque et donne bien l'idée des modes et des bijoux qui se

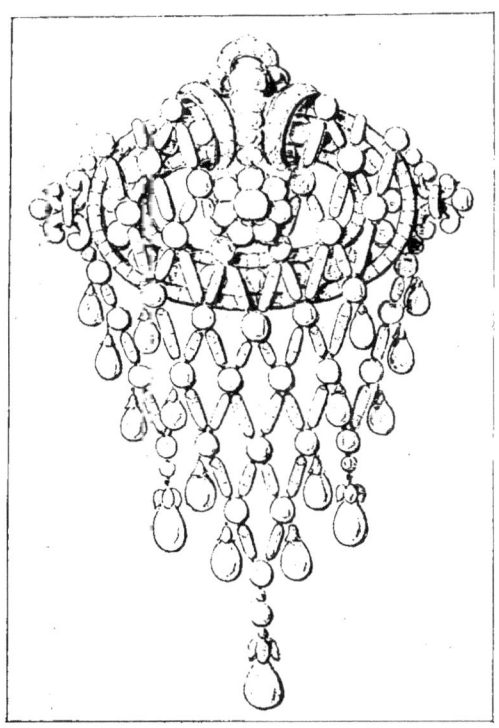

BROCHE A CROISILLONS DE DIAMANTS.

portaient au moment où il fut peint (1854). Dans un parc élégant, entourée de femmes gracieusement groupées, l'Impératrice est seule à ne porter aucun joyau. Sa beauté rayonnante n'avait alors besoin de rien qui en rehaussât l'éclat ; cependant, les fleurs naturelles qui ornent son opulente chevelure dorée, permettent de se rendre compte de quelle façon analogue se disposaient, le soir, les parures de diamants. Au contraire, toutes les dames d'honneur sans exception portent, placés assez haut au-dessus du poignet, des bracelets à chaque bras, et souvent plusieurs superposés, fussent-ils même de grande dimension, car l'époque du Second Empire fut, par excellence, celle où triompha le bracelet. Quelques-unes ont le cou orné de trois rangs de perles. Si aucune des personnes qui sont représentées dans ce « Décaméron » ne porte de boucles d'oreilles, c'est que la mode n'en vînt que plus tard, après 1860. Le genre de coiffure en usage jusqu'à cette date n'en permettait guère l'emploi. Elle consistait, en effet, presque toujours, soit en longues boucles « anglaises » gracieuses et fort seyantes, portées déjà avec succès sous Louis-Philippe, soit en lourds bandeaux lisses qui emprisonnaient l'oreille et la couvraient presque entièrement. De plus, les chapeaux-capotes à bavolet encadraient complètement le visage et se terminaient par des brides volumineuses. Voilà pourquoi les boucles d'oreilles — nous ne parlons pas des *dormeuses* qui étaient composées d'un seul diamant — se trouvèrent momentanément délaissées ; il en fut de même pour les broches qui auraient été masquées par les rubans du chapeau. Néanmoins, les élégantes du Second Empire avaient beaucoup de bijoux et souvent de très beaux ; la plupart possédaient des colliers de perles composés d'un grand nombre de rangs, trois ou cinq, et parfois jusqu'à huit ou dix.

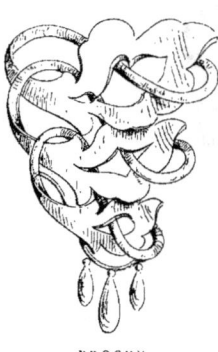

BROCHE.

La blancheur des perles s'harmonise d'ailleurs merveilleusement avec la beauté féminine, et c'est une sorte d'instinct, une affinité naturelle, qui pousse la femme à rechercher et à aimer ces « larmes de Vénus », nées comme la déesse au sein des flots, radieuses dans une conque nacrée. Par une

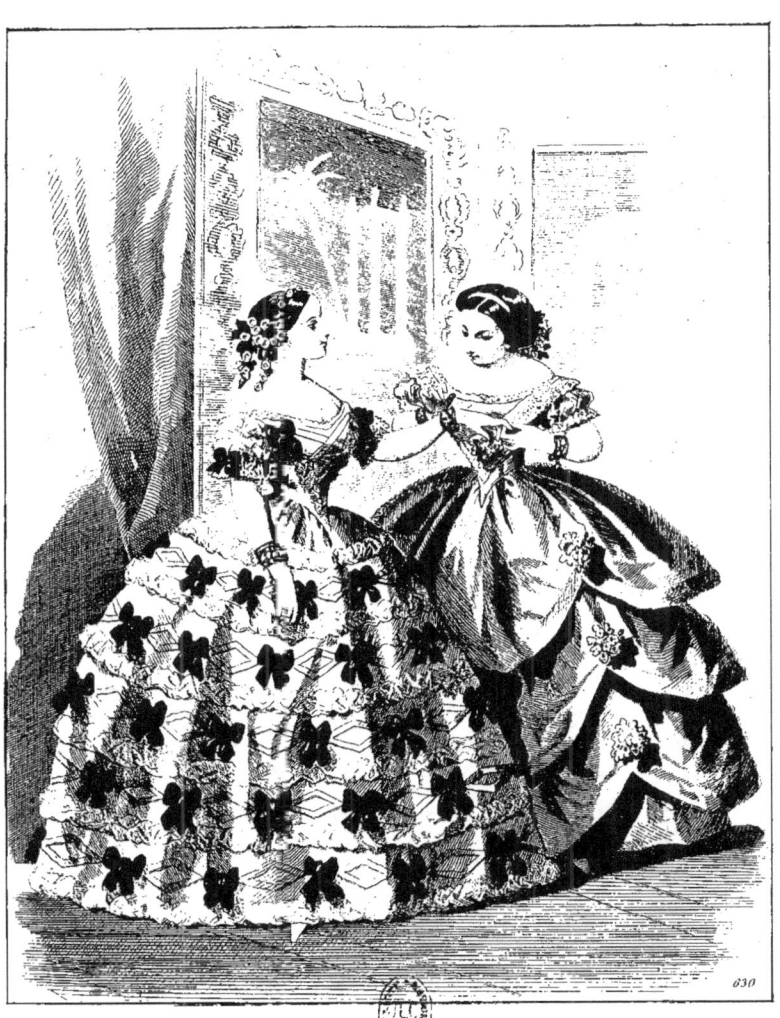

LE NOUVEAU BRACELET (1857).
Dessin de Compte-Calix.

mystérieuse réciprocité, le doux orient des perles rehausse à la fois l'éclat suave des carnations féminines, et s'exalte lui-même à leur contact qui lui communique une vie et une splendeur nouvelles.

La Princesse Mathilde, entre autres, possédait d'impor-

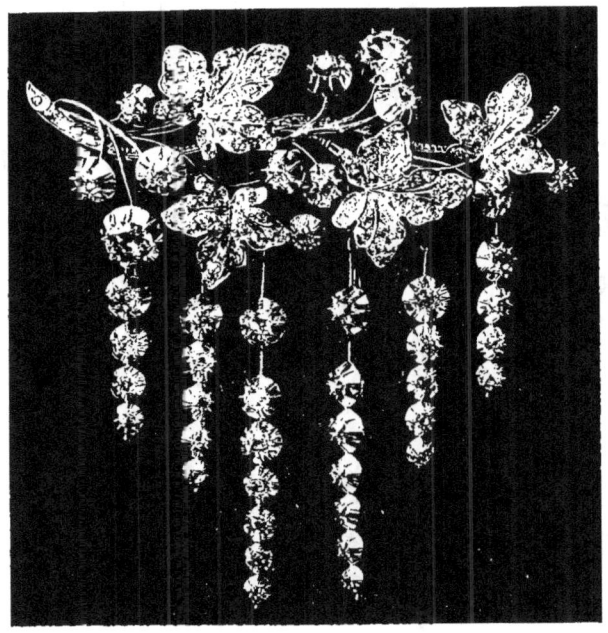

BROCHE EN JOAILLERIE.
Branche de lierre, chatons et pampilles (type courant, 1850-1858).

tantes collections de perles[1] que, dès 1848, elle avait engagées

1. En 1904, lors de la vente après décès de la Princesse Mathilde, ses bijoux, qui étaient très nombreux, produisirent plus de trois millions et demi. Les colliers de perles, seuls, dépassèrent seize cent mille francs. Les trois rangs de grosses perles provenant de la Reine Sophie de Hollande (133 perles, 3.220 grains) furent adjugés 855.000 francs. Un autre collier de sept rangs, offert par Napoléon Ier à la Reine de Westphalie 384 perles, 4.200 grains), atteignit 445.000 francs ; un collier de 33 perles noires, 101.200 francs.

Le catalogue de la vente mentionne soixante-dix broches, cinquante-neuf avec ses autres bijoux au profit de son cousin Louis, renouvelant ainsi le beau geste de Pauline Bonaparte qui mit tous ses joyaux à la disposition de son frère Napoléon Ier lors de son retour de l'île d'Elbe.

Très réputées aussi étaient les perles de la Princesse de Metternich, cette « jolie laide » pleine d'esprit qui fut le boute-en-train de la Cour, les perles que Napoléon III avait données à la Comtesse Walewska, celles de la Duchesse de Mouchy, de la Comtesse de Pourtalès, de Mme de Cassin, Marquise de Carcano, de Mme Édouard André, qui possédait aussi des émeraudes justement célèbres. Les bijoux de Mme Aguado, de la Baronne Poisson, de Mme Séguin, de la Comtesse Branicka, de Mme Augustin Harel, de Mme Manès, de la Comtesse Léopold Lehon, de Mme Aguero, amie intime de l'Impératrice, faisaient aussi sensation.

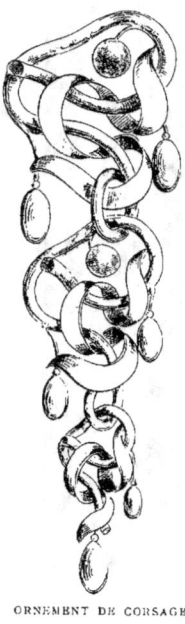

ORNEMENT DE CORSAGE
OR ET PERLES.

Dans les bals donnés aux Tuileries, dans les ambassades ou chez les ministres, c'était un assaut de toilettes endiamantées. A la fête costumée du Duc et de la Duchesse de la Pagerie (1860), qui laissa des souvenirs particuliers d'éblouissement, un écrivain très bien documenté signale, parmi tant de magnificences, Mlle de Erazzu, « qu'on avait vue tout enveloppée de la lumière de ses rubis ; puis, des costumes diaphanes comme une vapeur blanche frangée d'azur et toute semée de clartés adamantines ; enfin, la féerique évocation de Mme Jurawicz en reine de Saba. On décrivait ainsi cet assemblage inouï d'un luxe tout oriental et barbare et de

bracelets, vingt-cinq colliers de fantaisie, vingt paires de boutons d'oreilles et de pendeloques, sans compter nombre de diadèmes, de peignes, de boucles de ceinture, de colliers de joaillerie, etc.

raffinement moderne, où flambaient, rutilaient, s'étalaient un millier de pierreries au moins sous l'ardente lumière : un jupon de gaze blanche passementée de frange d'or, à travers lequel s'apercevaient les jambes; une tunique formée de pointes de satin blanc recouvertes d'un feuillage en filigrane d'or et bordées de marabout; un corsage de velours nacarat tout garni de diamants, d'émeraudes et de saphirs;

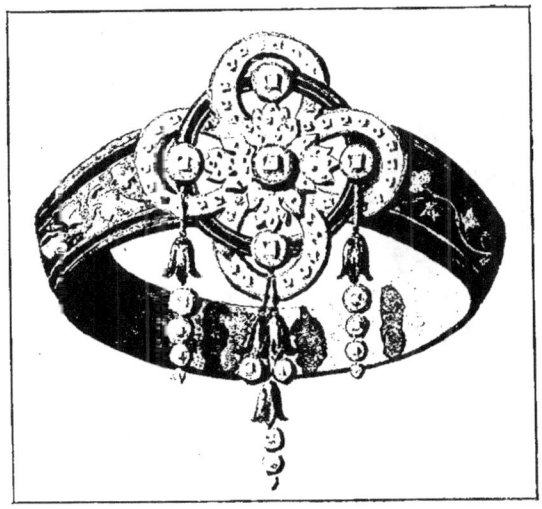

BRACELET A PAMPILLES, OR ÉMAILLÉ ET BRILLANTS.

une draperie de corsage couverte de magnifiques mosaïques orientales; un manteau ponceau bordé d'une large bande d'or et couvert de plumes d'autruche à nervures d'or attachées par des émeraudes; sur la tête, un double diadème : le premier, une galerie d'or, sous chaque arcade de laquelle se balançait une poire de diamant; le second, qui dominait l'autre, un large diadème grec orné de diamants; au cou, un collier de diamants gros comme des noisettes et un autre collier d'émeraudes, au bout duquel pendait un diamant gros comme un œuf de pigeon; des cothurnes semées de pierreries ; et, en main, un sceptre d'or terminé par la magique escarboucle des fées[1]. »

Dans un monde différent, que Dumas fils dénomma « demi-monde », les bijoux tenaient une place non moins importante. Elisa Parker, cette jolie fille d'auberge du Texas, qui devint Mme Musard, en possédait de splendides. Favorite du Roi de Hollande, Guillaume III, elle avait reçu de son royal protecteur une liasse d'actions de terrains pétrolifères américains qui n'avaient alors qu'une valeur hypothétique et qui se transformèrent un beau jour en une fortune considérable. Mme Musard était célèbre par son train princier, par le luxe de ses équipages, par ses écuries tenues comme un véritable salon, par ses toilettes merveilleuses. On citait, entre autres, une robe sur laquelle s'étalaient en leur blancheur radieuse plus de trois mille perles. Certains soirs d'Opéra — nous l'y avons encore vue dans les dernières années de sa vie — elle portait sur elle des parures éblouissantes aux diamants énormes, valant plus d'un million, entre autres une pierre historique, de forme un peu losange, pesant 41 carats, ayant appartenu à la couronne de Naples et connue sous le nom de « Diamant à la Croix », en raison de sa taille, très singulière, qui offrait une croix au lieu de la table plate habituelle du brillant.

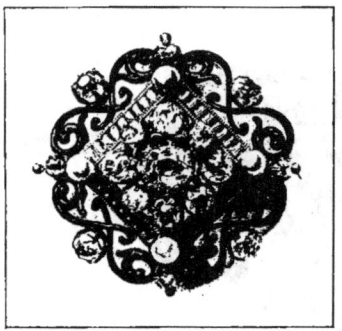

BROCHE ÉMAIL,
PERLES ET BRILLANTS.

Thérèse Lachman, devenue Comtesse de Païva (après avoir été Mme Herz, et avant d'épouser le comte Henckel de Donnersmarck), possédait une parure d'émeraudes remarquable ; Élisabeth Cruch, connue sous le nom de Cora Pearl; la capiteuse « Grande Duchesse » Hortense Schneider

1. Frédéric Loliée, *la Fête impériale*. Paris, Juven.

et bien d'autres possédaient des écrins célèbres. On disait de Caroline Letessier qu'elle avait des diamants « à remuer

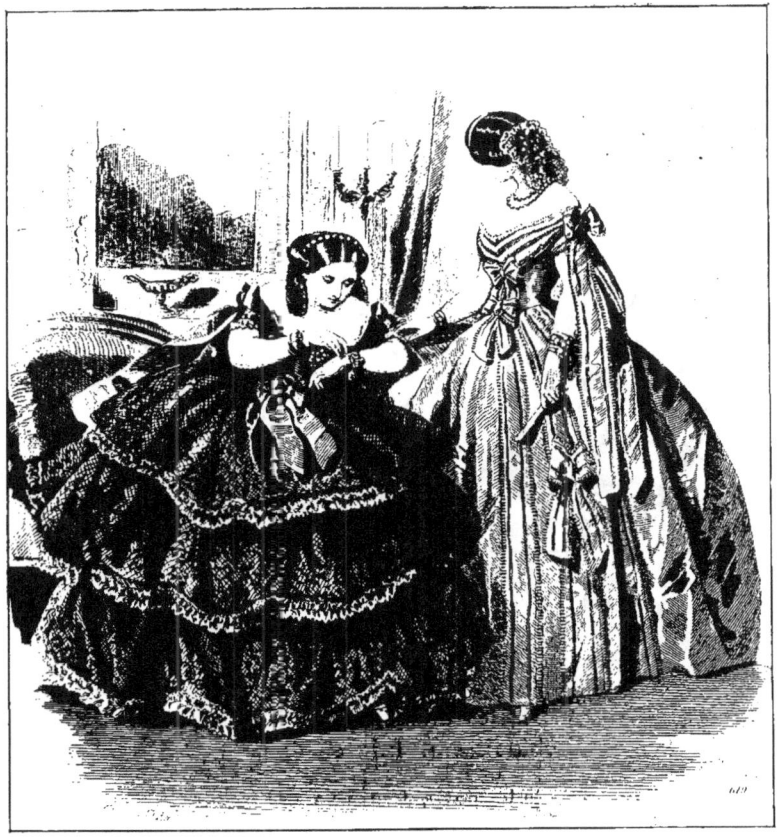

MODES EN 1857 : LE TRIOMPHE DES BRACELETS.
Dessin de Compte-Calix.

à la pelle »; Léonide Leblanc, également très éprise de bijoux, en avait un grand nombre de fort beaux : son collier de perles est devenu légendaire.

La Comtesse de Castiglione, cette personne énigmatique

et d'une beauté célèbre possédait de nombreuses perles dont la vente produisit près de 600.000 francs en 1900[1].

La Barucci, cette belle Romaine qui débuta comme « modèle » chez les artistes, était devenue une des plus endiamantées de la capitale. Ses parures étaient si nombreuses qu'elle avait fait faire un coffret spécial pour les loger. M. Frédéric Loliée raconte la visite d'un ami de la courtisane auquel elle voulait montrer les preuves « de tout ce que peut obtenir une femme de beauté sans autre peine ni sacrifice que l'abandon voluptueux de son corps ». « Voici l'objet », dit-elle. Et l'ami jeta ses regards sur ce coffret merveilleux, haut comme la cheminée et divisé par cases bien définies. Elle ouvrit les tiroirs. Chacune de ces cachettes précieuses, capitonnées d'ouate et de soie, ne servait que pour un genre unique de pierreries. Il y avait le compartiment des diamants, le compartiment des émeraudes et celui des perles ou des rubis et celui, enfin, des simples bijoux en or. Aux rayons du soleil filtrant par la fenêtre mi-ouverte, les diamants allumaient leurs blancs éclairs. C'était éblouissant. Elle en était la plus fière du

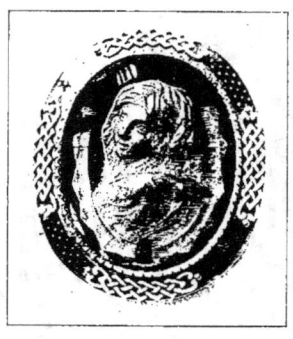

BROCHE
AVEC CAMÉE EN TOPAZE.
Cadre émaillé.

1. Parmi les principales perles, figurait un collier de cinq rangs, ainsi composé :

1er rang (extra)	49 perles,	638 grains.	
2e —	51 —	673 —	
3e —	55 —	756 —	
4e —	59 —	387 —	1/2
5e —	65 —	933 —	1/2
Ensemble	279 perles,	3.838 grains,	

vendues 463.650 francs.

En outre, un lot de vingt grosses perles irrégulières, enfilées, pesant ensemble 1011 grains, fut adjugé 74.900 fr. (soit 82.400 fr. avec les frais).

monde. Quant à mêler à toutes ces richesses un souvenir de tendre gratitude pour celui-ci ou celui-là, quant à remonter

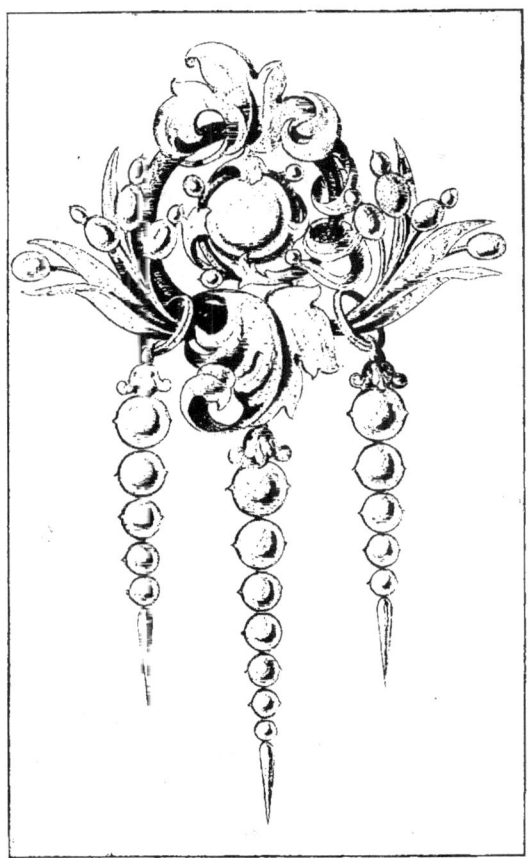

GRANDE BROCHE DE CORSAGE PERLES ET ÉMAIL.

par l'amour aux sources de ces trésors, c'est à quoi elle ne songeait vraiment point ».

Et, puisque nous n'avons pu résister à la tentation de faire quelques emprunts à l'intéressant ouvrage de F. Loliée, il voudra bien nous excuser de continuer par un dernier trait. Il s'agit de Khalil-Bey, ce fêtard ottoman dont les prodigalités « plongeaient dans l'admiration le monde entier des cocottes ».

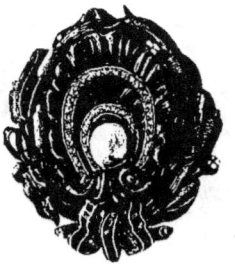

BROCHE COQUILLE
EN GRENAT SCULPTÉ
par Valentin Morel.

« Les pierres précieuses, dit-il, coulaient de ses doigts avec une aisance merveilleuse et comme s'il eût possédé le talisman des enchanteurs. A une fin de dîner, étant de société avec Nestor Roqueplan, Marie Colombier et Esther Guimond, au restaurant des Frères Provençaux, on avait posé devant lui, comme devant ses convives, le bol d'eau parfumée. Au moment d'y tremper le bout des doigts, il laissa tomber une bague ornée d'un superbe diamant rose. Avec un empressement habile, Marie Colombier, qui était placée à sa droite, cueillit la bague et la lui tendit d'un joli geste qui avait l'air de demander sa récompense. Alors Khalil, très grand seigneur, de lui répéter le mot de Charles-Quint à la Duchesse d'Étampes : « Elle est en de trop belles mains pour la reprendre ». Vraiment, tant de bonne grâce ne pouvait pas rester enclose entre les murs d'un cabinet particulier. Les journaux en furent informés au point du jour. Et, spirituellement, Louis Veuillot glissa cette réflexion dans un coin de ses *Odeurs de Paris* : « Les princes sèment les pierres précieuses dans le boudoir de la petite Pigeonnier ; c'est peut-être comme le Petit-Poucet, pour retrouver leur chemin.

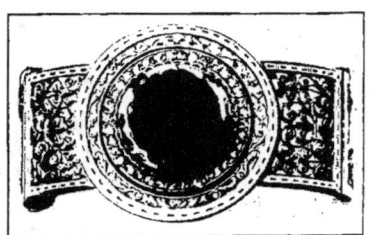

BRACELET
AVEC CAMÉE EN ÉMERAUDE.

» Ces beaux mouvements risquaient parfois de n'être pas

appréciés à leur valeur par les almées et les théâtreuses admises à en partager l'aubaine. Le généreux Barbare avait prié des dames de la Cour, qui ne passaient point pour des mijaurées ou des prudes, d'assister à une soirée chez lui, où l'on aurait la Thérésa. Elles écoutèrent d'une oreille absente d'excellents premiers rôles de l'Opéra et des Italiens. Les enthousiasmes se réservaient pour la Patti du peuple. Elle se surpassa en si brillante compagnie. *Le Sapeur, la Gardeuse d'ours, la Reine des Charlatans*, et cette cantilène d'un charme inappréciable : *C'est dans le nez que ça me chatouille*, prirent des grâces imprévues sur ses lèvres. Elle avait livré toutes les perles de son répertoire.

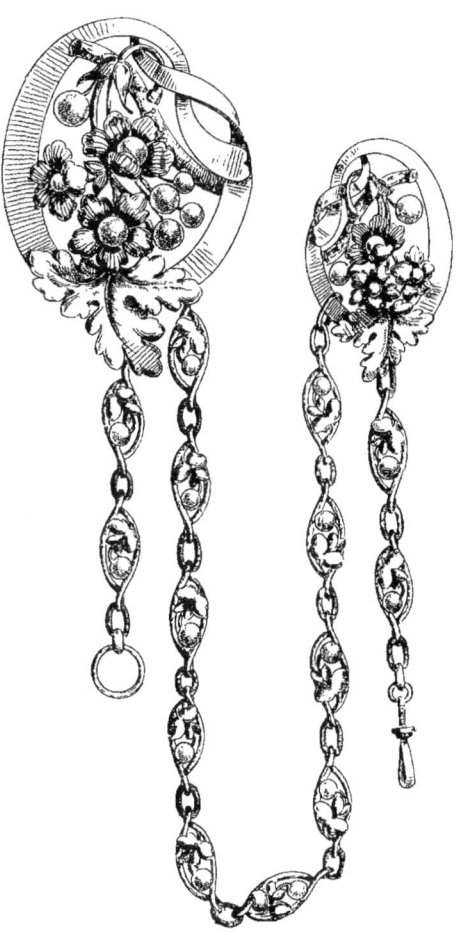

CHAINE « MATHILDE », AVEC BROCHES.

» Khalil enchanté voulut gratifier l'artiste d'une rémunération follement princière. Il donna l'ordre à son secrétaire de passer chez Thérésa et de lui remettre de sa part deux boutons de diamants estimés valoir une dizaine de mille francs. Le prix de quatre chansons ! Mais la diva de la chope, comme l'appelait Philibert Audebrand, n'était pas encore très experte en matière de joaillerie.

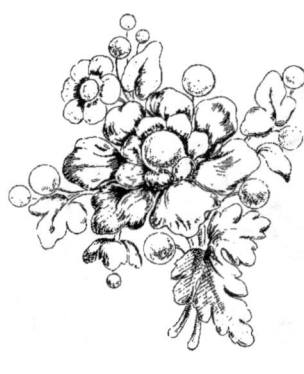

BROCHE.

» Voilà, dit-elle, une gracieuse attention et qui me rappellera toujours le plaisir que j'ai eu d'être reçue chez Son Excellence... Cependant j'aimerais savoir aussi combien vous me donnerez pour le plaisir que j'ai paru faire au prince et à ses invités. Je vous avertis que je ne me dérange pas à moins de cinq cents francs par soirée.

» Khalil, en apprenant le résultat de son message, ressentit une légère surprise, écrivit qu'il y avait erreur et pria qu'on acceptât en échange deux billets de mille francs envoyés sous enveloppe. Thérésa fut radieuse de tant de libéralité, et Khalil rentra sans trop de regret dans la possession de ses magnifiques brillants, que la chanteuse avait pris pour des bouchons de carafe. Il se trouva bientôt un complaisant ami pour lui apprendre la lourde erreur qu'elle avait commise. Elle s'en mordit les doigts, comme on pense. »

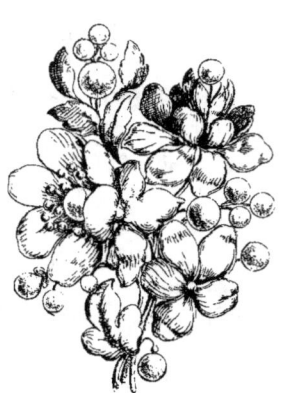

BROCHE BOUQUET.

Maintenant, non seulement n'anticipons pas, comme on chantait alors dans la Belle Hélène ; mais, excusons-nous de nous être laissé entraîner à ces amusantes digressions, et revenons en arrière.

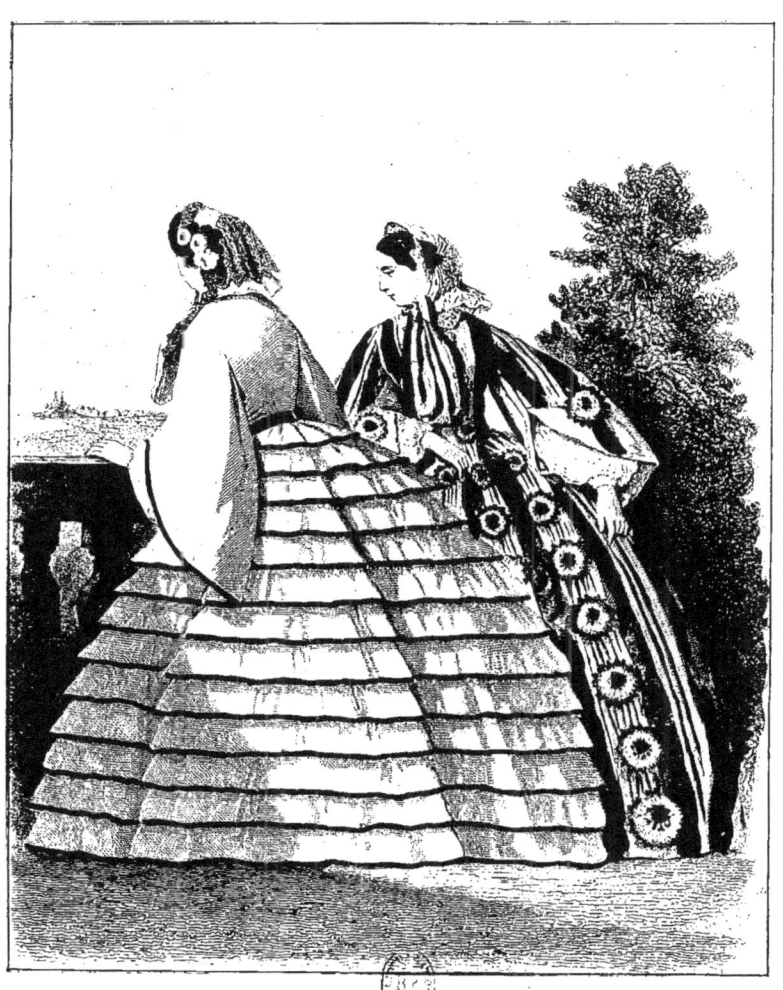

LA CRINOLINE EN 1859.

Nous avons dit précédemment le retentissement de l'Exposition de 1851, à Londres, et le succès considérable que nos exposants y avaient obtenu, succès d'autant plus remarqué qu'on avait pu voir, pour ce qui concerne l'orfèvrerie, que chez nos opulents voisins c'était alors « une industrie

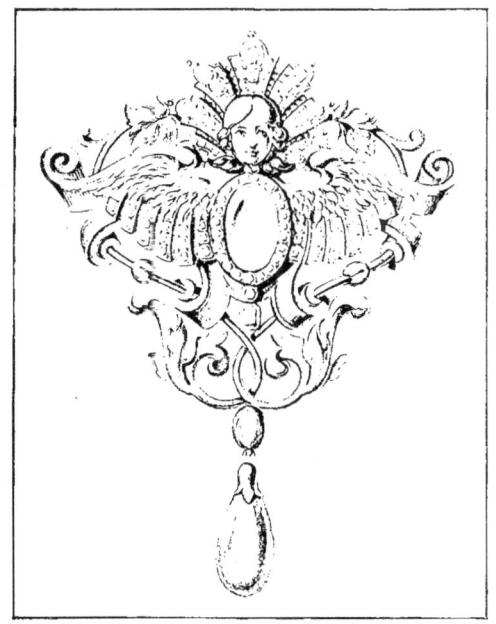

BROCHE AVEC CISELURE ET JOAILLERIE
par Varlet.

de poids beaucoup plus que d'art, portant au plus haut degré l'empreinte de ce caractère à la fois fastueux et correct, de cette élégance compacte et géométrique, de cette distinction massive, si l'on peut s'exprimer ainsi, qui faisait à première vue reconnaître si infailliblement la *gentry* millionnaire de Piccadilly et de West-End. En un mot, des maçonneries d'argent et d'or. fondues, laminées, tournées, martelées et estampées... » De même, la bijouterie était peu intéressante : sans gravure, sans ciselure, sans émail, sans incrustation, sans rien en un mot de ce qui faisait la supériorité et la splendeur de nos produits, et la joaillerie était plutôt un amoncellement de richesses sans goût et sans recherche. Le plus bel éloge que les Anglais savaient en faire était de proclamer qu'elle était d'une solidité, d'une « endurance » à toute épreuve.

Cependant, les industriels français eurent la sagesse de ne pas s'endormir sur leurs lauriers ; au contraire, ils se piquèrent d'émulation et tinrent, lors de l'Exposition de 1855, à montrer au monde entier qu'à Paris on pouvait faire mieux encore que ce qui avait été vu à Londres.

L'Exposition de 1855 eut lieu au Palais de l'Industrie, construit exprès pour cet usage [1]. L'Empereur Napoléon III l'inaugura solennellement et de la façon la plus brillante. Les diamants de la Couronne y furent mis sous les yeux du public pour la première fois ; plusieurs y apparaissaient dans des montures nouvelles et témoignaient ainsi des dispositions des souverains à favoriser le luxe et des encouragements qu'ils avaient donnés aux principaux joailliers. A cette époque, où un lot de cent carats de diamants était dans le commerce et resta longtemps encore une chose extraordinaire et tout à fait exceptionnelle, la vue d'une telle accumulation de pierreries et de richesses impressionna vivement les visiteurs. On fit également figurer à l'Exposition le grand service de cent couverts, exécuté pour l'Empereur, et qui avait coûté huit cent mille francs.

On remarquait, parmi les parures nouvellement remontées, « une garniture de robe, en forme de berthe, composée de feuilles de groseilles, au milieu de laquelle brille une magnifique pièce de corsage du même style, exécutée par Bapst. Au-dessous, se dessine une ceinture exécutée par

---

[1]. Les commissaires anglais, à qui l'on faisait visiter le nouveau Palais, déclarèrent imperturbablement qu'il serait à peine suffisant pour y installer les produits de leurs nationaux. Il faut reconnaître qu'ils ne manquaient pas d'un certain aplomb.

M. Kramer, joaillier de l'Impératrice ; les nœuds en brillants qui la terminent sont mouvementés avec une grande vérité, et lui donnent un véritable cachet d'élégance ; à côté, un bouquet de brillants, sorti des ateliers de M. Fester ; à droite, le diadème que portait S. M. l'Impératrice le jour de l'inauguration de l'Exposition, monté d'après une idée de M. Devin, que M. Viette, chargé de l'exécution du travail, a très habilement rendue. Des rubans s'entrelacent et laissent, pour ainsi dire, échapper comme des flammes d'un goût charmant[1]. Le jour de l'inauguration, quand S. M. l'Impératrice fit le tour de la nef, le soleil vint frapper d'aplomb sur ce diadème, dont l'effet fut prodigieux.

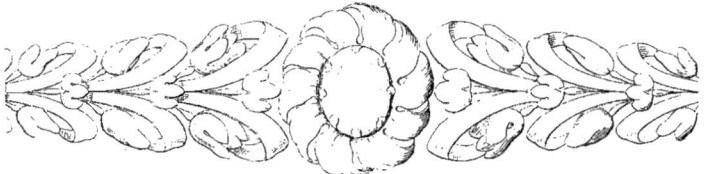

BRACELET EN JOAILLERIE
par Viennot.

« ...Puis, viennent les magnifiques bijoux particuliers de S. M. l'Impératrice, qui a voulu que ses richesses fussent confondues avec celles de l'État. Cette collection est admirable jusque dans ses moindres pièces[2]. »

D'après des témoins dignes de foi, de tels éloges ne sont justifiés qu'en ce qui concerne la richesse et la qualité des pierres, car, paraît-il, tous ces ouvrages étaient de dessin et de métier ordinaires ; il est très probable qu'un joaillier aurait été plus modéré dans ses appréciations.

« C'est par un sentiment des plus fiers, écrit le rapporteur de 1855, que S. M. l'Empereur a voulu que les diamants

---

1. Nous verrons plus loin ce que l'Impératrice pensait de ce diadème et pourquoi elle le fit démonter.
2. *Visites et études de S. A. I. le Prince Napoléon au Palais de l'Industrie.* Paris, Perrotin, 1855.

de la Couronne fissent l'ornement le plus magnifique de l'Exposition ; et jamais Paris, à aucune époque précédente, ne s'est montré si prodigue d'une mise en dehors de capital, représenté par une masse de parures d'une aussi grande valeur, en même temps que d'un goût aussi élégant. L'esprit qui a entraîné nos joailliers à une pareille dépense est encore plus national que personnel. Nos relations avec eux nous ont mis à nu cette fibre généreuse, qui nous a paru constituer un mérite trop honorable pour n'être pas signalé.

» ...C'est merveille que tout cet essor de travail, parcourant une échelle qui commence à la mise en œuvre la plus ordinaire, pour finir souvent à l'intelligence la plus développée ! Ce qu'il faut d'énergie à un fabricant bijoutier, seulement de second ordre, à qui incombent la surveillance et l'emploi de son or, la disposition de ses pierreries, ses combinaisons d'alliage, ses relations au dehors, la tenue de ses écritures, les soucis de sa vente et de ses rentrées, ses inventions de modèles et la conduite de son atelier, dont il est le plus souvent le propre contre-maître et le meilleur ouvrier, est fait pour déborder l'imagination d'un industriel d'un autre ordre qui voudrait s'en faire une idée. »

La liste des exposants orfèvres et bijoutiers est trop longue pour que nous la rapportions ici ; nous citerons sommairement les noms de quelques-uns de ceux dont nous nous sommes entretenu précédemment ou que l'on retrouvera au courant de cette étude. Tels sont : Jarry aîné, Rudolphi, Duponchel, Duron, Le Cointe, Ch. Christofle, Froment-Meurice, Lemonnier, Wièse, Aucoc aîné, etc. Le diamantaire hollandais, Martin Coster, qui, en 1851, avait exposé le *Koh-i-noor* (montagne de lumière), présentait cette fois au public un autre gros brillant appelé *l'Étoile du Sud,* découvert au Brésil[1] en 1853, et dont le poids brut, de 254 carats, avait été réduit à 125 1/2 après la taille.

Fossin, que la notice officielle qualifie du titre d' « ancien

1. Coster était alors un des principaux diamantaires d'Amsterdam. Devenu consul général de Hollande à Paris, il fut fait commandeur de la Légion

joaillier de la Couronne », faisait partie du Jury, ainsi que Ledagre, bijoutier-orfèvre, membre de la Chambre de Commerce de Paris, et ancien président du Tribunal de Commerce de la Seine.

La distribution des récompenses eut lieu avec beaucoup d'apparat. L'Impératrice était parée des diamants de la Couronne, et de grandes réceptions furent données pour fêter

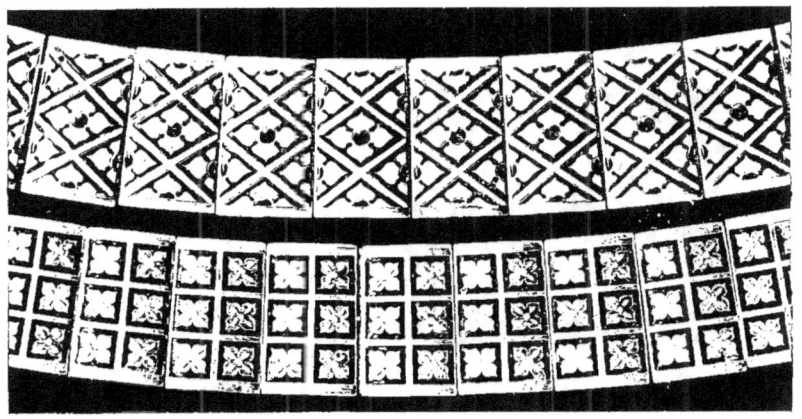

BRACELETS MANCHETTES A PLAQUES MOBILES EN ARGENT ÉMAILLÉ
ET ENFILÉES SUR UNE LANIÈRE DE CUIR
par Louis et Philibert Audouard (1858).

les étrangers membres du Jury, ainsi que les principaux exposants de tous les pays.

d'honneur à la suite de l'Exposition de 1878, où il était commissaire général pour son gouvernement.

Vers 1850-55, le marché des diamants bruts était encore à peu près monopolisé à Paris, et le plus important traitant (peut-être l'unique) était Joseph Halphen, qui donnait son brut à tailler à Coster. Il advint que l'importance des affaires, et particulièrement le commerce des *diamants montés*, tant pour la France que pour l'étranger, — l'Orient surtout, — ne permettant plus à J. Halphen de s'occuper du tri des cristaux-diamants, il céda à Coster l'achat de la précieuse marchandise que celui-ci lui revendait toute taillée pour la mise en œuvre. De sorte que Coster acquit une très grosse fortune, grâce à Halphen, qui perdit entièrement la sienne plus tard, dans des spéculations malheureuses.

Les récompenses furent nombreuses pour la bijouterie : des médailles d'honneur furent décernées à Barye, devenu plus tard grand sculpteur; à Wechte, Rouvenat, Morel, Baugrand, Gueyton. Morel reçut en plus, nous l'avons déjà dit [1], une pension viagère de neuf cents francs. Notons, en passant, que le diplôme remis aux lauréats avait été dessiné par Ingres. Aujourd'hui que cet artiste est reconnu comme un des principaux maîtres de son époque, on sera peut-être surpris d'apprendre que ce choix fut alors très critiqué : le public eût sans doute préféré un talent moins académique, moins officiel [2].

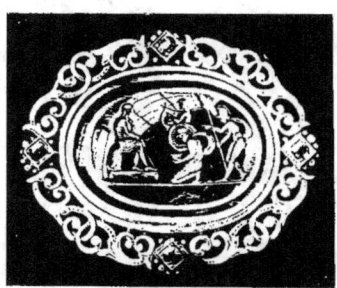

BROCHE ÉMAIL,
AVEC INTAILLE D'AGATE.

Mentionnons, parmi les exposants récompensés : Dafrique, pour « ses chaînes de bracelet flexible, ses camées coquilles décorés, et une mantille en filigrane d'argent d'une très bonne fabrication »; Marret frères et Jarry avaient exposé, entre autres, une belle parure de corsage rubis et brillants; Mellerio, des fleurs et grappes de fleurs en joaillerie; Viette, des peignes et bouquets en brillants; A. Paul et frères, « un bouquet d'avoine, émail vert et diamant, d'un très joli effet ». A la vitrine de Marret et Baugrand, le rapporteur donne les éloges suivants : « jolie joaillerie, guirlande de bluets d'un très beau travail, ornement de tête, collier perles noires, rubans de bon goût, ombrelle perles noires, travail fin, simple et très élégant ». Quant à Payen jeune, qui continuait à faire du filigrane et de la cannetille d'or, la pièce principale de son exposition consistait, dit un journal très enthousiaste d'alors,

---

1. Tome Ier, p. 276.
2. Ingres fut nommé sénateur en 1862. L'année suivante, sa ville natale, Montauban, lui offrit une couronne d'or.

dont nous respectons le style, en « un beau tableau en filigrane destiné à glorifier l'Exposition de l'industrie; œuvre

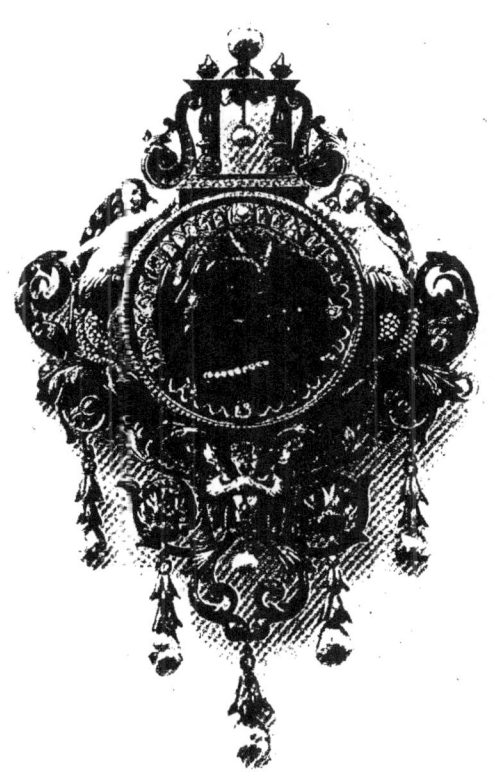

GRANDE BROCHE « ARÉTHUSE »
par F.-D. Fromert-Meurice père (1855). — Émaillée par Lefournier.

capitale comme valeur et sentiment, reproduisant, en les éclipsant, les filigranes de l'Inde, de l'Italie et des époques antérieures, où l'on voit un des plus magnifiques émaux connus entouré des armes de douze nations en or et émail, et qui réunit les noms de Chabaud pour la peinture, de Masson pour la sculpture, de Morel, de la manufacture de Sèvres, et de Froment-Meurice pour la direction et l'exécution[1] ». Cette œuvre bizarre eut un grand succès de curiosité à cette époque. L'Empereur, à qui on voulut la vendre, n'avait pu s'empêcher de dire en souriant : « Ça ferait joliment bien pour une loterie ! »

L'Exposition de Froment-Meurice était des plus remarquables, mais le Jury commit une véritable injustice en ne lui attribuant pas la récompense qu'il méritait. En

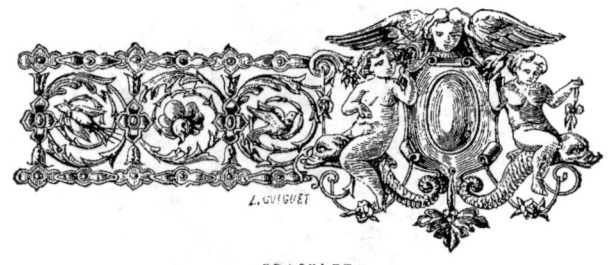

BRACELET
par Émile Froment-Meurice fils.

effet, comme Froment-Meurice, mort au commencement de cette année 1855, n'était plus là pour faire valoir ses droits, on n'attribua à ses œuvres qu'une médaille de

---

1. Le mérite de Payen qui, pour cette œuvre, s'adressa à tant de collaborateurs, est d'avoir exécuté et monté cette pièce importante dans ses ateliers. Payen, de même que Betouille (son chef d'atelier, qui s'établit en 1858), était un spécialiste réputé pour les bijoux en or filigrané non seulement pour Paris, mais pour l'exportation. Leurs maisons étaient très importantes. On peut retrouver dans l'Azur la nomenclature curieuse de leurs productions : « Fabrique la haute fantaisie or mat pour la France et tout le bijou d'exportation, le filigrane avec perles fines pour l'Espagne et les colonies, le bijou en or de couleur pour le Mexique, les articles en filigrane avec pierres cornalines, grenat améthyste et autres pour Haïti, la coquette, le grain de choux et le genre poli à pierre pour la Martinique et la Guadeloupe ; assortiment pour la Havane ; l'article croissant et tout le bijou créole pour le Sénégal et Cayenne ; assortiment de parures, bracelets, bagues, boutons, épingles, dormeuses et cadenas en tous genres. »

2ᵉ classe, que la veuve de l'artiste refusa avec dignité, et qui fut transformée après coup, sur le palmarès, en médaille d'honneur. On objecta aussi que certains objets n'étaient pas entièrement terminés. Les délégués ouvriers s'expriment ainsi à ce sujet : « Le Jury, parce que ses pièces étaient inachevées, n'a pas jugé à propos de récompenser dignement l'homme absent, mort sur la brèche. Si ce n'était pas pour les pièces présentes, il devait le récompenser pour l'œuvre de toute sa vie, qui avait servi à rendre à l'orfèvrerie son ancienne splendeur ».

Nous avions demandé verbalement à M. Émile Froment-Meurice quelques renseignements pour le présent travail en même temps que les documents graphiques qui y sont reproduits et qu'il nous a remis de la meilleure grâce du monde ; il nous avait, de plus, laissé espérer qu'il nous enverrait des notes spéciales et inédites concernant sa maison. Voici la lettre qu'il a bien voulu nous adresser à ce sujet :

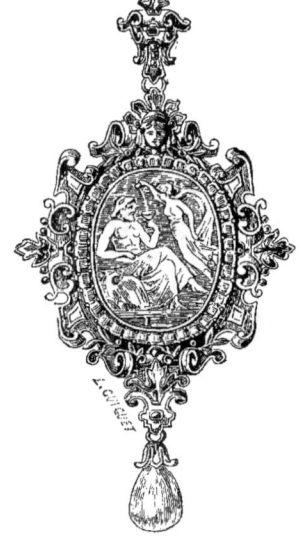

PENDANT DE COU
RENAISSANCE,
CAMÉE ET ÉMAUX
par Émile Froment-Meurice fils.

« Mon cher confrère et ami, le mieux est l'ennemi du bien ; sous prétexte de préparer à votre intention quelques notes, je me suis laissé aller à remuer la poussière de longues et lointaines années.

» Ainsi qu'il m'arrive lorsque je me retrouve en présence de cette figure pour laquelle j'ai un culte, de la vivante et robuste figure de mon père, je me suis laissé entraîner.

» Il ne peut plus être question de notes à fondre dans un travail d'ensemble ; je suis maintenant à la tête d'un cahier, informe encore, qui demande à être longuement revu et corrigé, et qu'il est de mon devoir filial, je crois, de réserver pour une monographie de François-Désiré Froment-Meurice.

» Mais, puisque vous avez eu la gracieuse pensée de me demander quelques lignes sur cet excellent artisan, quelques lignes aussi sur son très modeste fils, je mets sous cette enveloppe, afin de répondre à une courtoisie qui me touche, deux demi-pages tirées de mon cahier.

» Si elles ne vous apprennent rien que vous ne sachiez déjà, qu'elles soient du moins pour vous le témoignage de ma bonne volonté. »

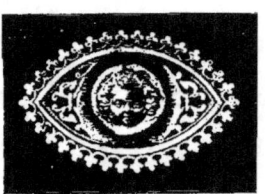

BROCHE A TÊTE D'ANGE
par Émile Froment-Meurice.

Voici l'un des extraits que nous envoie M. Froment-Meurice; on trouvera l'autre plus loin, à sa place chronologique :

« Durant le cours de l'année 1854, alors que le soir, dégagé de l'agitation commerciale, groupait les siens autour de la lampe familiale, il (François-Désiré Froment-Meurice) prenait les bois légers sur lesquels s'ébauchaient dans la cire les délicates figures qui composent le petit ensemble de la *Toilette de Vénus*.

» En même temps que sous ses doigts se modelaient ces fines statuettes exagérément longues, telles que l'orfèvre en avait puisé le goût dans l'atelier de Girodet, son esprit arrêtait tous les détails du petit tableau; de la pointe de son pinceau, il fixait les tonalités des figures, des touffes de roseaux d'où elles émergent, des groupes de fruits et de fleurs qui décorent la partie inférieure du pendentif. Un autre soir, on choisissait les poires de perles qui terminent le bijou; on décidait que les deux frères Audouard, à la main si sûre, construiraient la charpente de bijouterie; que Lefournier, déjà vieux, mais encore un tel maître, revêtirait cette belle pendeloque d'émaux du coloris le plus vif :

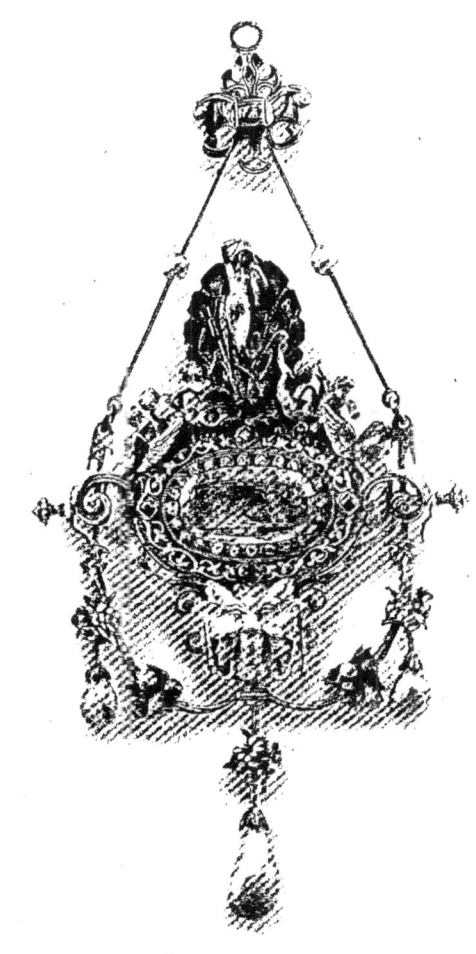

PENDANT DE COU « LA TOILETTE DE VÉNUS »
par F.-D. Froment-Meurice père (1854).

c'était la mode alors, à l'encontre des émaux d'aujourd'hui voués aux teintes mourantes.

» Et doucement ainsi, au coin du feu, se complétait la jolie œuvre qui semble garder dans ses lignes quelque chose de l'atmosphère harmonieuse où elle a été élaborée [1]. »

La réussite de l'Exposition de 1855 contribua à prouver au monde entier la puissance et la richesse de la France, dont le commerce et l'industrie se montraient florissants malgré la longue et difficile guerre de Crimée, qui se poursuivait alors. L'année suivante survinrent, à quelques jours de distance, deux événements qui devaient donner encore un nouvel essor aux affaires : la naissance du Prince Impérial et la signature du traité de Paris (1856), qui mettait fin à la guerre d'Orient [2].

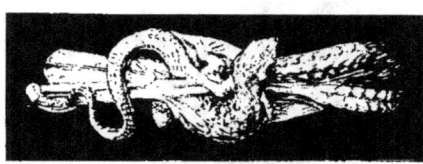

BRACELET LÉZARD,
ARGENT CISELÉ ET ÉMAIL
par Émile Froment-Meurice (1865).
Composition d'Émile Carlier.

La naissance du « Petit Prince », qui comblait les vœux des souverains, fut l'occasion de fêtes magnifiques et de dépenses considérables dont profita le commerce de luxe. Les préparatifs de toilettes et de parures furent menés activement, aussi bien à la ville qu'à la cour. Les principaux joailliers eurent de si nombreuses commandes, qu'une hausse sensible se produisit sur le prix des diamants; c'est peut-être là le motif qui empêcha de donner suite à la gracieuse pensée qu'on avait eue alors en haut lieu

1. Actuellement au Palais-Royal de Madrid (salon des Gemmes).
2. « L'Impératrice, saluant dans la coïncidence de la naissance du Prince Impérial avec la conclusion de la Paix de Paris, un pronostic heureux, a manifesté le désir de posséder et de conserver la plume avec laquelle les plénipotentiaires des puissances contractantes signeraient le traité général de paix. Une plume fournie à cet effet par un aigle du Jardin des Plantes, après avoir été ornée, par le joaillier de la Couronne, d'emblèmes appropriés à la circonstance, a servi à la signature exclusive des sept exemplaires, et a été remise à Sa Majesté. » *(Le Constitutionnel.)*

d'offrir aux dames d'honneur de l'Impératrice un insigne

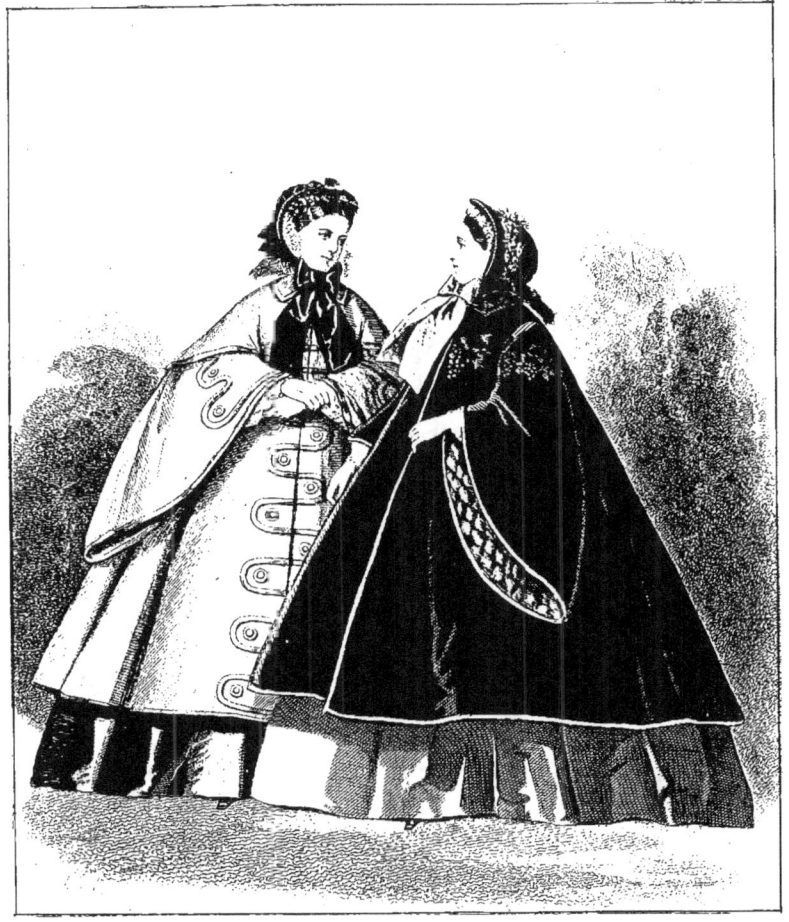

MODES DE 1860.
En toilette de ville, les bijoux n'étaient pas visibles.

spécial créé pour elles et composé d'un nœud de ruban bleu, fixé à l'épaule par deux anneaux de diamants enlacés.

La Ville de Paris avait décidé d'offrir un berceau d'apparat à l'héritier impérial. Voici ce qu'en dit M. Henri Bouchot, l'auteur si apprécié des *Élégances du Second Empire* : « Depuis le berceau du Roi de Rome, exécuté par Odiot et Thomyre sur les dessins de Prudhon, ni le Duc de Bordeaux, ni le Comte de Paris n'ont vu chef-d'œuvre comparable. Sans doute M. Baltard, chargé des dessins d'ensemble, ne s'y était point montré audacieux ni très jeune ; il était de l'Institut, et l'Institut en était encore un peu à Hittorf, aux bonnes vieilles traditions, il ne fallait pas que cette besogne officielle marquât de trop la fantaisie. Alors, on s'était inspiré de Prudhon dans les dispositions générales ; une femme chastement drapée se tenait debout à la tête de la bercelonnette, et supportait une couronne impériale d'où tombaient les rideaux. Simart en avait sculpté la figure et les draperies ; la fonte et les ciselures avaient été données aux frères Fannière. Le corps du berceau est en forme de nef, la nef des armes de Paris, arrangée à la mode du jour, arrondie, ballonnée ; elle est, aux pieds, disposé en proue et supportée par un aigle que M. Jacquemard a modelé. A l'arrière, au-dessous de la figure principale, le navire porte un bouclier aux armoiries de la ville.

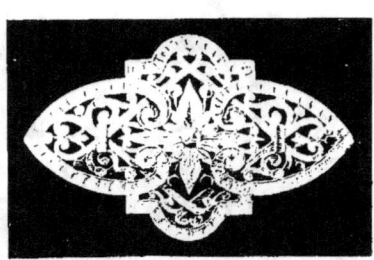

BROCHE RENAISSANCE, ARGENT CISELÉ
par Émile Froment-Meurice.
Composition de H. Cameré.

« Alors, sur ce travail d'orfèvrerie, tout entier dû à Froment-Meurice, on a semé des plaques d'émail en grisaille, exécutées à Sèvres sur les dessins d'Hippolyte Flandrin. On y voit, dans le style habituel de l'artiste, la Force, la Justice, la Vigilance et la Prudence. M. Baltard a contraint Flandrin à ces choses païennes ! Quant au choix de Froment-

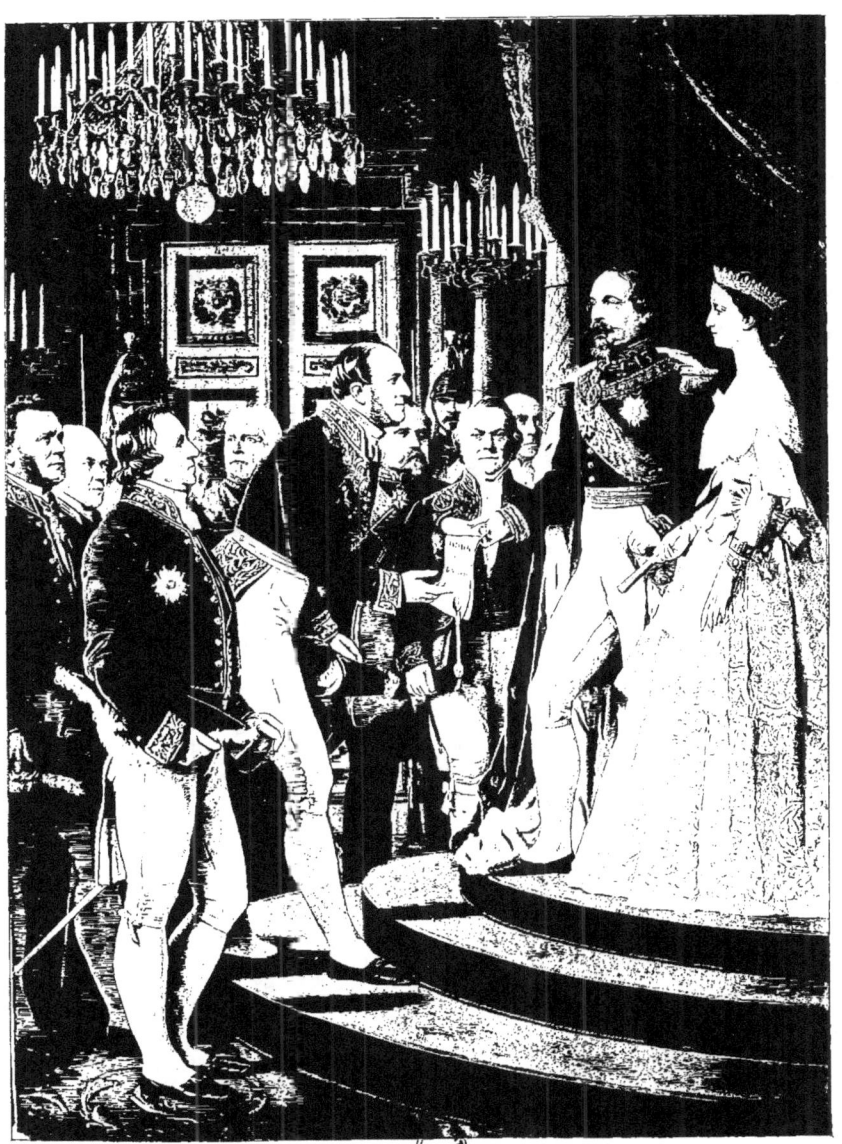

ANNEXION DES COMMUNES EN 1860.
Tableau par Adolphe Yvon, brûlé pendant la Commune (incendie de l'Hôtel de Ville).

Chaix d'Est-Ange. Général Rolin. Général Fleury. Duc de Bassano.
Ferdinand Barrot. Baron Haussmann. Delangle. Napoléon III. L'Impératrice
J.-B. Dumas. parée de bijoux.

Meurice pour l'œuvre générale, il avait été imposé par l'Empereur lui-même, qui tenait à contrebalancer une criante injustice du Jury en 1855. »

D'autre part, M. Magne, dans un très intéressant et fougueux article auquel nous renvoyons le lecteur [1], termine ainsi sa critique : « Mais ce qui fait le vrai, le grand, le seul mérite de ce chef-d'œuvre, c'est le travail de l'orfèvrerie. Si l'auteur de tant d'œuvres immortelles, si Froment-Meurice vivait encore, il eût suffi de dire : « Voilà son ouvrage », pour se dispenser de tout commentaire. Eh bien, cette satisfaction nous était réservée, à nous, qui, lors de l'Exposition universelle, faisions des vœux pour que le fils fût digne du père et pour que cette grande renommée de la première orfèvrerie du monde ne périclitât pas aux mains d'un enfant. Voici notre vœu réalisé : l'enfant est un homme, et Froment-Meurice, tout mort qu'il est, peut revendiquer sa part du berceau impérial ; car les artistes qui, sous l'impulsion vaillante de sa veuve et de son fils, viennent d'accomplir ce miracle de

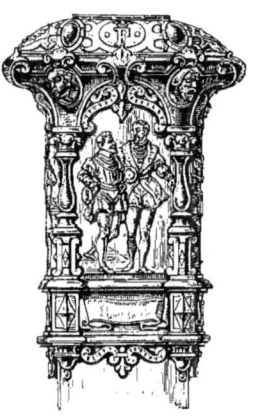

POMME DE CANNE
RENAISSANCE,
par Émile Froment-Meurice.

l'art français, sont les meilleurs de ses collaborateurs, les plus légitimes de ses élèves, les plus excellents de ses ouvriers. Les deux maîtres de la ciselure contemporaine, les frères Fannière, ont exécuté les figures de M. Simart, et l'on sait ce que vaut une pièce quand elle sort de ces mains, que la dernière Exposition chargeait de couronnes, et qui, à l'heure où nous écrivons, ajoutent de nouveaux chefs-d'œuvre à ceux que leur doivent presque toutes nos industries artistiques. Enfin, nous avons eu le bonheur et l'honneur de voir, dans l'espace de temps le plus extraordinairement

[1]. Voir l'Illustration du 29 mars 1856.

restreint, mais grâce à une énergie qui ne se ralentissait ni de jour ni de nuit, ce grand travail s'accomplir avec autant d'intelligence que de hardiesse, avec autant de sûreté que de courage ; et maintenant qu'on est, comme on dit en style d'atelier, arrivé juste au dernier moment, il est un aveu qu'il faut faire : c'est que de cette prodigieuse réussite dépendait surtout une question d'honneur industriel. Lorsque M. le Préfet de la Seine, au nom du corps municipal, vint offrir à Leurs Majestés Impériales le berceau destiné à leur premier enfant, l'Empereur laissa entendre qu'il lui serait agréable que la maison Froment-Meurice fût chargée de l'exécution, et beaucoup de personnes considérèrent cette désignation comme une réparation souveraine de l'incroyable traitement que le Jury de la XVIIe classe avait infligé à la mémoire du plus grand orfèvre français, assimilé, dans la distribution des récompenses, à des marchands de bijoux et à des fabricants de couverts. Le refus que fit sa veuve de la médaille décernée méritait une compensation éclatante; l'acclamation du monde artiste vient de la lui donner aujourd'hui[1]. »

Ce fut à Notre-Dame qu'eut lieu la cérémonie du baptême. L'Impératrice y assista « en bleu et blanc, avec un diadème de diamants, un collier splendide et un long voile ». Le petit prince reçut parmi ses prénoms celui de Louis ; il fut baptisé dans le merveilleux bassin arabe avec incrustations d'argent, chef-d'œuvre d'art oriental, que la tradition présente comme rapporté des croisades par saint Louis et ayant servi de baptistère pour ses enfants[2].

« Le légat, vicaire-général de Pie IX pour le gouverne-

---

[1]. Le berceau du Prince Impérial a été donné, il y a environ deux ans, par l'Impératrice, à la Ville de Paris. Il est exposé au Musée Carnavalet.

[2]. Cette merveille de l'art musulman, qui faisait partie autrefois du trésor de Saint-Denis, peut se voir actuellement au musée du Louvre. On la désigne communément sous le nom de « baptistère de saint Louis », bien qu'il ait été prouvé depuis qu'elle est d'une époque postérieure (milieu du XIVe siècle). Lorsque cette vasque était à Vincennes, les Enfants de France y furent en effet baptisés, mais seulement à partir de Louis XIII.

ment de la chrétienté, arrivé quelques jours avant la cérémonie avec tout le cortège qui entoure les cardinaux à Rome, avait apporté de la part du Souverain-Pontife :

» A l'Empereur : une lettre autographe du Pape et un socle en lapis-lazuli supportant les armes papales et impériales.

» A l'Impératrice : une écharpe brodée d'or avec les armes papales et impériales en diamants, perles et rubis, et un vase étrusque d'or avec la Rose[1].

» Enfin, au Prince Impérial, son filleul, une grande

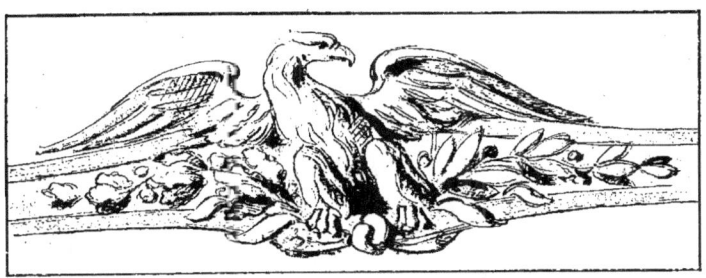

AIGLE IMPÉRIAL EN BRACELET
par Baugrand.

médaille : l'image de la Conception portée par deux anges, entourée de diamants, de rubis et d'améthystes[2]. »

Une fête splendide offerte par la Ville de Paris eut lieu le soir dans le Palais Municipal. L'Impératrice y fut, comme partout, l'objet de la sympathie et de l'admiration générales.

1. L'usage établi par le Saint-Père d'envoyer solennellement chaque année une Rose d'or et de pierreries à une femme — le plus souvent une princesse de maison souveraine — remonte à plusieurs siècles. Un cérémonial compliqué, dans lequel figure une oraison écrite en 1050 par Léon IX, s'est perpétué jusqu'à nos jours sans changements, pour la bénédiction et l'envoi de ce cadeau mystique si ardemment souhaité par celles dont il consacre ainsi la piété et le dévouement au trône de Saint-Pierre.
Une de ces Roses d'or, ou, pour être plus exact, une branche de rosier à quatre fleurs, datant du XIVe siècle, et offerte par le pape Clément V à la cathédrale de Bâle, est conservée au musée de Cluny.

2. L'Abeille Impériale, 15 juin 1856.

Sa robe était de tulle blanc parsemé d'étoiles d'argent ; son diadème, le double collier et la rivière qui garnissait tout le haut de son corsage étaient composés de diamants et d'améthystes d'une grosseur remarquable. Elle portait une large ceinture en diamants et un grand peigne à pampilles, monté spécialement pour la circonstance, qui formait sur le chignon et jusque sur le bas de la nuque comme une cascade mouvante de diamants. Dans ce peigne merveilleux figuraient plusieurs des *Mazarins,* ainsi que cet admirable diamant pentagonal d'un rose si tendre, « fleur de pêcher », qui se trouve actuellement au Louvre dans la galerie d'Apollon.

Ce peigne, qui valait à lui seul plus d'un million [1], était l'œuvre de Bapst qui, bien que n'ayant plus officiellement le titre de joaillier de la Couronne, recevait souvent des commandes de l'Impératrice, en raison de la connaissance toute particulière qu'il avait des pierres du Trésor, pour les avoir gardées, maniées et en avoir, pour ainsi dire, l'état-civil sur les livres de sa maison. Bapst fut chargé fréquemment de leur faire de nouvelles montures [2]. C'est ainsi qu'il

---

[1]. Il fut vendu en détail pour 642.900 francs à la vente des Diamants de la Couronne, mais sans le diamant rose qui fut réservé.

[2]. A la suite des événements de 1848, la charge de joaillier de la Couronne n'existait plus. La maison resta sous la direction de Charles Bapst, auquel s'était associé son neveu Alfred, fils de Constant, et, de la rue Basse-du-Rempart, n° 42, elle fut transférée rue de Choiseul, n° 20, et prit le nom de Bapst et neveu. C'est en 1849 que M. Paul Bapst, notre sympathique confrère actuel, entra, quoique très jeune, dans les affaires ; il doit être, de ce fait, le doyen des joailliers parisiens en exercice.

A la mort de Charles Bapst en 1871, ce furent M. Alfred Bapst et ses deux cousins, Jules et Paul Bapst (tous deux fils de Charles Bapst) qui continuèrent les affaires. M. Alfred Bapst était un dessinateur de talent. C'est lui qui composa les dessins de la plupart des parures qui furent remontées pour l'Impératrice Eugénie. Il fut président du Jury de la bijouterie-joaillerie à l'Exposition de 1878. Lors de son décès, en 1879, il y eut séparation entre les associés : M. Germain Bapst (né en 1853), l'écrivain d'art érudit, fils d'Alfred, s'associa avec M. Lucien Falize, également écrivain d'art et orfèvre-joaillier éminent, et tous deux s'installèrent rue d'Antin, n° 6, tandis que MM. Jules et Paul Bapst fondaient, en 1880, rue du Faubourg-Saint-Honoré, n° 25, avec M. Armand Bapst, fils de Jules, une nouvelle maison, sous la raison sociale J. et P. Bapst et fils ; le premier de ces associés, Jules-Auguste Bapst, né à Paris le 20 mai 1830, mourut en décembre 1899.

exécuta également en 1856 une broche Sévigné et, par la suite, entre autres pièces, deux grands nœuds d'épaule, un diadème à palmettes, un tour de corsage avec feuilles de lierre, dans lequel furent placés deux des *Mazarins*, une

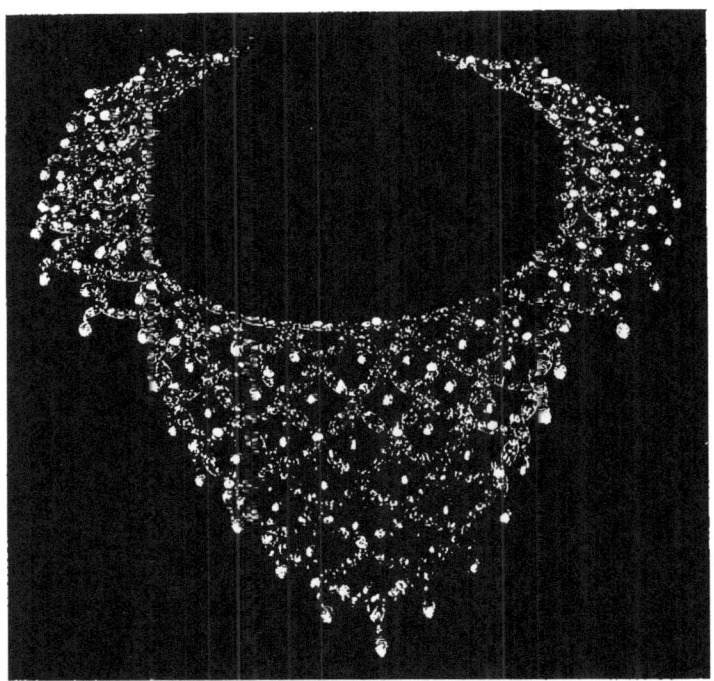

GRANDE « BERTHE » EN JOAILLERIE,
EXÉCUTÉE POUR L'IMPÉRATRICE EUGÉNIE.
(Anciens Diamants de la Couronne.)

grande guirlande à seize aiguillettes, etc., et une *berthe* ou ornement de corsage, sorte de résille en diamants et en pierres de fantaisie ayant, suspendue au centre de chacun des losanges qui formaient ses mailles, une perle en forme de poire ou de *pendeloque*. Ces perles, au nombre de soixante-treize, étaient fausses, car il eût été impossible, quelle que fût la somme dépensée, de réunir un aussi grand nombre de perles fines suffisamment assorties comme forme et comme qualité[1]. Ajoutons, d'ailleurs, que cette parure avait été exécutée à l'occasion d'une fête costumée.

Bapst fit également une très riche chaîne en brillants composée de trente-deux gros maillons carrés, un autre grand diadème russe[2] (vers 1866) et, d'après le dessin de

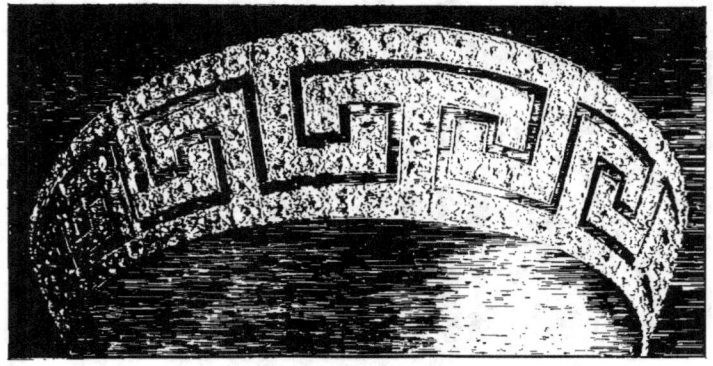

DIADÈME A LA GRECQUE QUE PORTAIT L'IMPÉRATRICE
LE SOIR DE L'ATTENTAT D'ORSINI (1858)
par Bapst.

M. Alfred Bapst, un diadème, composé d'une énorme grecque en diamants. L'Impératrice Eugénie portait ce bijou le jour

1. Ce fut un nommé Jacquin qui établit en France, en 1686, la fabrication des perles artificielles, pour laquelle il fut breveté sous Louis XIV. Truchy, dont il est fait mention dans les rapports des Expositions de 1844 et 1849 au sujet de la même industrie, était son arrière petit-fils.
En 1834, la maison Constant-Valès et, plus tard, celle de Topart, amenèrent la fabrication des perles fausses à une grande perfection, qui n'a été égalée depuis dans aucun autre pays.

2. Ces deux objets ont été exécutés sous la direction de Frédéric Bapst. La monture dessertie du diadème en grecque était encore conservée à la direction des Domaines au moment de la vente aux enchères. Il est fort regrettable que cette pièce n'ait pas été donnée à un musée d'art industriel comme le musée des Arts Décoratifs, par exemple, elle serait restée comme un spécimen d'une fabrication intéressante.

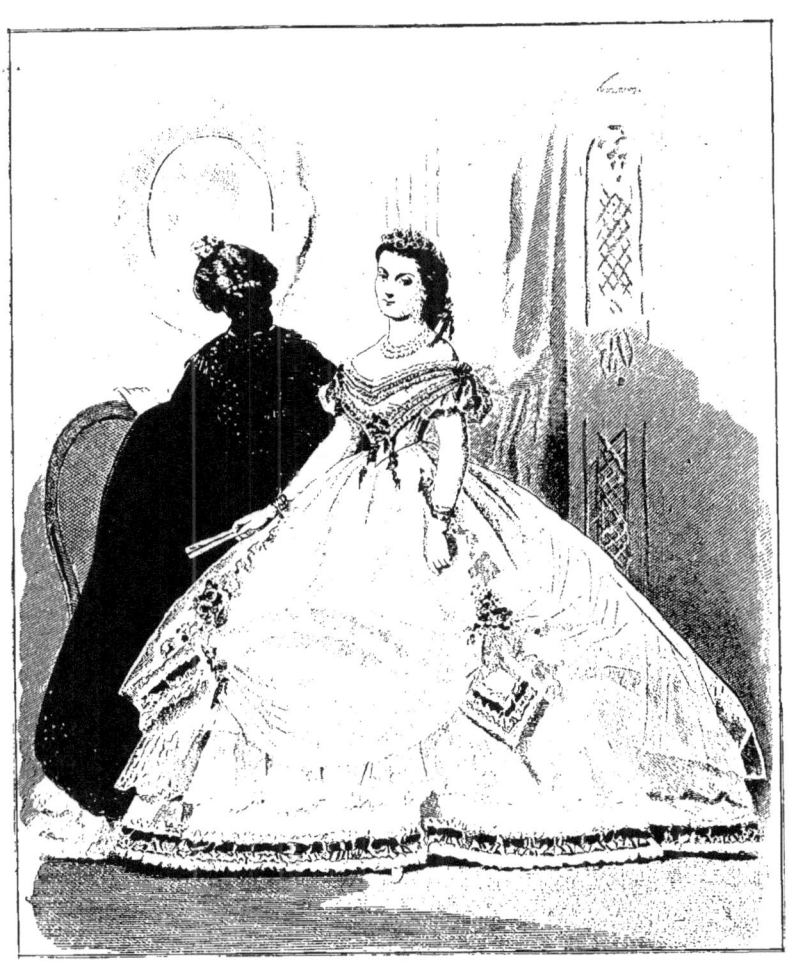

TOILETTE DE BAL EN 1861.
Collier, bracelets, peigne en diamants.

de l'attentat d'Orsini, qui fit tant de victimes[1]. La commande en avait été faite à Bapst quinze jours seulement avant la représentation de gala organisée à l'Opéra au bénéfice du chanteur Massol, fixée au 14 janvier 1858. Les joailliers avaient travaillé jour et nuit pour être prêts à temps, et l'Impératrice avait été tellement satisfaite de leur exactitude et de leur habileté, qu'elle avait très gracieusement envoyé pour les ouvriers qui avaient exécuté ce bijou, le coupon de la loge d'entre-colonne des quatrièmes galeries, située juste en face de la loge impériale, afin qu'ils pussent voir à leur aise l'effet produit par leur ouvrage. La souveraine voulait qu'ayant été à la peine, ils fussent aussi à l'honneur. Désirant ne rien manquer du spectacle, les ouvriers s'étaient installés de très bonne heure dans leur loge, tandis que Paul Bapst, qui avait été gratifié d'un fauteuil d'orchestre, s'était moins pressé. Quand il se présenta, il se heurta aux grilles impitoyablement fermées par la police, aussitôt après l'attentat survenu au moment même où les carrosses entraient sous le péristyle de la rue Le Peletier. Il dut, ainsi qu'une foule élégante et désappointée de retardataires, renoncer à pénétrer dans le théâtre. C'est par ses ouvriers, plus favorisés que lui, qu'il apprit le lendemain les ovations enthousiastes qui avaient accueilli les souverains lors de l'entrée dans la salle et aussi ce détail, peut-être inédit, qui avait vivement impressionné les bijoutiers : lorsque l'Impératrice, magnifiquement parée du fameux diadème, s'avança pâle et droite au bord de sa loge aux côtés de l'Empereur, pour saluer et remercier l'assistance, elle baissa instinctivement les yeux sur sa robe qui avait été éclaboussée de sang!

Ce même diadème, surmonté cette fois du *Régent*, figure dans un tableau du musée de Versailles, où Gérome a représenté la cérémonie de réception des ambassadeurs siamois au palais de Fontainebleau, le 27 juin 1861. L'Impératrice y porte un collier de quatre rangs d'énormes perles,

[1]. Cent cinquante-six personnes furent atteintes par les éclats de bombe. L'avocat défenseur d'Orsini fut Jules Favre.

et un bracelet de grosses perles au bras droit. Elle est en grand manteau de cour et ornée d'une parure étincelante, car, à cette occasion, S. M. avait voulu montrer à des Asiatiques les diamants et les joyaux de la Couronne.

Des témoins oculaires nous ont raconté que lorsque les membres de l'ambassade, vêtus de robes tissées d'or et coiffés de chapeaux bizarres et pointus, se prosternèrent et avancèrent en rampant sur les mains et les genoux jusqu'au pied du trône où les souverains les attendaient, lorsque, de plus, ils psalmodièrent, en quelque sorte, leur compliment dans

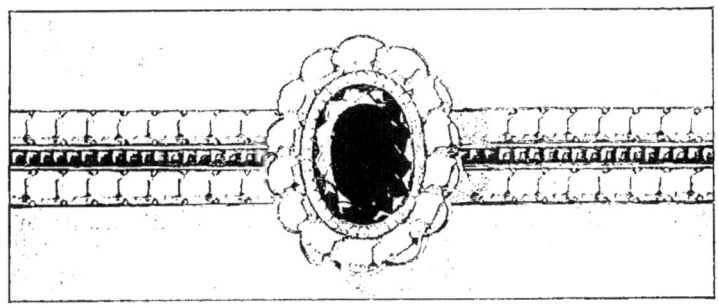

BRACELET SAPHIRS ET BRILLANTS,
EXÉCUTÉ POUR L'IMPÉRATRICE EUGÉNIE
par Baugrand. (Exposition de 1867.)

une langue étrange et chantante, l'Impératrice et les dames d'honneur, étonnées d'un tel spectacle, furent prises d'un fou rire irrésistible. Quelques-unes même, pour maîtriser cet accès inquiétant et ne pas manquer aux convenances, s'enfoncèrent, paraît-il, dans la bouche le mouchoir de dentelles qu'elles tenaient à la main. L'Empereur, seul, conserva tout son sang-froid et demeura sérieux.

Parmi les présents que ces ambassadeurs apportèrent à Leurs Majestés, on remarque « une couronne royale avec oreillettes, en filigrane d'or émaillé, d'une forme élégante et d'un magnifique travail, un trône, un palanquin, un harnachement de cheval couvert d'or et de pierreries ; un collier en rubis, une ceinture royale en or et enrichie de diamants; des parasols en brocart, à un, trois, quatre et jusqu'à cinq étages ; un immense écran hampé tout brodé d'or, et des armes de différentes espèces.

» Parmi ces objets, la plupart annoncent une industrie avancée et un goût parfois fort délicat, mais toujours original. Ainsi, nous citerons plusieurs tasses et coupes d'or massif, couvertes d'émaux cloisonnés, qui feraient honneur au plus habile artiste. Il en est de même des étoffes, parmi lesquelles nous avons observé, avec un vif intérêt, des pièces de brocart d'une souplesse extraordinaire, d'une grande légèreté, et où l'or et la soie se marient de la façon la plus harmonieuse.

» Les armes paraissent d'une fabrication très soignée, et l'ornementation en est d'un goût exquis. Nous avons admiré surtout un grand kriss à poignée d'or rehaussée de pierreries, destiné au Prince Impérial [1]... »

Antérieurement, en 1856, une ambassade Birmane était venue à Saint-Cloud, apportant aussi de riches présents aux souverains, entre autres, une épée couverte d'une grande quantité de rubis et une large coupe en or. Au nombre des choses précieuses offertes à l'Impératrice, on remarqua un gros saphir d'une rare beauté. Les envoyés, en remettant ces objets, dirent à l'Empereur « qu'ils le priaient de les considérer non pour leur valeur, mais comme des symboles : l'épée étant l'emblème du succès à la guerre, la coupe, celui de la prospérité que leur maître souhaitait à Sa Majesté Impériale ; quant à l'Impératrice, leur maître n'avait d'autre prétention que de mettre sous les yeux de Sa Majesté un échantillon des produits de la Birmanie ».

On peut donc vraisemblablement indiquer l'année 1856 comme date de la première apparition à Paris des rubis et saphirs de Birmanie, et fixer à 1861 celle des rubis de Siam.

Une gravure de l'époque nous montre la réception solennelle des Ambassadeurs annamites par l'Empereur dans la

1. *Moniteur*, 29 juin 1861.

salle du trône du Palais de Tuileries en 1863. Bien que la cérémonie ait eu lieu de jour, l'Impératrice est représentée en toilette décolletée, couverte de joyaux : parure de diamants dans les cheveux, colliers, bracelets, etc. Il en est de même pour les dames d'honneur qui sont, toutes, en parure de soirée.

L'UN DES DEUX NŒUDS D'ÉPAULE,
EXÉCUTÉS EN 1863 PAR BAPST POUR L'IMPÉRATRICE EUGÉNIE.
(Diamants de la Couronne.)
Quatre rangs de longues rivières en esclavage reliaient ces deux nœuds.

L'Impératrice ayant assisté en 1864 à une représentation de *la Biche au Bois*, qui avait alors un très grand succès au théâtre de la Porte Saint-Martin, fut frappée de la parure que portait l'actrice chargée du rôle de la fée, Mlle Delval, croyons-nous, personne d'une plastique admirable, dont la taille était enserrée par une magnifique ceinture, se terminant par un long pagne tout constellé de pierreries retombant par devant jusqu'aux pieds. Ce n'était que de la bijouterie de théâtre, exécutée, avec talent d'ailleurs, par Granger ; néanmoins, l'Impératrice éblouie par cette orgie de pierres qui jetaient mille feux aux lumières de la rampe, voulut immédiatement avoir une parure analogue, mais plus éclatante encore que cette séduisante verroterie, aussi chargeat-elle Bapst de réunir à cet effet et de monter sur le champ tous les diamants de la Couronne qui restaient disponibles. On se mit à l'ouvrage le jour même, car elle voulait être parée de ce nouveau bijou dans une fête qui avait lieu la semaine suivante. On travailla sans relâche afin d'être prêt à l'heure dite. L'objet fut terminé juste à la dernière minute, et le joaillier, se présentant en toute hâte aux Tuileries, arriva au moment où l'Impératrice, déjà prête pour le bal, commençait à s'impatienter de ne pas le voir venir.

L'objet lui plut beaucoup, elle le trouva merveilleux, tout à fait conforme à ce qu'elle désirait. Hélas ! personne n'avait pensé à ceci : que, si Mlle Delval faisait excellent effet en maillot sur la scène, la toilette de soirée pouvait seule convenir à l'Impératrice ; or, au moment de placer sur elle la ceinture étincelante, le poids de la bande verticale antérieure appuyant sur les cerceaux de la crinoline [1] fit naturellement relever la partie postérieure de la jupe assez haut pour laisser apercevoir le bas de la jambe de la souveraine qui, très dépitée, enleva immédiatement la parure, qu'elle ne porta jamais.

1. L'Impératrice Eugénie s'était donné comme modèle idéal la Reine Marie-Antoinette. Elle aimait le style, les objets, les modes du xviiie siècle, et ce sont les *paniers*, ressuscités, qui devinrent des *crinolines*, ainsi appelées parce que tout d'abord elles étaient en crin rigide. Vers 1860, époque où elles furent énormes, il fallut soutenir ces sortes de montgolfières gênantes par de légers cercles d'acier qu'on appela *cage*. Quel contraste avec les robes en fuseau du Premier Empire ! Enfin, après s'être un peu dégonflée vers 1866, la crinoline disparut presque subitement en 1868, et l'on retomba alors dans une autre exagération ; celle des jupes serrées en fourreau. La crinoline, quelques années plus tard, vers 1873-74, fit une réapparition très atténuée et localisée, sous forme de « tournures », que Gavroche baptisait irrévérencieusement « strapontins ».

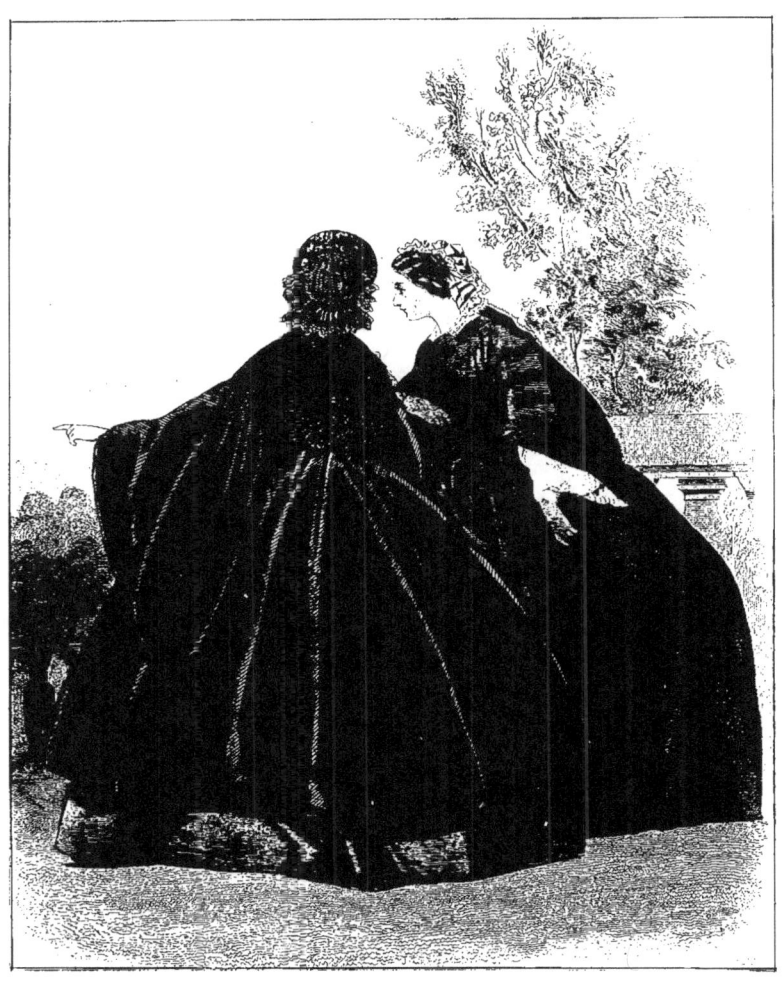

MODES DE 1861.

A la vente des Diamants de la Couronne, on détailla cette ceinture (composée d'ailleurs de pierres médiocres), en adjugeant séparément les maillons qui la composaient. Les méchantes langues prétendent que certains industriels peu scrupuleux renouvelèrent alors le miracle de la multiplication des pains ou des cannes de Voltaire, et en fabriquèrent un grand nombre de semblables, qu'ils continuèrent à vendre pendant longtemps à des Anglais et à des Américains amateurs de reliques authentiques.

L'année qui suivit l'attentat d'Orsini, la France, voulant sauvegarder l'indépendance de l'Italie, déclarait à l'Autriche une guerre qui fut pour nos troupes « libératrices » une suite ininterrompue de succès et d'ovations. Chacune de leurs victoires — Montebello, Palestro, Magenta, Solférino — était célébrée à Paris par de nouvelles réjouissances. Le traité de Villafranca termina cette campagne glorieuse et profitable pour la France. La paix semblait dès lors assurée pour longtemps, amenant pour les arts et l'industrie, encouragés en haut lieu, une période particulièrement florissante.

Tandis que nous poursuivions en Italie les négociations qui devaient nous donner le comté de Nice et la Savoie (1860), des pourparlers d'un autre ordre étaient engagés par la France pour l'acquisition d'une collection justement célèbre et non moins justement convoitée : la collection dont le marquis de Campana, directeur du Mont-de-Piété de Rome, était le possesseur envié. Cet antiquaire éminent, homme d'un goût raffiné, collectionneur passionné, avait à sa solde des agents érudits, vrais limiers à l'affût de toutes les belles trouvailles que l'on faisait dans les fouilles entreprises alors un peu partout en Italie. C'est ainsi qu'il parvint, en quelques années, à constituer une collection véritablement unique, aussi remarquable par le nombre que par la qualité des pièces réunies.

Malheureusement, la passion de Campana pour les objets d'art était telle que, non seulement il y engloutit d'abord toute sa fortune personnelle, mais qu'il se laissa entraîner

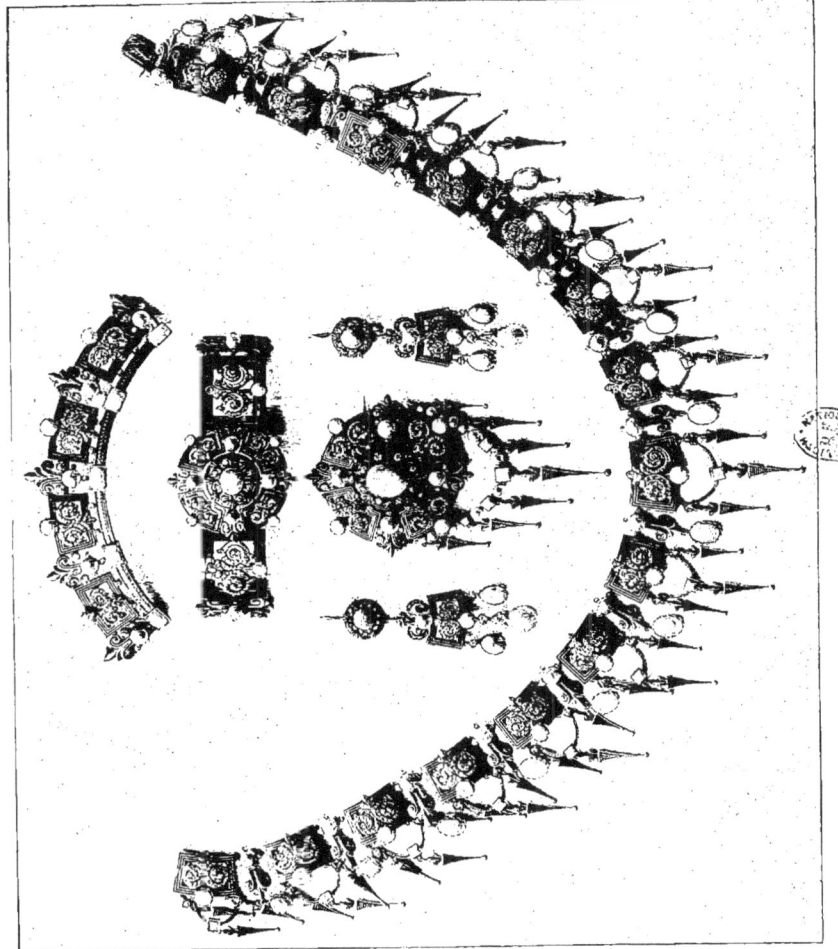

PARURE DE Mme LA COMTESSE DE PARIS.
Turquoises et perles, avec filets d'émail noir, par Bapst (1864).

à prélever, sur les fonds dont il avait l'administration, les sommes nécessaires pour continuer ses achats. La malversation fut découverte et, avant que le marquis ait pu rembourser, sans même qu'on lui laissât le temps de réaliser quelques-unes des merveilles de sa collection qui auraient suffi à combler le déficit, il fut traduit en jugement et condamné, avec beaucoup de sévérité, aux travaux forcés [1]!

La collection Campana se trouva donc à vendre. Malgré le prix fabuleux qui en était naturellement demandé, les compétitions étaient nombreuses et menaçaient de provoquer la dispersion de séries uniques, offrant par leur réunion un intérêt capital, péril qu'il importait de conjurer. Il fallait aussi faire aboutir nos négociations avant celles que la Russie et l'Angleterre avaient entamées pour leurs musées respectifs.

Grâce à l'intervention personnelle de Napoléon III, la collection fut achetée pour son compte, moyennant quatre millions cinq cent mille francs, prix bien inférieur à ce qu'elle avait coûté au malheureux marquis et, bien entendu, à ce qu'elle peut valoir aujourd'hui.

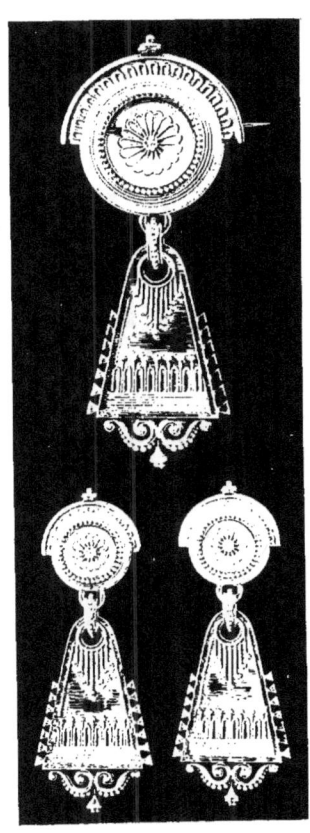

DEMI-PARURE OR
par E. Fontenay.

Elle comprenait plus de dix mille pièces, presque toutes

1. Cette peine fut, paraît-il, commuée en prison.

de premier ordre : poteries, bronzes, vases peints, verres antiques, admirables spécimens de l'art étrusque ; puis des peintures des Écoles Primitives de l'Italie, des majoliques des xv° et xvi° siècles, etc. En un mot, c'était un accroissement extraordinaire de nos richesses réalisé d'un seul coup. La collection spéciale des bijoux antiques se composait, à elle seule, de douze cents pièces d'une valeur artistique inappréciable. Jamais encore on n'avait vu une réunion aussi remarquable comme nombre et comme qualité des spécimens les plus variés de la bijouterie grecque, étrusque et romaine :

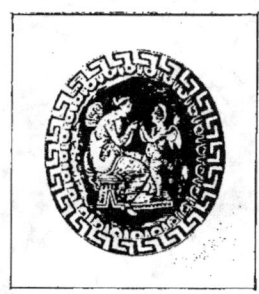

BROCHE ÉMAILLÉE
DE STYLE NÉO-GREC.

diadèmes, colliers, fibules, pendants d'oreilles, bagues, bracelets, ornés de la plus fine ciselure ou de délicats méandres de filigrane. Ces pièces, véritables merveilles de goût, provenaient, pour la plupart, du centre et du midi de l'Italie ; un certain nombre dataient de vingt-quatre siècles et montraient avec quel art admirable et quel goût exquis nos grands ancêtres savaient travailler l'or.

Cette acquisition, adroitement conduite par l'administration des Beaux-Arts, eut un retentissement considérable et universel ; grâce à elle, Paris justifiait de plus en plus son titre de Capitale de l'Art.

Amateurs, artistes et artisans accoururent en foule au Palais de l'Industrie, où la collection fut d'abord exposée en attendant son installation définitive au musée du Louvre, où elle fut inaugurée en 1862 sous le nom de Collection Napoléon III.

L'admiration des connaisseurs et du public fut aussi vive qu'unanime. Ingres s'écria : « Il y a là des choses d'un type tout nouveau qui surprennent ceux qui croyaient connaître l'antiquité[1] ». Il semblait qu'un art inconnu — ou tout au

1. Lettre au Président de l'Académie des Beaux-Arts.

moins très peu connu — venait de se révéler, dont la Décoration, sous toutes ses formes, allait tirer un parti extraordinaire.

De fait, on ne saurait méconnaître l'influence très grande de cette collection sur l'apparition du *néo-grec* qui, vers la fin du Second Empire[1], succéda au mauvais « Renais-

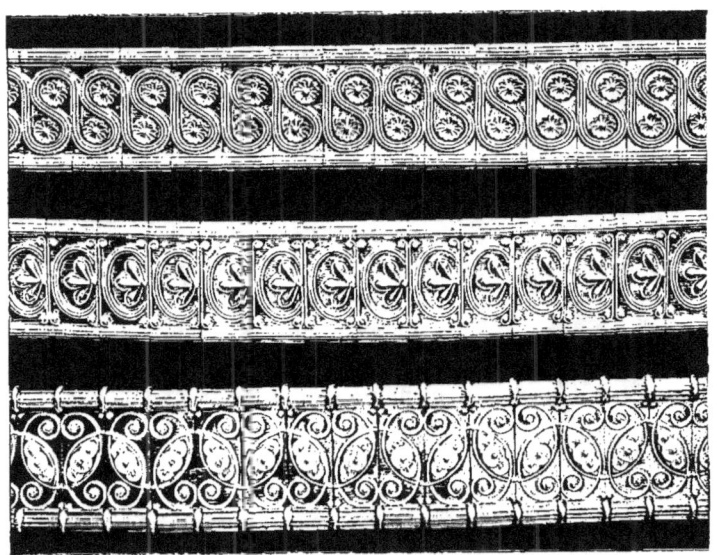

BRACELETS D'OR
par E. Fontenay.

sance » que l'on sait, si éloigné, hélas ! des chefs-d'œuvre de Jean Goujon.

Il est juste de signaler aussi, comme ayant beaucoup contribué à ce retour à l'art grec, les trouvailles faites dans les fouilles qui se poursuivaient sans relâche à Pompéi et qui, dès 1857, avaient inspiré au Prince Napoléon l'idée de

1. L'Opéra de Charles Garnier est un des spécimens les plus complets du néo-grec impérial.

cet hôtel pompéien qu'il fit construire, avenue Montaigne, par l'architecte Normand.

Parmi ceux qui aidèrent le plus à propager cette nouvelle interprétation de l'art grec, il faut citer les dessinateurs industriels Ch. Rossigneux et Th. Reiber, le fondateur de l'*Art pour tous*; Christofle, qui fabriqua dans ses ateliers beaucoup de belles orfèvreries néo-grecques et reproduisit d'une manière parfaite, lors de leur découverte en 1868, les admirables pièces du Trésor de Hildesheim, qui remonte au 1er siècle de notre ère; Barbedienne enfin, qui, avec des collaborateurs comme Constant Sévin, Édouard Lièvre, Levillain, et bien d'autres, exécuta nombre d'œuvres très intéressantes se rattachant à ce style.

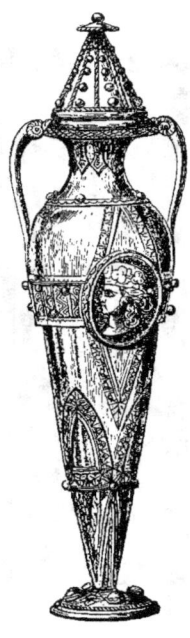

FLACON
par Rudolphi.
(Exposition de 1862.)

La collection Campana eut sur le bijou une influence directe et immédiate, car à peine avait-on pu l'entrevoir en 1861, avant même l'inauguration officielle, que déjà les bijoutiers en subissaient le charme et cherchaient à en tirer parti. Il suffit, pour s'en convaincre, de parcourir le rapport de Fossin sur l'Exposition de Londres, en 1862. Il cite : « Castellani, de Rome, à qui l'on doit la restitution des bijoux grecs, toscans et romains, dans toute leur beauté : simplicité de lignes, admirable finesse de travail, légèreté de silhouette et de poids, harmonie parfaite des couleurs..... Marret et Baugrand : diadème en diamants d'un dessin étrusque pur de lignes, joli de silhouette, léger d'aspect, sans manquer d'une certaine sévérité, et qui peut servir au besoin de collier..... Phillips, de Londres : ses bijoux dans le genre antique, colliers dans le goût toscan, sont de véritables types de grâce..... Chez Mellerio : un charmant collier étrusque, rubis, perles et diamants, alliant à la grâce de la forme la pureté du dessin..... Caillot : sa bijouterie s'est complètement transformée ; ses broches-camées sont d'une exécution irréprochable ; il a fort habilement introduit dans la fabrication courante les formes grecques et étrusques. »

Mais les deux maîtres en ce genre furent, sans contredit, Castellani, d'abord, en Italie ; un peu plus tard, Fontenay en France. Tous deux fortement épris de ces formes nouvelles d'une grâce charmante, de cet or vierge au ton chaud,

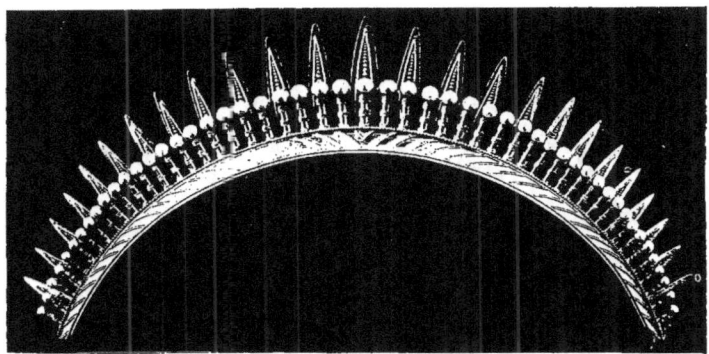

DIADÈME NÉO-GREC
par E. Fontenay.

si séduisant pour l'œil d'un bijoutier, se passionnèrent pour ces œuvres d'une habileté d'exécution telle, qu'elle semblait un défi jeté par les Anciens à nos ouvriers modernes, munis cependant d'un outillage perfectionné. Le secret de cette fabrication était perdu depuis longtemps, puisque Benvenuto Cellini lui-même, rarement modeste cependant, raconte dans ses mémoires que, malgré tout son talent et son adresse, il dut déclarer au pape Clément VIII qu'il était impossible de vouloir égaler l'art des Étrusques dans le travail des métaux, car « entreprendre de rivaliser avec eux, disait-il, serait le sûr moyen de nous montrer de maladroits copistes ».

Les Castellani, que nous venons de citer, appartenaient à une famille de très modestes bijoutiers romains dont, dès 1815, on peut constater l'existence. Ce fut Fortunato Pio Castellani qui ressuscita ce bijou étrusque en or très léger, à filigranes, lequel, après avoir fait la fortune de son auteur et de ses descendants, constitua depuis une sorte de monopole, et devint presque un produit national pour l'Italie, supplantant le bijou français, jusqu'alors presque seul en faveur dans la Péninsule qui nous en faisait annuellement des achats considérables.

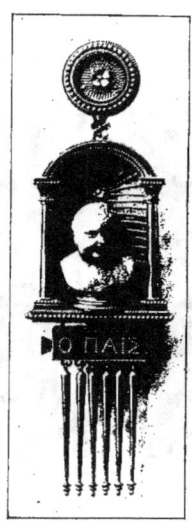

PENDANT D'OREILLE
GENRE ÉTRUSQUE
AVEC BUSTE EN LAPIS
par E. Fontenay.

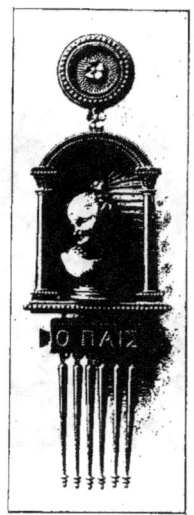

PENDANT D'OREILLE
GENRE ÉTRUSQUE
AVEC BUSTE EN LAPIS
par E. Fontenay.

Castellani ne devait pas seulement sa grande réputation à sa parfaite intelligence de l'art antique, ni à l'habileté avec laquelle il en imitait les œuvres ; il était aussi un archéologue érudit, un collectionneur avisé et un dessinateur remarquable. Il connaissait les merveilles recueillies par Campana avant même que leur réunion fût complète[1] ; amoureux des bijoux étrusques, dont il possédait lui-même des spécimens importants, il en avait étudié avec soin la fabrication qu'il voulait faire revivre, et recherchait aussi, pour les analyser, les bijoux de fabrication locale que se transmettaient de mère en fille les belles

---

1. Un de ses fils, Guglielmo, aida aux négociations d'achat entre le gouvernement pontifical et les représentants de Napoléon III.

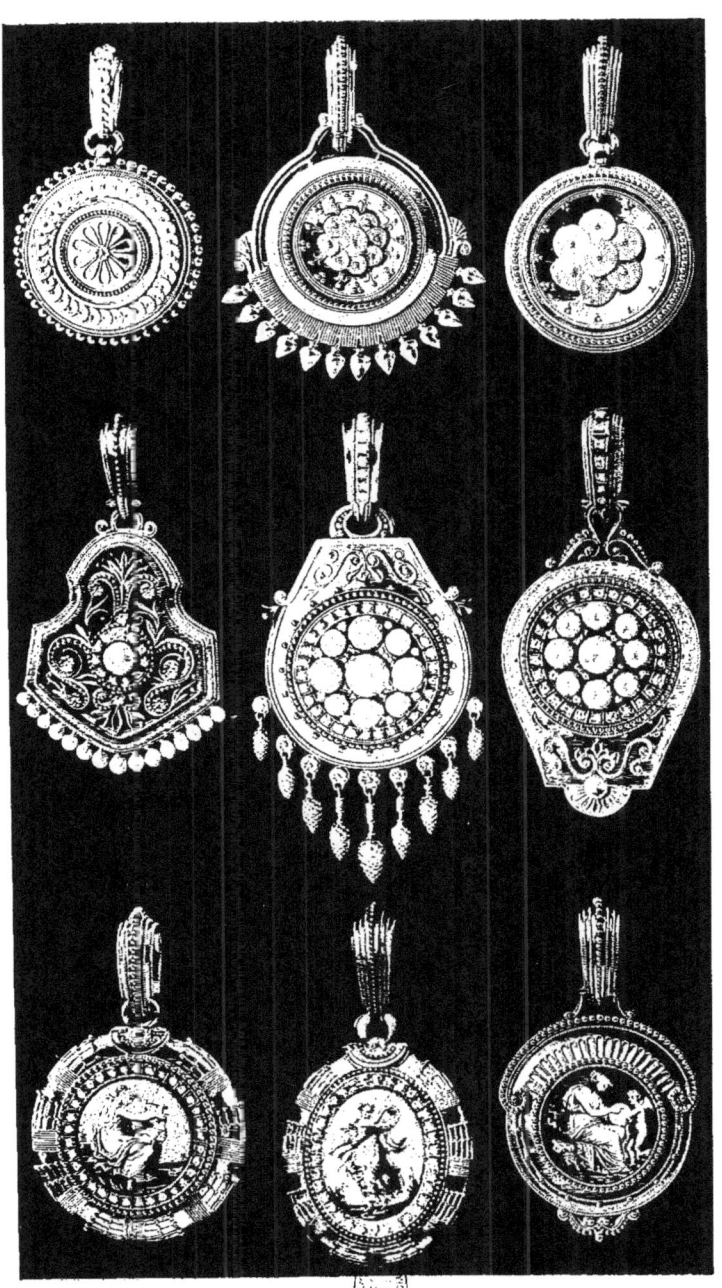

MÉDAILLONS GENRE ÉTRUSQUE
par E. Fontenay.

paysannes des provinces[1]. Ce qui l'amena à retrouver dans certaines régions des Apennins, chez de pauvres bijoutiers campagnards, la tradition de quelques pratiques, dont l'origine pouvait remonter aux artisans de l'antique Étrurie. Avec une patience persévérante, il éduqua des ouvriers, soigneusement choisis parmi les plus habiles, les initia aux délicatesses d'une exécution sans rivale et d'une perfection déconcertante, formant leur main et leur goût aux raffinements d'un travail méticuleux.

C'est ainsi que Castellani parvint à des résultats que personne n'avait obtenus jusqu'à lui et parvint, le premier, à reproduire fidèlement les bijoux antiques. Ce genre, qu'il a ressuscité si l'on peut dire, a gardé longtemps son nom et a pris, depuis, une extension considérable dans toute l'Italie. Il ne se fabrique en quelque sorte plus d'autre bijou, que ce soit à Rome, à Naples, à Florence, à Venise ou à Milan. Malheureusement, les Italiens, au cours de leurs reproductions successives des œuvres du passé, les ont déformées ; ils en ont conservé le procédé, mais en ont perdu l'esprit, et ils n'arrivent à faire que de l'étrusque défiguré, que Castellani ne reconnaîtrait plus aujourd'hui.

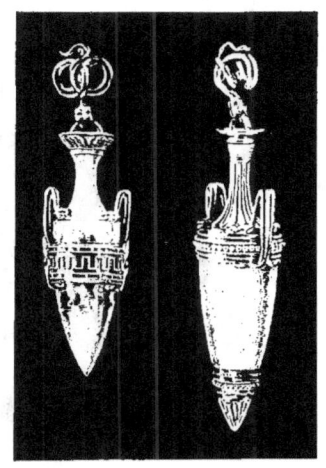

PENDANTS D'OREILLES AMPHORES
JADE ET OR
par E. Fontenay.

Fortunato Pio Castellani avait eu des commencements difficiles ; cependant, dès sa jeunesse, l'idée de faire quelque chose de grand le tourmentait, mais son désir ne pouvait se

---

[1]. Castellani se fit une spécialité de ces bijoux campagnards, anciens ou modernes, qu'il recueillait avec soin. Il en composa des collections qu'il vendit à presque tous les musées d'Europe.

réaliser, faute de capitaux. Le hasard le mit en rapports avec un riche négociant qui revenait de Chine après fortune faite et qui, appréciant l'intelligence et les idées commerciales du jeune homme, devint son commanditaire et lui fournit les moyens de réaliser ses projets. La maison de Castellani prit ainsi un développement rapide et considérable et sa renommée devint universelle. Ses trois fils, Alexandre, Auguste et Guglielmo furent ses collaborateurs dévoués ; il

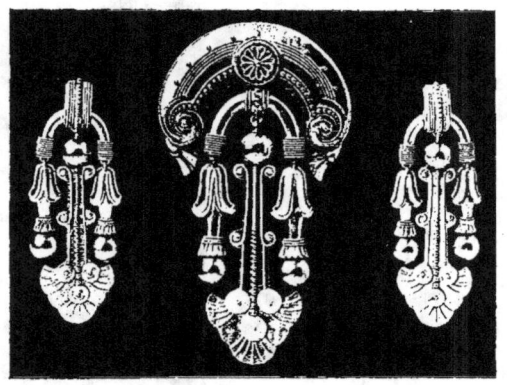

DEMI-PARURE GENRE ÉTRUSQUE
par E. Fontenay.

leur céda sa fabrique qui continua à prospérer sous leur direction.

Castellani avait envoyé à l'Exposition de Londres, en 1862, des bijoux romains qui furent très remarqués. Après la guerre d'Italie, on lui commanda deux épées d'or enrichies de pierreries, l'une pour Napoléon III et l'autre pour Victor-Emmanuel. Celle-ci se trouve actuellement, croyons-nous, à la Superga, près de Turin.

Obligé pour des raisons politiques de quitter pendant quelque temps son pays, Alexandre Castellani vint à Paris [1],

[1]. C'est Alexandre Castellani, dont les connaissances artistiques étaient très étendues, qui fut attaché à Londres au British Museum en qualité d'antiquaire.

où il était connu et apprécié. Il y reçut le meilleur accueil et, pendant son séjour, fit profiter nos compatriotes de ses connaissances techniques.

Au même moment, Fontenay, absolument enthousiasmé par les chefs-d'œuvre de la collection Campana, venait à son tour d'être mordu par le désir de les égaler et s'était mis résolument au travail. Il demeurait confondu d'admiration en présence de ces œuvres d'une technique aussi parfaite,

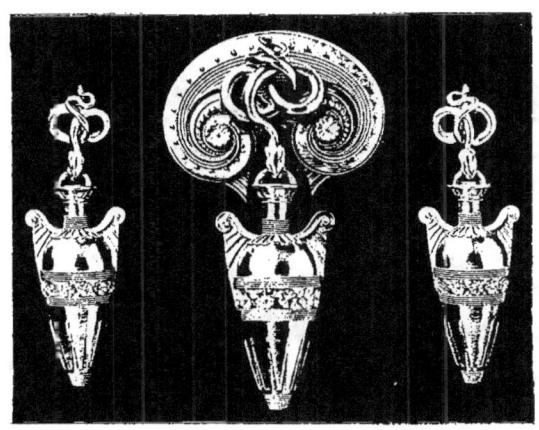

DEMI-PARURE AMPHORES
par E. Fontenay.

devant ces filigranes délicats, ces granulations microscopiques, mille fois plus fines que le *graineti* le plus minuscule, poussière d'or impalpable et composée cependant de petits corps sphériques, homogènes et réguliers. Grâce à une volonté tenace et à une étude approfondie des trésors réunis, non seulement au Louvre, mais dans les principales collections de l'Europe, il parvint lui aussi à analyser et à surprendre les procédés des anciens et dès lors il put produire à son tour des bijoux charmants, qui rappelaient ceux de la plus belle époque de l'art grec. Les parures des héros et des dieux chantés par Homère, celles des beautés de Mycènes, de Chypre et de Tyr ressuscitèrent sous ses doigts pour parer les Parisiennes « Second Empire ». Hâtons-nous d'ajouter que c'est avec une grande liberté, une science et une habileté remarquables, qu'il reconstitua cet art considéré comme perdu. Ne se contentant pas d'être seulement un copiste habile, il sut montrer par des compositions neuves et ingénieuses, d'un excellent style et d'un goût très sûr, qu'il était un inventeur original, un créateur véritable. Sa fabrication était plus parfaite encore et beaucoup moins commerciale que celle de Castellani, qui inonda le monde entier de ses bijoux indéfiniment reproduits, toujours d'un beau caractère sans doute, mais dans lesquels l'or était trop mince et l'exécution un peu sommaire.

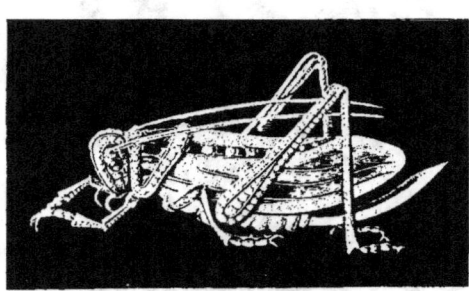

SAUTERELLE EN JOAILLERIE ET JADE
par E. Fontenay (1860).

Fontenay, au contraire, évitait toute imitation servile; il avait au plus haut point la fierté de sa profession et ne ménageait ni son talent, ni ses soins, encore moins le poids ou le titre de l'or, pour amener à une perfection absolue ses bijoux que se disputait la clientèle choisie des amateurs d'œuvres vraiment belles, solides et durables.

D'ailleurs, Fontenay fut une des personnalités les plus importantes de la bijouterie; à côté de Castellani il a créé un genre qui gardera aussi son nom et que, depuis, personne n'a su refaire. C'est un artiste véritable qui a fait époque et qui mérite de retenir quelques instants notre attention.

Eugène Fontenay (1823-1887), fils[1] et petit-fils de bijou-

1. Nous trouvons dans l'*Azur* de 1833 : « Fontenay jeune (Prosper), rue

tiers, naquit à Paris le 19 mai 1823. Ses parents, désireux de lui voir embrasser une carrière libérale, l'engagèrent d'abord dans la voie des fortes études; mais le goût très vif pour le dessin qu'il avait montré depuis son enfance et qui était devenu une véritable passion, le milieu dans lequel il était né et avait été élevé, firent que le jeune Fontenay déclara un jour très catégoriquement qu'il voulait être bijoutier et qu'il le serait. Cette vocation si nettement exprimée, les aptitudes exceptionnelles qu'ils reconnaissaient dans leur fils, décidèrent les parents à le mettre en apprentissage dans un des meilleurs ateliers d'alors, chez Marchand aîné, réputé, comme nous l'avons vu, pour son esprit inventif et sa bonne fabrication.

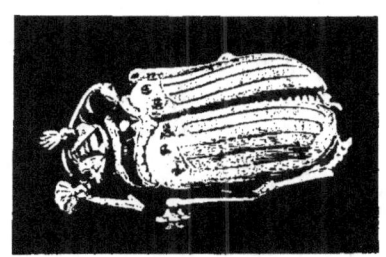

COLÉOPTÈRE EN JADE
par E. Fontenay (1860).

Fontenay en sortit sachant tout ce qu'un jeune homme intelligent et adroit peut apprendre; puis, pour se perfectionner encore, il entra comme ouvrier chez Dutreih, alors justement réputé pour la bijouterie soignée. Fontenay, qui en faisait grand cas, parle de lui avec éloge dans son ouvrage sur les bijoux : « L'homme, dit-il, qui, tant par l'ensemble de ses qualités que par sa manière d'entendre le

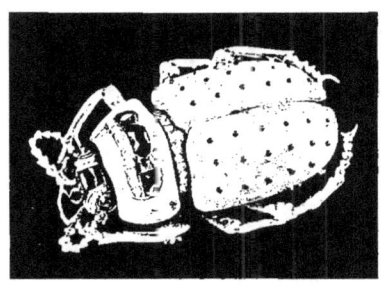

SCARABÉE EN JADE
par E. Fontenay (1860).

du Caire, 32; fabriquant la chaîne de fantaisie, le jaseron, le bijou à grains et la parure. »

travail et de l'exécuter, approcha le plus des artistes de la Renaissance, fut Dutreih. Ses bijoux étaient fins, délicats, originaux. Peu préoccupé de reproduire les styles des anciens, ce qui lui créait avec ceux-ci un nouveau point de ressemblance, il tirait de son propre cerveau des idées qui lui étaient personnelles. C'était un créateur et tout ce qu'il a fait est digne de prendre rang à côté des choses les plus parfaites du xvie siècle. Malheureusement les documents qui pourraient servir à reconstituer son œuvre ont été dispersés comme les dessins de Marchand. Ainsi que les artistes auxquels je le compare, il n'employa que les ors fins, parce qu'il en appréciait l'éclat inaltérable et aussi parce qu'il savait que la beauté des émaux refuse à se manifester sur l'alliage ordinaire. »

Après être resté quelque temps chez Dutreih, Fontenay s'établit, en 1847, rue Favart, 2, et dès lors mit à profit pour son propre compte ses connaissances techniques, son habileté pour le dessin et son goût parfait, se créant une clientèle qui appréciait beaucoup ses ouvrages de fine bijouterie et de joaillerie et qui lui resta toujours fidèle.

Sa compétence professionnelle faisait autorité dans son atelier, dont il s'occupait d'ailleurs beaucoup, car il ne manquait pas d'examiner plusieurs fois par jour le travail de chacun. Un vieil ouvrier de sa maison nous a raconté l'anecdote suivante : Comme Fontenay faisait observer à un de ses « artistes » bijoutiers qu'une pièce qu'il venait de terminer était manquée et ne serait acceptable qu'à la condition d'être refaite entièrement et différemment, l'ouvrier fut d'avis contraire, affirmant, en outre, qu'il était matériellement impossible de recommencer et de finir une telle pièce pour le lendemain matin, dernier délai de livraison ; aussitôt, Fontenay lui donna congé pour toute la journée, et se mit lui-même à la cheville, travaillant sans relâche, nuit comprise. Le lendemain, l'ouvrier trouva sur l'établi, devant sa place, côte à côte, la pièce ratée et la pièce refaite, réussie cette fois, et prête à être livrée au client.

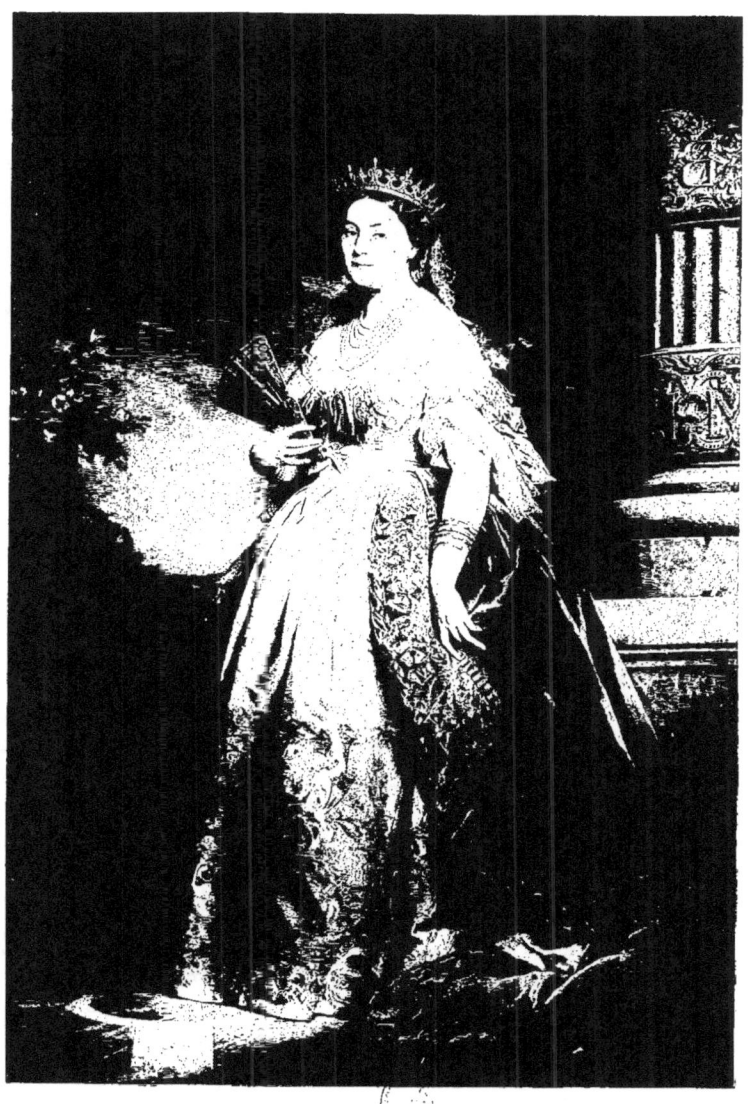

Cliché Braun, Clément et Cie.

S. A. I. Mme LA PRINCESSE MATHILDE
par Édouard Dubufe (1861).
(Musée de Versailles.)
Diadème perles et brillants, collier de perles, bracelets.

A partir de ce jour, ses indications et ses conseils furent suivis sans la moindre hésitation par tout son atelier.

Dès 1855, Fontenay avait composé un diadème de joaillerie qui s'écartait hardiment des modèles accoutumés. C'était une branche de roncier sauvage garnie de ses fruits

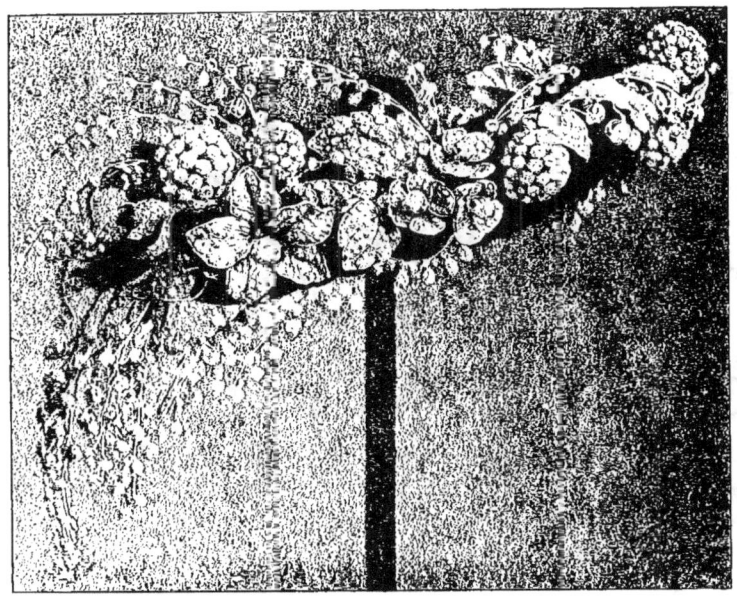

COIFFURE DE JOAILLERIE : RONCIER SAUVAGE (PROFIL)
par E. Fontenay (1855).

et de ses fleurs, dont le dessin témoignait d'une grande observation de la nature, et qui fut exécutée dans son atelier avec une légèreté et un goût bien rares à cette époque. C'est vraisemblablement un des derniers spécimens d'un genre de parure dont nous avons déjà parlé et qui fut très en vogue sous le règne de Louis-Philippe ; mais celui-ci, bien que conservant la disposition générale consacrée par la mode, de deux bouquets symétriques, était compris d'une façon toute nouvelle en ce qui concerne l'interprétation des rubans et surtout des fleurs. L'exécution en était d'une délicatesse extrême. Certaines parties étaient en platine. Nous avons eu la bonne fortune d'en retrouver une très ancienne photographie, faite au moment de l'Exposition de 1855, où cette coiffure de joaillerie figura, ce qui nous permet de la reproduire ici ; nous avons aussi découvert le dessin d'un éventail que

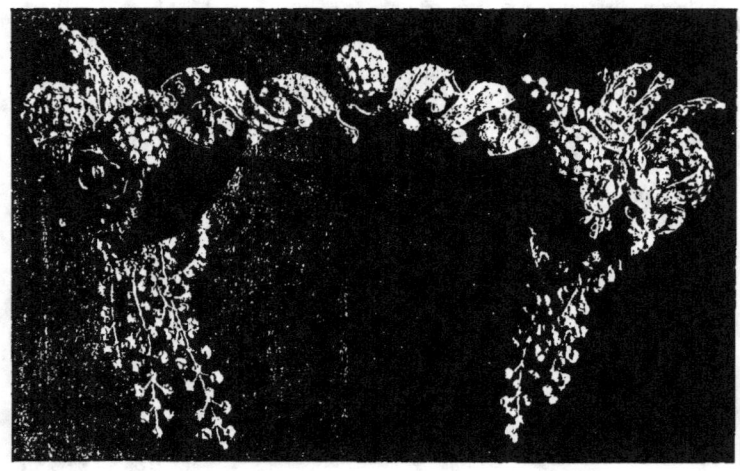

COIFFURE DE JOAILLERIE : RONCIER SAUVAGE (FACE)
par E. Fontenay (1855).

Fontenay exécuta en 1852 et dont il parle longuement dans *les Bijoux anciens et modernes*. Selon lui, c'est en émaillant cette pièce que Lefournier aurait ressuscité l'émail translucide « en manière de voirrières » dont la tradition semblait perdue et qui a donné lieu à tant de controverses.

Après avoir fait l'éloge de Lefournier, « le seul homme d'alors qui sut manier l'émail » et qui, en effet, émaillait avec beaucoup de talent les belles orfèvreries de Morel, de Duron et de Froment-Meurice, Fontenay ajoute : « Lefournier retrouvait patiemment, un à un, tous les secrets perdus

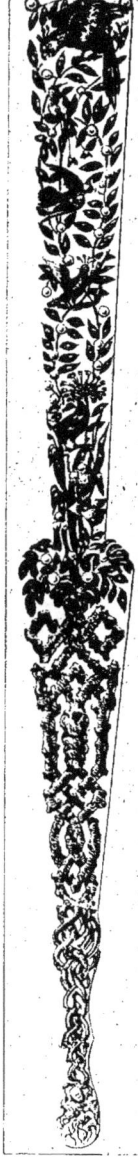

des artistes du xvie et du xviie siècle ; il travaillait seul et faisait des chefs-d'œuvre. C'est à lui qu'il fallait avoir recours pour décorer d'armoiries éclatantes jouant sur paillon, soit un crochet de ceinture, soit une montre. »

Quant à l'éventail que nous reproduisons ici, voici ce qu'en dit son auteur : « Ce panache, destiné à servir de monture à une feuille peinte par le Comte de Paris, alors tout jeune homme, pour une princesse de Portugal du nom de Doña Maria[1], représentait, dans toute sa hauteur, la façade d'un château dont les pierres de construction étaient figurées par des diamants plats à table. Une sentinelle, armée de sa pertuisane, en gardait la porte; un fou, logé tout en haut, dans une barbacane, sonnait de la trompe et, au centre, à la fenêtre, une belle princesse, accotée sur la tapisserie du balcon décorée d'un M, paraissait y attendre le retour des cavaliers que le peintre de la feuille avait figurés dans sa composition, et dont le veilleur placé au sommet du panache

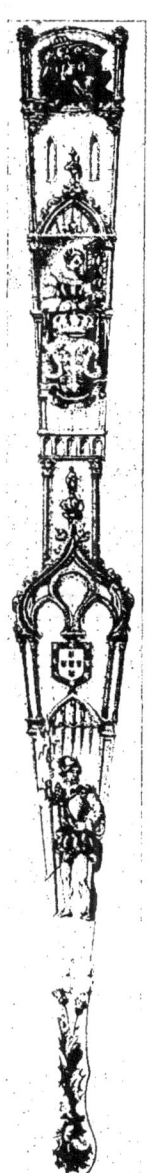

[1]. Cette princesse n'était autre que la Reine de Portugal.

ÉVENTAIL EXÉCUTÉ EN 1852.
Composition d'Eugène Fontenay, émaux de Lefournier. — Hauteur : 0ᵐ29.

semblait annoncer l'arrivée. Derrière la princesse, j'avais figuré, dans mon projet, une fenêtre à vitraux peints, sans savoir, d'ailleurs, comment je m'en tirerais à l'exécution. *Audaces fortuna juvat*. Fortuna, ce fut l'émailleur Lefournier qui n'hésita pas à entreprendre ce travail, et me livra, après quelques jours, une fort jolie petite fenêtre à vitraux de trois ou quatre couleurs, dont je lui avais préparé la carcasse en

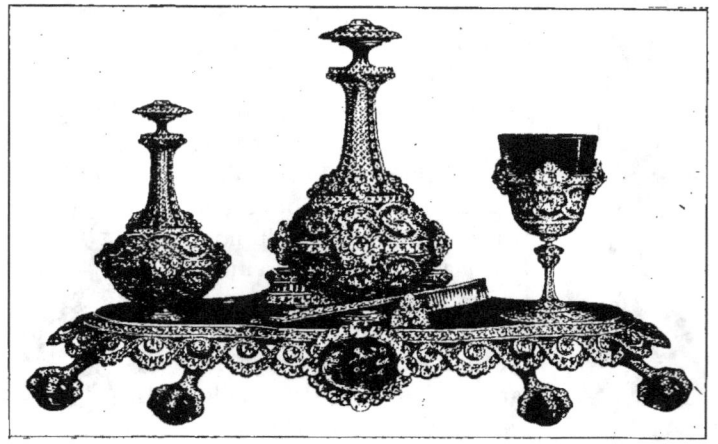

TOILETTE DE BOUCHE
par E. Fontenay (1861).
Tout en brillants sur cristaux rouges.
Des deux côtés, au centre des enlacements du plateau, le nom de Saïd-Pacha
en caractères orientaux, incrusté en diamants sur émeraudes.
Ensemble se composant de six pièces : le plateau, la carafe, le flacon, la boîte à poudre,
la brosse et son support. (Larg., 0ᵐ 47 ; haut., 0ᵐ 30.)

or repercé, ressuscitant ainsi, du premier coup et sur ma simple demande, le fameux émail *à fenestrage* qui, d'après M. Darcel, était excessivement rare, même du temps de Cellini. »

Sans vouloir amoindrir le mérite de Lefournier ni contredire l'assertion de Fontenay, on peut indiquer que la même idée et la même réussite ont pu se rencontrer chez d'autres émailleurs à peu près à la même époque. M. Massin se rappelle avec la plus grande certitude, sans toutefois pouvoir préciser la date, que l'on racontait couramment, dans les ateliers d'alors, que l'émail translucide avait été retrouvé accidentellement par Briet, rue Montorgueil, émailleur comme son père. Briet avait à émailler une rosace à cloisons rapportées sur un fond de montre ou de médaillon. Il procéda comme d'habitude à son travail, mais, lorsqu'il voulut le retirer du four, en le saisissant à l'aide d'une petite pince par le bord des cloisons, celles-ci, mal soudées, se séparèrent du fond, et Briet fut tout surpris de voir son émail rester adhérent aux cloisons et non au fond, et former

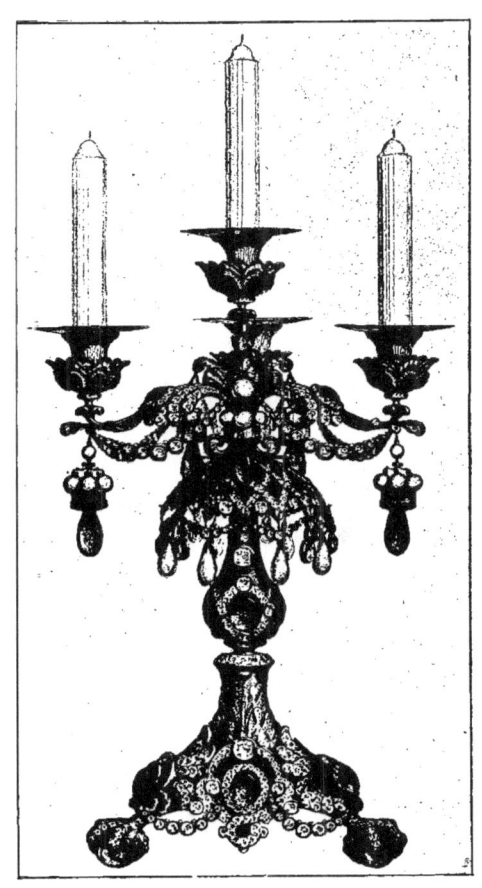

CANDÉLABRE EN OR MASSIF,
DIAMANTS ÉMERAUDES, RUBIS ET PERLES
par E. Fontenay (1861),
Hauteur : 0ᵐ 40   largeur : 0ᵐ 27.

comme un vitrail multicolore et translucide. Le hasard venait de le servir à souhait.

Riffault, son ami, à qui il avait parlé de sa découverte fortuite, l'étudia, renouvela l'expérience et parvint à faire à volonté ce genre d'émail pour lequel, paraît-il, il crut même pouvoir rendre un brevet par la suite. Toujours est-il qu'à partir de 1864 Riffault exécuta un grand nombre d'émaux de ce genre pour Boucheron qui en eut le monopole pendant un certain temps. Mais son exemple fut bientôt suivi, et aujourd'hui il n'est pas d'émailleur qui ne fasse couramment ces émaux translucides.

De 1860 à 1867, Fontenay exécuta de très grands travaux de joaillerie d'or pour l'Orient et l'Extrême-Orient. Il fit pour le Roi de Siam plusieurs pièces d'une importance exceptionnelle, en particulier un harnachement complet : mors, selle, bride, étriers, cravache, etc., le tout étincelant de pierreries d'une grosseur extraordinaire; puis, pour le même pays et pour l'Inde, des quantités innombrables de boîtes à bétel très riches, des pipes, des chasse-mouches, des armes de toute sorte : fusils, revolvers, sabres, couverts de diamants énormes, d'émeraudes, de perles, de rubis, d'émail, etc. Le Shah de Perse lui donna même à monter très richement un souvenir de famille peu banal, la lame du sabre qui avait servi à trancher la tête de son père! Ces cimeterres n'étaient pas seulement des armes de parade destinées à éblouir la multitude, mais, solidement établis et bien en main, ils auraient pu servir à la guerre.

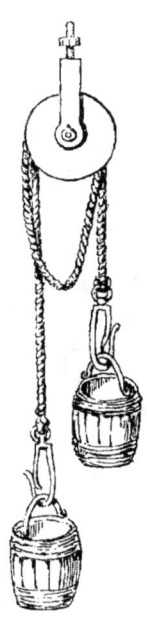

PENDANT D'OREILLE
SCEAUX DE PUITS
par E. Fontenay.

Les fournitures que Fontenay exécuta pour Saïd Pacha, vice-roi d'Égypte, dépassaient tout ce que l'imagination la plus extravagante pouvait rêver. Ce furent successivement

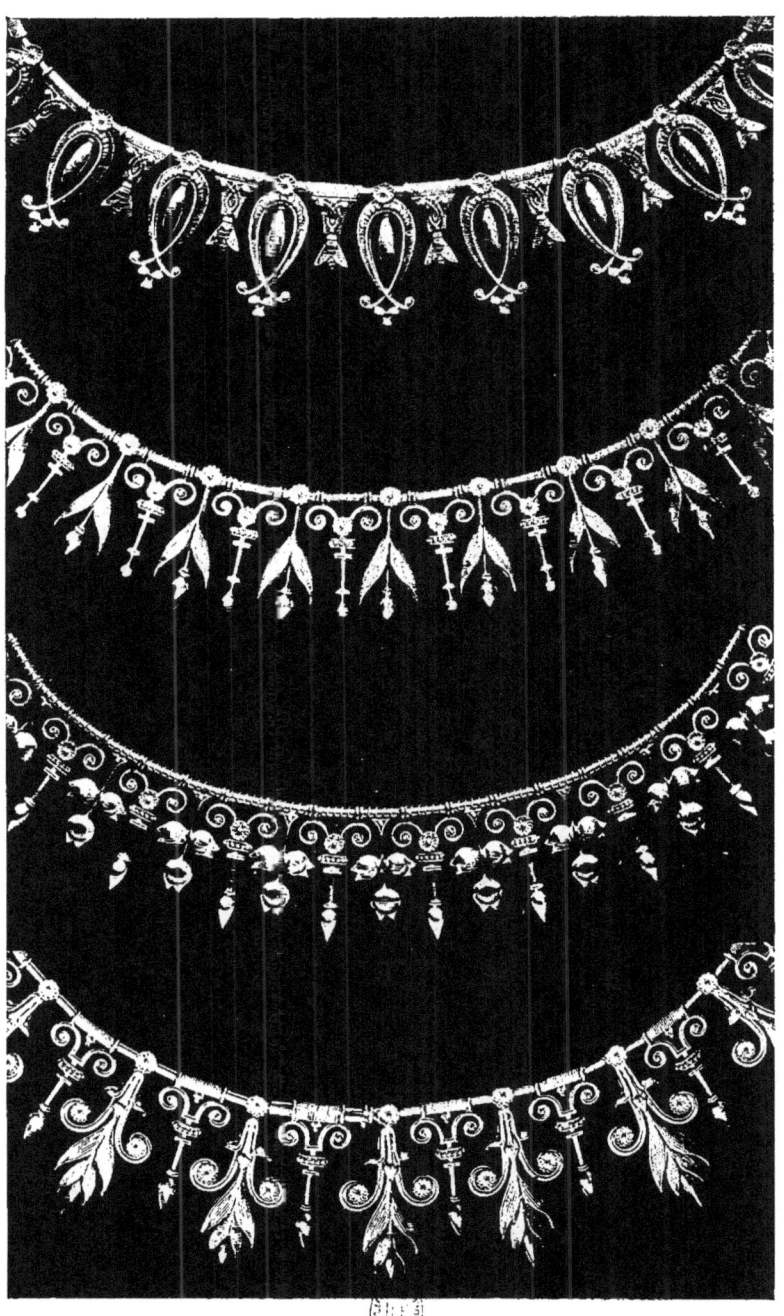

COLLIERS D'OR
par E. Fontenay.

des pendules, des écritoires, des baromètres, des surtouts de table féériques et jusqu'à des lampes Carcel avec leur pied et leur globe, tous objets d'une richesse inouïe, non seulement par l'or dont ils étaient faits, mais par les pierreries dont ils étaient revêtus. Fontenay a cité lui-même comme un de ses plus extraordinaires travaux un service de table

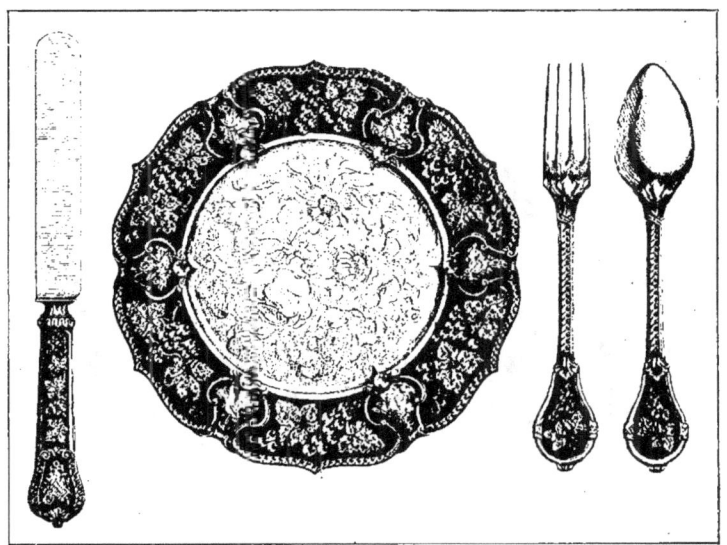

ASSIETTE ET COUVERT EN OR MASSIF
par E. Fontenay (1858 et 1863).
Bouquets de vigne en brillants sur fond d'émail gros bleu.

qu'il détaille ainsi : « Ce service, composé de quarante-deux couverts en or et émaux couverts de brillants, dont chacun avait une valeur de soixante mille francs, était complété par un grand compotier occupant le centre d'un ensemble où figuraient deux candélabres à six branches, ornés de brillants, de perles, de rubis et d'émeraudes d'une grosseur démesurée et valant neuf cent mille francs chacun, et six vasques à fruits représentant de grandes feuilles naturelles de palmiers, de marronniers, etc. En outre de ces objets, il a été fabriqué des aiguières et des bassins à laver, des plateaux à rafraîchir, des plateaux de toilette. Une de ces dernières pièces était à elle seule estimée un million et demi de francs [1]. »

C'est à l'occasion de son voyage à Paris en 1863 que Saïd-Pacha fit cette commande : logé aux Tuileries, il y reçut à dîner l'Empereur et l'Impératrice, et leur fit, à cette occasion, les honneurs de ce splendide service.

DIADÈME DE L'IMPÉRATRICE EUGÉNIE : BRILLANTS ET ÉMERAUDES.
Exécuté par F. Fontenay en 1858.

Ces plats, ces tasses, cette vaisselle, ces couverts en or massif sertis de pierreries, n'étaient peut-être pas d'un usage très pratique, et l'on se rend trop bien compte de l'effet des sauces sur de semblables joailleries, mais une telle somptuosité était digne d'un monarque oriental, et Fontenay pouvait être aussi satisfait comme commerçant d'avoir eu à fournir une commande de cette importance, que fier comme artiste de la façon dont il avait résolu les difficultés de son exécution [2].

1. *Diamants et pierres précieuses.* Paris, Rothschild, éditeur, 1881.
2. Fontenay a représenté dans une série de gravures à l'eau-forte, qu'il exécuta lui-même avec beaucoup d'habileté, les principales pièces de ce service.

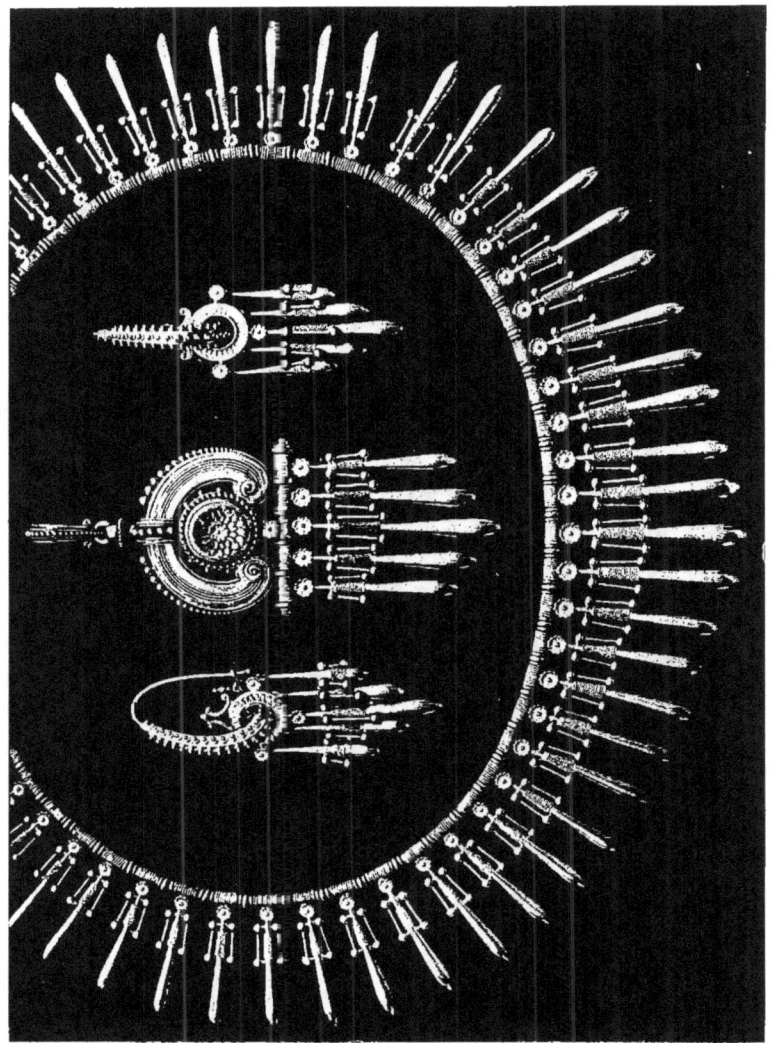

COLLIER ET DEMI-PARURE
par E. Fontenay.

Ce fut Joseph Halphen, marchand de pierres parisien, qui avait en mains la clientèle de tout l'Orient, qui fournit les innombrables pierreries et perles nécessaires à toutes ces merveilles dignes d'un conte des *Mille et une Nuits*. Ayant déjà réalisé un beau bénéfice en les vendant, il sut s'en pro-

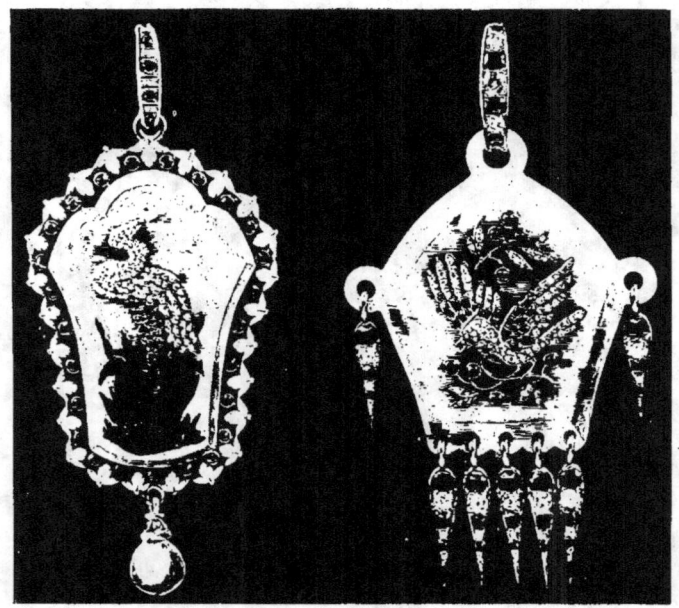

PENDANTS DE COU A FOND DE JADE (1860).
Ce jade provenait du Palais d'Été et c'est la première fois que cette pierre très dure fut travaillée en France.

curer un second en les rachetant presque toutes, quand, par suite de la crise égyptienne, le gouvernement khédivial se vit obligé de réaliser son Trésor. Malgré la très grosse fortune ainsi acquise au cours d'une longue et brillante carrière, Halphen, sur la fin de sa vie, connut aussi les revers; les vastes et malheureuses spéculations qu'il entreprit sur les denrées coloniales, principalement les cafés, lui firent perdre, dit-on, de 18 à 20 millions, et amenèrent sa déconfiture.

Les différentes reproductions d'œuvres de Fontenay, qui accompagnent cette étude, montreront la souplesse du talent

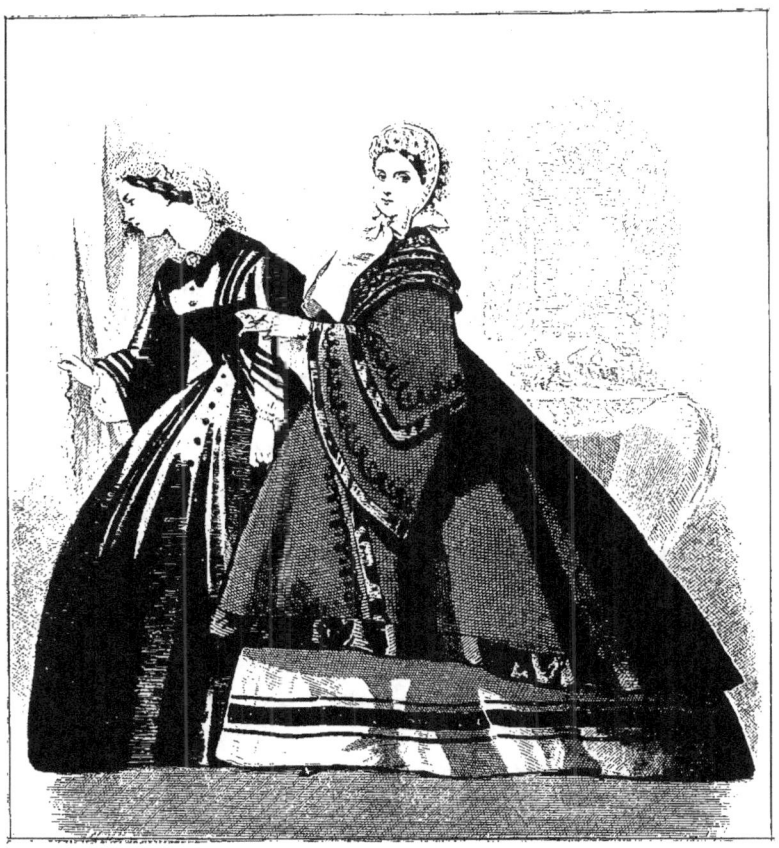

MODES DE 1861, PAR COMPTE-CALIX.

et l'érudition de l'artiste. On y remarquera plusieurs bijoux faits avec des morceaux de jade « vert émeraude », rapportés de Pékin après la prise de cette ville par le général Cousin-Montauban, Comte de Palikao. A la suite de l'expédition de

Chine, en 1860, on monta ainsi un certain nombre de bijoux avec du jade provenant du Palais d'Été, et ce fut la première fois, croyons-nous, que des morceaux de cette pierre très dure furent taillés à Paris.

Fontenay produisit un très grand nombre de joyaux qui eurent un succès mérité ; en particulier un important diadème à fleurons de diamants, sur lesquels pouvaient se placer à volonté des perles-pendeloques ou des émeraudes ; ce diadème fut exécuté en 1858 pour l'Impératrice, qui aimait à le porter souvent.

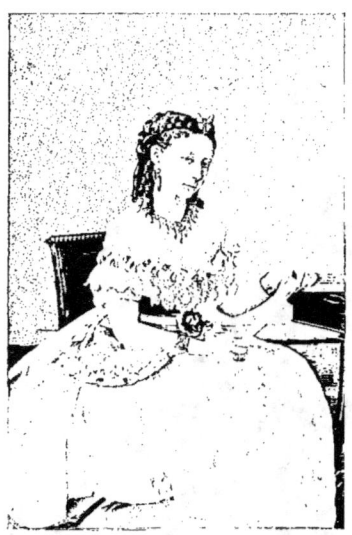

LA PRINCESSE LOUISE DE HESSE.
Collier et boucles d'oreilles « amphores » ;
bracelet à boutonnière ; bagues ;
papillon de joaillerie dans les cheveux.

Nous avons vu plus haut que, vers la fin du Second Empire, le bijou genre Campana eut un succès prodigieux ; cette vogue se continua triomphalement à Paris pendant de longues années[1] ; grâce à Fontenay qui, lui, savait renouveler et rajeunir ses modèles, non seulement dans leurs formes et leur décor, mais en les ornant de perles, de lapis-lazuli, de corail rose, de matières précieuses diverses, dont la couleur s'harmonisait parfaitement avec ce beau ton d'or mat qu'il affectionnait. Il introduisit même dans ses bijoux de charmants émaux mats et doux comme une fresque pompéienne[2], représentant des sujets

---

1. A l'Exposition universelle de 1876, à Paris, où il exposait pour la première fois sous son nom, Fontenay obtint une médaille d'or pour ses bijoux Campana.
2. Ces émaux étaient peints par Richet, élève de Couture.

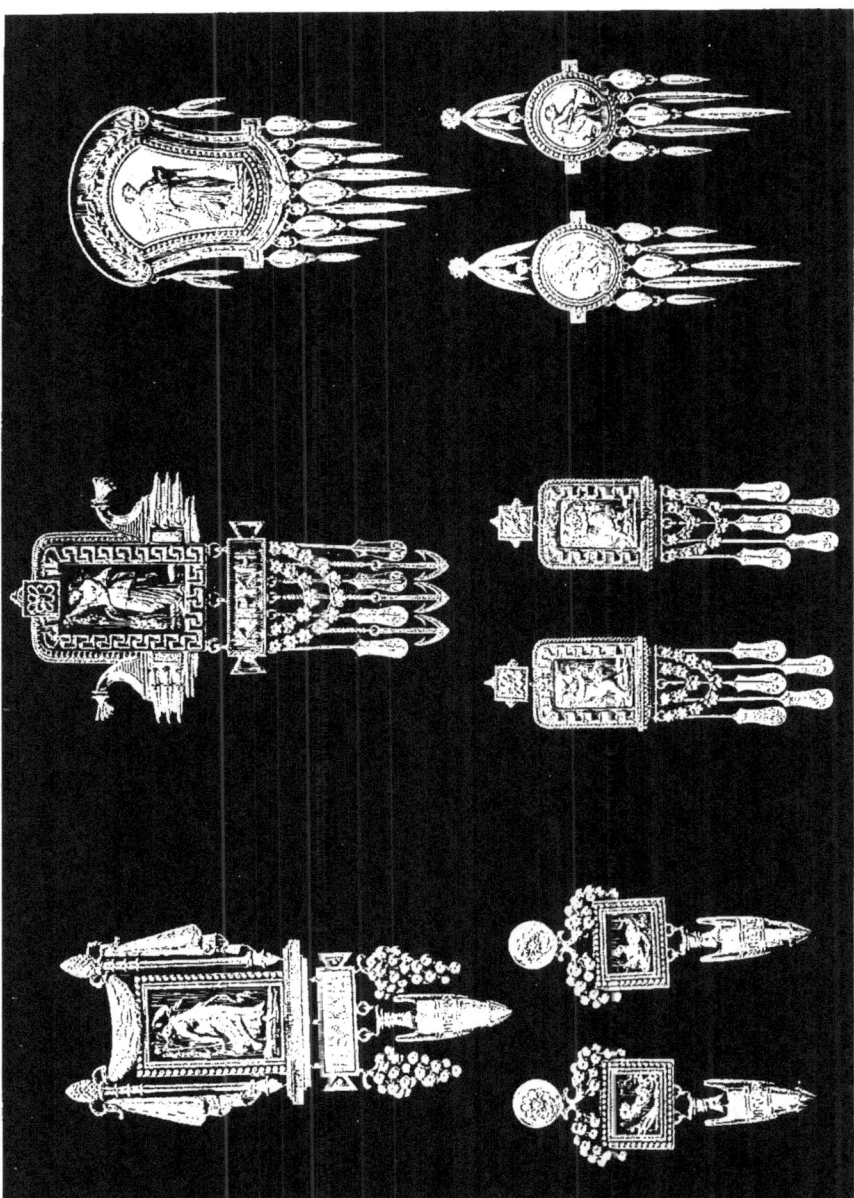

DEMI-PARURES OR ET ÉMAUX MATS GENRE ANTIQUE par E. Fontenay.

empruntés à la mythologie grecque, et qu'il savait accompagner d'emblèmes appropriés. Éros, Aphrodite, Phœbé, Artémis, Chloé, Atalante, Omphale avec un décor de massues, Pénélope avec un décor de quenouilles ciselées, et vingt autres modèles qui eurent beaucoup de succès. Il exécuta dans ce genre des colliers, des bracelets, des *demi-parures* composées de la broche ou du médaillon et des pendants d'oreilles; des châtelaines ou breloques, souvent très volumineux, destinés à porter la montre suspendue, etc. La quantité et la variété des bijoux sortis de ses ateliers est inimaginable. Parmi ceux qui ont obtenu le plus de vogue, nous reproduisons le modèle du collier « amphores », qui date de 1865, et les parures si seyantes composées de grains d'avoine ou de grains de blé suspendus et mobiles, qui figurèrent pour la première fois à l'Exposition de 1867, et continuèrent à être fabriqués encore pendant plus de dix ans.

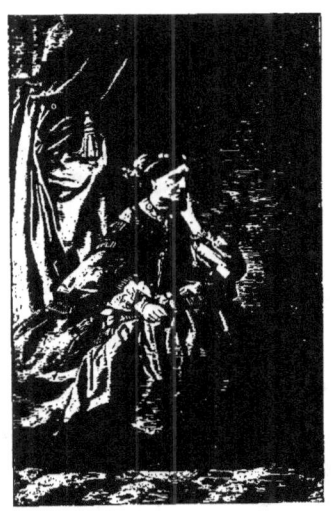

LA PRINCESSE DE SAXE-WEIMAR.
Collier de camées, bracelet grosse gourmette avec médaillon, chaine de montre « Léontine », bagues aux deux mains, boutons d'oreilles.

Notre éminent et regretté confrère était un homme d'une intelligence rare, de beaucoup d'esprit et d'un goût très sûr. Véritable artiste, écrivain distingué, il maniait aussi bien la plume que le pinceau. Comme l'a si bien dit M. Victor Champier, son ami, « Fontenay sut unir au savoir technique le plus complet les connaissances théoriques et l'érudition les plus étendues ». D'un caractère franc et sympathique, merveilleusement doué en toutes choses, il se passionnait pour tout ce qui concernait sa profession.

Après une carrière bien remplie[1], Eugène Fontenay se retira des affaires en 1882[2], ayant ajouté une page nouvelle et glorieuse à l'histoire de la bijouterie française. Dans les dernières années de sa vie, entièrement consacrée au travail et à l'art, il écrivit un ouvrage important et très documenté, *les Bijoux anciens et modernes*, que nous avons cité à plusieurs reprises au cours de notre étude et auquel nous emprunterons encore maints renseignements. On y retrouve, dans un style élégant et précis, la science archéologique de l'artiste, l'érudition professionnelle et l'expérience de l'homme de métier.

Un fabricant dont les productions étaient très appréciées fut Jacques Petit (1811-1883), dont les ateliers étaient 13, passage Vivienne.

Jacques Petit, ancien ouvrier de Picart, s'était établi en 1840. Il excellait dans ce qu'on appelle « la fantaisie », c'est-à-dire les bijoux de petite joaillerie ou d'or d'une forme nouvelle, parfois même originale, agrémentés d'émail ou de quelques pierres : turquoises, perles, diamants. Il utilisa le filigrane pour une ornementation sobre qui ne manquait pas de distinction et composa ainsi un grand nombre de broches, de bracelets, de pendants d'oreilles, de boutons de manchettes, de peignes, d'épingles ; il s'ingéniait à suivre les modes et à créer continuellement des modèles dont la nouveauté assurait le succès. C'est ainsi qu'au moment où les élégantes portaient des robes, jolies d'ailleurs, à carreaux écossais multicolores, Petit s'empressa de faire des bracelets

---

1. Fontenay fut un des fondateurs de la Chambre syndicale de la Bijouterie-Joaillerie-Orfèvrerie de Paris, en 1864. Il en fut deux fois secrétaire, puis deux fois vice-président. Membre de la Chambre de Commerce en 1871, les notables commerçants, reconnaissants de la façon dont il avait rempli son mandat, le lui renouvelèrent une deuxième fois en 1874. Membre du jury à l'Exposition de Vienne en 1873, il fut chargé, concurremment avec son collègue Rouvenat, d'établir le Rapport sur les objets d'or et d'argent, ce dont il s'acquitta si bien qu'il reçut la croix de la Légion d'honneur. Il fut aussi membre du Jury des récompenses lors de l'Exposition de 1878.

2. La maison de E. Fontenay fut reprise par M. Henri Smets (1829-1904), qui était alors son contremaitre très apprécié et auquel succéda son fils M. Léon Smets.

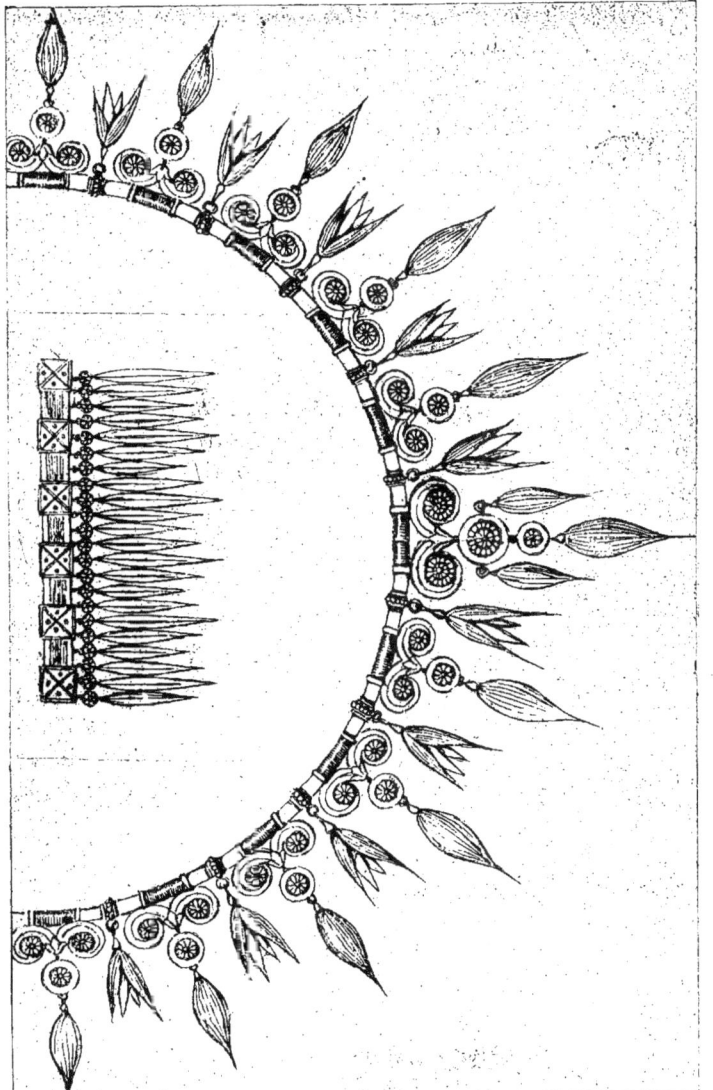

COLLIER AVOINE.
Dessin original de E. Fontenay

et des broches en émail reproduisant les couleurs des différents clans d'Écosse adoptés par la mode. Il y avait là une recherche d'actualité qui peut nous étonner aujourd'hui, mais qui était très appréciée alors.

Il céda sa maison[1], en 1859, à son gendre et associé, Hippolyte Vaubourzeix (1830-1879), qui continua avec succès son genre de fabrication. Son fils, Georges Vaubourzeix (né en 1860), s'associa, en 1883, à Hippolyte Martel, son beau-père, et transporta son magasin rue de la Paix, en 1903, lorsqu'il réunit sa maison à celle de Hamelin, qui venait de mourir.

Nous avons parlé, dans la première partie de cette étude, de Fossin père, joaillier fameux et dessinateur habile, qui avait succédé à Nitot en 1815. Nous avons vu qu'il avait remis à son fils Jules, son associé depuis 1830, la direction de sa maison, dont celui-ci resta seul propriétaire à partir de 1845. Les deux Fossin étaient de véritables artistes. Comme joailliers surtout, leur exécution était supérieure, et ils peuvent à bon droit être considérés comme les premiers de leur époque. Jules Fossin était un excellent fabricant. Tout en continuant à faire des parures de fleurs en diamants, à l'exemple de son père, il exécuta aussi de nombreux et excellents ouvrages dans le style byzantin, qu'il interprétait avec beaucoup de goût. Sa joaillerie était légère, bien comprise. Il fut sans rival jusqu'au jour où Massin vint continuer ses traditions et les perfectionner encore, ainsi que nous le verrons plus loin.

La situation que Jules Fossin occupait dans sa profession lui fit confier les rapports sur la bijouterie-joaillerie à l'Exposition de Paris en 1855, à celle de Londres en 1862, puis encore à l'Exposition de 1867, cette fois avec la collaboraration de son confrère Baugrand.

Comme son père et lui avaient été fournisseurs patentés du Roi et de la famille royale, Jules Fossin ne crut pas, par dignité, devoir accepter le titre de joaillier de l'Impératrice

---

1. Petit avait un fils, trop jeune alors pour reprendre la maison paternelle, qui s'établit bijoutier, plus tard, sous le nom de Petit fils.

qui lui fut offert dès le début de l'Empire. La souveraine semble lui avoir gardé rancune de ce refus, car elle le fit rayer, paraît-il, de la liste des propositions pour la rosette de la Légion d'honneur qui lui fut soumise lors de l'Exposition de 1867, où Fossin était président du Jury.

Nous verrons tout à l'heure que ce fut Kramer, alors commis chez Fossin, qui remplaça celui-ci dans la confiance de l'Impératrice, bien qu'il fût Prussien.

Nous avons dit précédemment[1] que trois ateliers différents travaillaient pour Fossin : un pour la joaillerie, dirigé par Daras, un pour les pièces d'art et la lapidairerie, dirigé par Morel père, et enfin un atelier où s'exécutait la riche bijouterie, dont

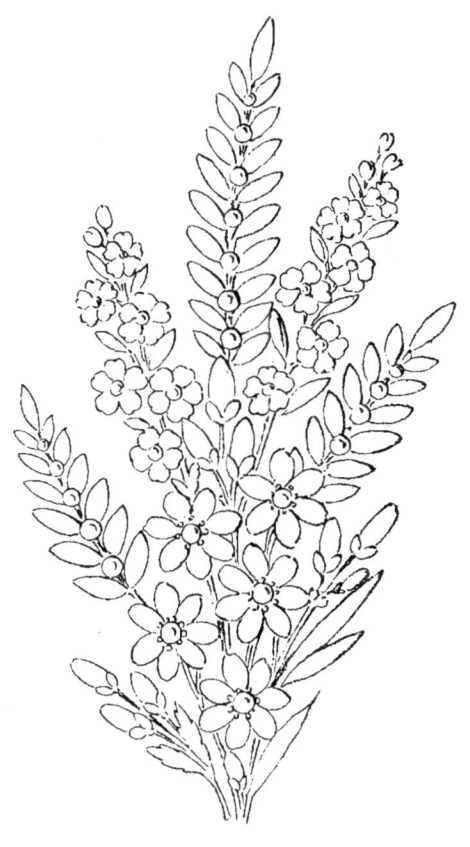

BOUQUET EN JOAILLERIE
par Jules Fossin fils.

Crouzet était titulaire. Crouzet père, était un homme d'une grande valeur professionnelle et de beaucoup d'imagination. Fossin ayant dû interrompre toute fabrication à la suite des

1. Voir tome Ier, p. 220.

événements de 1848, Crouzet, qui travaillait alors exclusivement pour lui, fut obligé de se suffire à lui-même, et comme il avait du goût et des idées neuves, il se constitua assez vite une nouvelle clientèle. Bien entendu, celle de Fossin lui fut acquise une des premières, et ce ne fut pas la moindre. Un peu plus tard, il obtint celle de Boucheron, pour lequel il exécuta pendant de longues années, et avec la collaboration de son fils, un très grand nombre de magnifiques bijoux[1].

Les rapports avec Crouzet étaient très agréables ; cet homme aimable ne cherchait qu'à bien faire, acceptant toutes les observations et toutes les idées sans objections et ne disant jamais, comme certains autres : « Si vous connaissiez la fabrication, vous ne demanderiez pas cela. » De plus, on pouvait compter sur sa célérité et son exactitude.

Le fils de Crouzet travaillait avec son père dont il était devenu l'associé en 1850 ; il n'était pas seulement très bon dessinateur, mais aussi peintre de talent. Cette collaboration produisit quantité d'œuvres pleines d'originalité et de fantaisie et toujours fort bien exécutées. Elles avaient un caractère bien personnel et faisaient dire aux gens du métier : c'est du Crouzet.

Nous n'avons malheureusement pu retrouver que peu de

BRACELET
AVEC NŒUD ALGÉRIEN
ET BOULES LAPIS
par Crouzet (vers 1860).

---

1. Le jury de 1867 décerna à Crouzet une médaille comme collaborateur de la maison Boucheron.

pièces originales sorties de cette maison, car, de même que Saturne dévorait ses enfants, la mode impitoyable détruit tout ce qu'elle crée ; les quelques bracelets que nous reproduisons montrent bien le genre de fabrication de Crouzet : ils sont très décoratifs. Les chaînes qui les ornent, et auxquelles étaient suspendues des boules de corail, de lapis

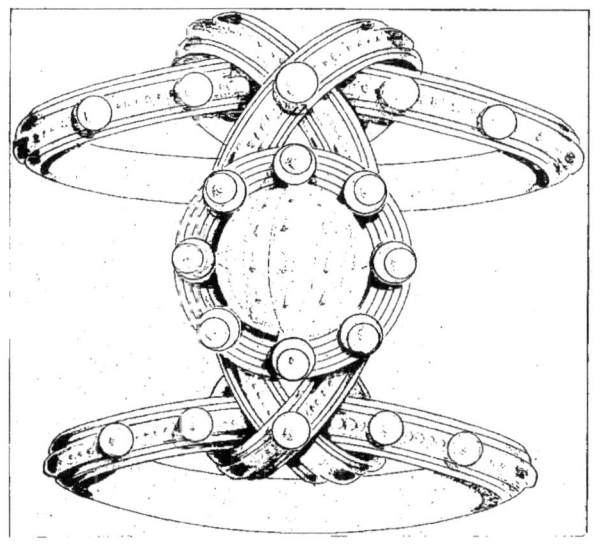

BRACELET DOUBLE
par Crouzet.

ou d'onyx, constituèrent à l'époque une véritable nouveauté qui ne manquait pas d'élégance.

Crouzet exécutait pour les principales maisons de la capitale de nombreux bijoux, tels que bracelets serpents à cinq tours et à seize maillons articulés sur ressort, bracelets manchettes cylindro-coniques, bracelets carrés à huit plaques décorées des deux côtés de façons différentes et qui pouvaient se porter retournés aussi bien à l'endroit qu'à l'envers. Il entreprit aussi pour le compte de Kramer, d'importants travaux destinés à la Turquie : entre autres, un service complet pour fumeurs. Ce service, très original, se composait de plateaux, de narghilés, d'allume-pipes, etc., en or, enrichis de pierreries : grâce à une disposition ingénieuse, lorsqu'on posait le narghilé ou la pipe sur une pièce préparée à cet effet, son poids, actionnant un mécanisme secret, faisait mouvoir un serpent ou une cigogne en or qui venait allumer le tabac. Ce joujou coûteux eût, paraît-il, beaucoup de succès en Orient.

Entre 1855 et 1865, l'atelier de Crouzet se composait de vingt à vingt-cinq ouvriers et de quatre apprentis [1]. Le patron, très brave homme, très indulgent, conservait indéfiniment ses ouvriers, même lorsqu'ils ne lui rendaient plus les services attendus. Parmi ceux-ci, il y avait notamment un certain Leroy, d'une habileté exceptionnelle, dont la journée était payée dix francs. Malheureusement il était d'une inexactitude incroyable et ne venait travailler que lorsque bon lui semblait. Par exemple, il ne manquait pas de venir très

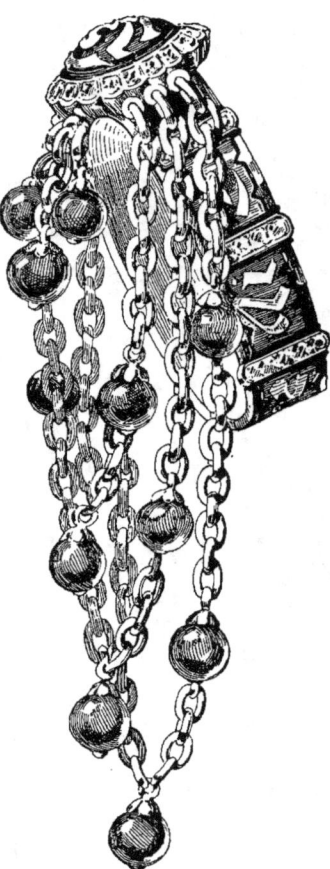

BRACELET GENRE MAROCAIN
par Crouzet (vers 1860).

[1] Chalvet, devenu depuis chef d'atelier de Boucheron, fut apprenti de Crouzet en 1855.

régulièrement toucher sa semaine, qui lui était d'ailleurs payée intégralement, comme s'il n'avait pas manqué un seul jour.

Crouzet père mourut vers 1895, âgé de près de 80 ans.

Revenons à Kramer, qui sut, nous l'avons dit, remplacer Fossin auprès de l'Impératrice.

La Comtesse de Montijo, avant qu'elle fût devenue l'Impératrice Eugénie, se fournissait chez Fossin, qui exécuta même plusieurs objets pour son mariage, et Kramer était l'employé de cette maison auquel elle s'adressait de préférence. Celui-ci, très avenant, très empressé, très arrangeant aussi, avait gagné les bonnes grâces de la future souveraine. Elle ne l'oublia pas lorsqu'elle fut au pouvoir. Aussi, lorsque, par un scrupule honorable, Fossin refusa, comme nous l'avons dit, de devenir son fournisseur attitré, c'est à Kramer qu'elle songea pour le remplacer;

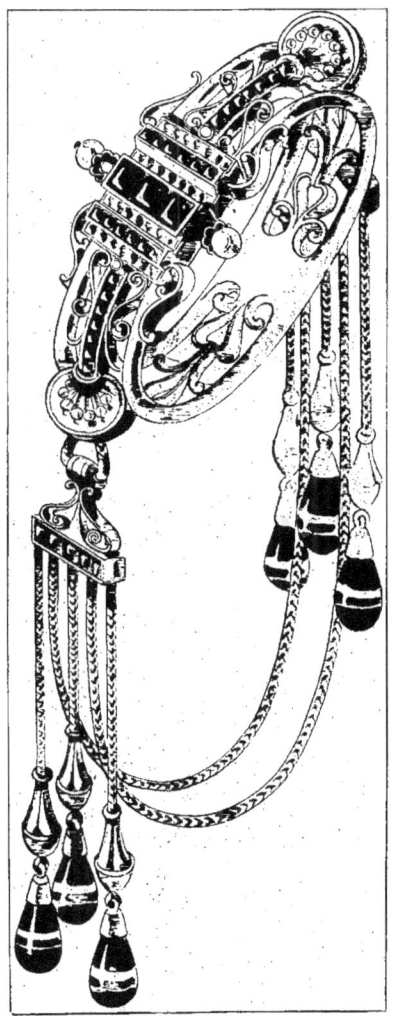

BRACELET FERRONNERIE,
AVEC CHAINES ET POIRES D'ONYX
par Crouzet.

elle lui fournit les moyens de s'établir en lui donnant

d'importantes commandes. Indépendamment des grandes parures qu'il fit pour l'Impératrice en employant les Diamants de la Couronne, Kramer exécuta aussi en 1861 la couronne offerte à la Reine de Naples par les dames napolitaines. Cette couronne était formée de feuilles de laurier en or mat et de fleurs de lis en brillants mélangées et rattachées par un ruban également en or, sur lequel on lisait cette inscription : « *A l'héroïne de Gaëte, les dames de Naples* ». Au sommet, une perle fine d'une grosseur remarquable simulait une bombe et rappelait ce siège mémorable pendant lequel la

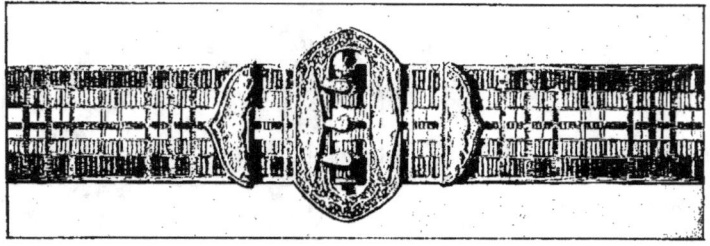

BRACELET D'ÉMAIL ÉCOSSAIS
par Jacques Petit.
On assortissait ce genre d'émaux aux robes écossaises alors très en faveur.

Reine Marie-Sophie avait fait preuve d'une bravoure et d'une énergie peu communes à son sexe.

Kramer était très audacieux en affaires ; après avoir brillamment dirigé sa maison, il fut presque ruiné par des spéculations malheureuses en Égypte. Quelques années après 1870, la déconfiture de Joseph Halphen, gros négociant en diamants, dont nous avons parlé précédemment, lui porta un nouveau coup qui l'obligea peu de temps après à une retraite définitive. Cependant, lors de l'Exposition de 1878, on put encore voir quelques objets de sa fabrication dans la vitrine de Fontenay, qui leur avait donné l'hospitalité.

Parmi les joailliers dont la production commerciale fut le plus abondante, nous avons signalé à plusieurs reprises la maison Caillot.

Venu de Lyon très jeune, vers 1820, comme ouvrier bijoutier, Pierre Caillot (1800-1871), qui était courageux et laborieux, ne tarda pas, avec ses propres ressources alors très modestes, à installer, 36, rue de la Grande-Truanderie, un petit atelier qui prospéra et grandit rapidement.

En effet, dès 1840, nous retrouvons Caillot toujours à la même adresse, mais gros fabricant, n'occupant pas moins de soixante-dix à quatre-vingts ouvriers et à la tête d'une importante maison dont la spécialité était alors le bijou

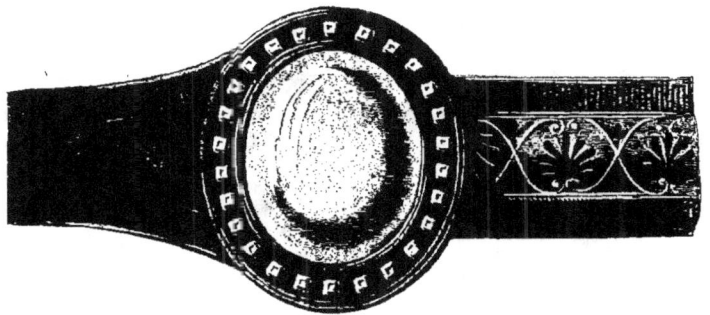

BRACELETS EXÉCUTÉS PAR MELLERIO POUR LA REINE ISABELLE.
Composition de H. Foullé (1865).
Au milieu sous un cristal, étaient placés des cheveux.

avec camées, perles et pierres de couleur, très en faveur à cette époque. La vogue en fut considérable et de longue durée[1], car, en ces temps heureux, les modes, pour le bijou du moins, étaient plus stables qu'aujourd'hui. Cependant, désireux d'étendre encore ses affaires, Caillot entreprit de s'adonner aussi à la joaillerie.

A cette époque, les joailliers viennois avaient une grande et légitime réputation pour la perfection du travail, la finesse et l'élégance des montures; seuls, les Russes rivalisaient avec eux sous le rapport de la délicatesse et de la

1. Les bijoux avec camées de Caillot furent encore très remarqués à l'Exposition de Londres en 1862.

légèreté. C'est pourquoi Caillot résolut d'envoyer en Autriche son fils Jacques (1823-1905), qui venait de terminer son apprentissage, et annonçait d'excellentes dispositions.

Le jeune homme revint à Paris en 1845, connaissant à fond tous les secrets de son art. La maison prit alors une nouvelle extension[1], qui s'augmenta encore en 1849, lorsque M. Prosper Peck (1821-1899), son beau-frère, ancien apprenti de Marret et Jarry, s'associa avec Caillot père et fils, après avoir été quelque temps établi seul.

Les rapports entre employeurs et employés étaient heureusement tout différents de ce qu'ils sont devenus depuis, et les farces d'atelier n'étaient pas rares. Qu'il nous soit permis de raconter la suivante.

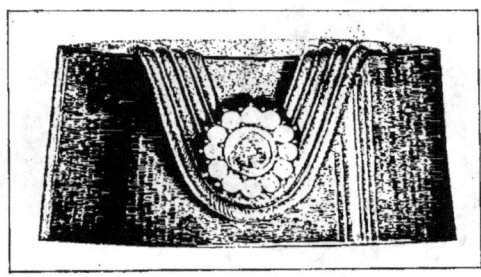

BRACELET MANCHETTE
A GANSE D'OR ET BOUTON DE PERLE
par J. Petit.

Certain jour, un ouvrier cherchant de l'ouvrage se présente chez M. Caillot qui, après les banales questions d'usage, insiste à plusieurs reprises auprès du candidat, lui disant : « Mais, mon ami, c'est que pour entrer ici, savez-vous qu'il faut être fort, très fort même ? Êtes-vous fort ? — Mais certainement, je suis fort. — Enfin, êtes-vous véritablement très fort, ce qu'on appelle un fort? » L'ouvrier, agacé, s'en va sans rien dire. Une heure après, une voix sonore fit retentir l'atelier de ces mots : « Il paraît que vous avez besoin d'un fort, me voici ! » Et M. Caillot, relevant la tête, vit devant lui l'imposante silhouette d'un fort de la Halle dans son traditionnel costume. Ce fut un rire général

---

[1]. Jarry aîné, qui reprit en 1848 la maison Calle, était alors premier commis chez Caillot.

ou presque, car, paraît-il, M. Caillot ne goûta que médiocrement cette plaisanterie un peu grosse.

Puisque nous nous sommes laissé entraîner aux digressions, qu'on nous excuse d'en commettre encore une, sans rapport avec la maison Caillot, mais qui montrera, ainsi que la précédente, la familiarité qui existait alors entre ouvriers et patrons, aujourd'hui, hélas! presque adversaires.

C'était alors une coutume pour les ouvriers de souhaiter la bonne année au chef de la maison, le matin du 1ᵉʳ janvier ; ils désignaient l'un d'eux pour prendre la parole et pour embrasser la patronne en lui remettant un bouquet. Dans une maison où le patron venait de se marier à une jeune femme très gentille, mais abominablement

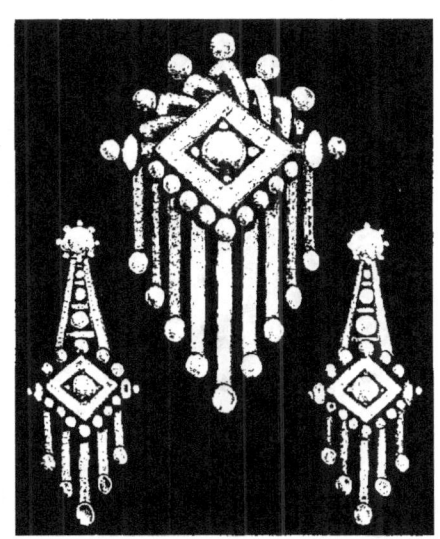

DEMI-PARURE JOAILLERIE.
(Maison Caillot-Peck.)

grêlée, qui assistait pour la première fois à cette petite cérémonie, celle-ci fut intimidée à la vue de tous ces ouvriers qui venaient lui présenter leurs vœux, et s'écria naïvement : « Ah ! mon Dieu ! est-ce que je vais être obligée de les embrasser tous ? » Mais le porte-paroles s'empressa de la rassurer, en lui disant avec un bon sourire : « Non, madame, n'ayez pas peur, c'est moi seul que les camarades ont chargé de cette *corvée !...* »

Mais revenons aux choses sérieuses et à la fabrication de

la maison Caillot et Peck. Sous le règne de Napoléon III, cette maison exécutait des bijoux qui, ne visant pas à l'art proprement dit, étaient par cela même d'une vente courante assurée ; tout en continuant à faire des parures camées, elle donnait cependant de plus en plus d'extension à la joaillerie. Pour simplifier le travail et permettre une production plus abondante à peu de frais, certains ouvriers de l'atelier étaient occupés exclusivement à fabriquer des séries de feuilles de lierre ou de feuilles de vigne de toutes grandeurs ; d'autres ne faisaient que des chatons. On groupait ensuite ces différents éléments avec plus ou moins d'ingéniosité et de goût en y ajoutant des fleurs, quelques ornements ou des perles. Sans doute, ces parures manquaient un peu de caractère et de variété, mais elles répondaient amplement aux desideratas de la clientèle, qui était alors moins difficile à contenter qu'aujourd'hui. Les affaires, d'ailleurs, allèrent toujours en augmentant, et la maison se maintint au rang des plus prospères de Paris [1].

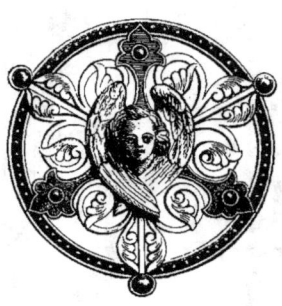

BROCHE
AVEC ÉMAUX BYZANTINS
par Coffignon.

Les frères Guillemin [2], qui à leur tour s'étaient associés en 1874 à Caillot et Peck, restèrent seuls à la tête de l'établissement à partir de 1878. Ils ont continué à maintenir la vieille réputation de la maison, si honorablement connue depuis bientôt trois quarts de siècle, mais ils en ont modifié le genre en fabriquant de la grande joaillerie, très appréciée.

Les Guillemin appartiennent à une vieille famille de bijoutiers : l'arrière grand-père, Jean Guillemin, s'était établi en 1784, sur le boulevard, à peu près où se trouve actuel-

---

[1]. Médaille d'honneur, Londres 1862 ; médaille d'or, Paris 1878.
[2]. Auguste Guillemin, né en 1845, fit son apprentissage chez Duron. — Hippolyte Guillemin, né en 1846.

lement la maison Barbedienne ; son fils, Auguste Guillemin (1790-1871), qui lui avait succédé, se plaisait à rappeler, peu avant 1870, qu'il avait assisté à l'entrée des Alliés, qui défilèrent devant sa porte. Il transmit à son tour sa maison, vers 1834, à son fils, né en 1816, qui s'appelait comme lui Auguste Guillemin. La maison, d'abord transférée rue

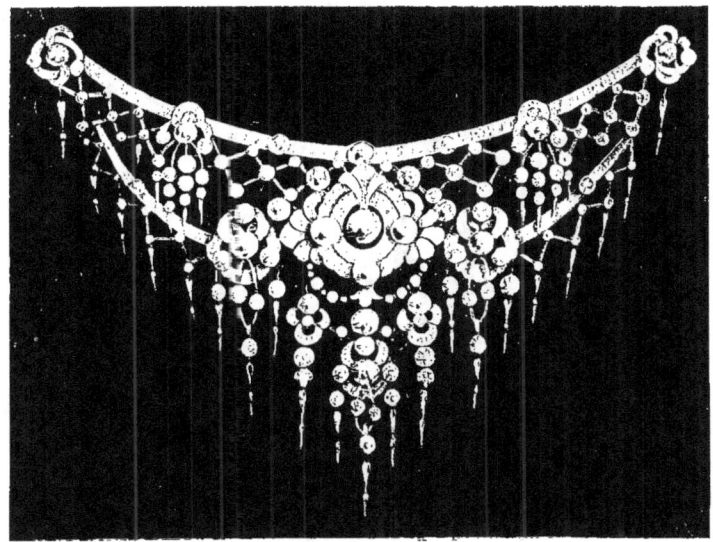

COLLIER JOAILLERIE.
(Maison Caillot-Peck et Guillemin.)

Vivienne, fut enfin installée une dernière fois rue des Moulins en 1874. MM. Guillemin avaient réuni successivement trois maisons à la leur : celle de Ledagre, bijoutier, rue Vivienne ; celle de Picard, bijoutier, rue Richelieu, et plus tard celle de Philippi. Aussi, dans la profession, avait-on surnommé facétieusement la maison Guillemin « l'île de la Réunion ».

Frédéric Philippi (1814-1892), ouvrier de Pierre Caillot, et plus tard un de ses meilleurs collaborateurs, naquit à

Hanovre. Ses parents, qui demeuraient habituellement à Hambourg, désiraient qu'il fût pharmacien, mais, sur ses instances, ils consentirent à le laisser entrer comme apprenti, avant l'âge de treize ans, chez un bijoutier de Hambourg. Son goût très vif pour une profession qu'il avait choisie lui-même s'accrut encore par la lecture qu'il eut l'occasion de faire de la biographie de Benvenuto Cellini. Dans son désir de chercher à imiter ce grand modèle, il prit, à ses moments de liberté, des leçons de ciselure dont il tira grand profit.

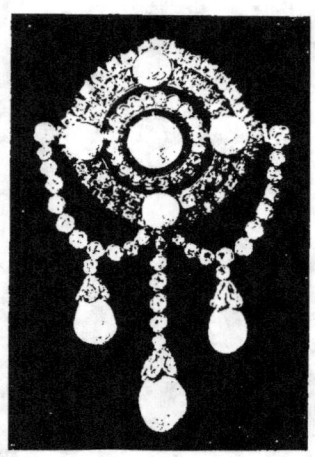

BROCHE PERLES
ET DIAMANTS (1865).
Type de modèle courant.

Après quatre ans d'un dur apprentissage, il fut employé, tant comme bijoutier que comme orfèvre, par deux maisons de Hambourg. Puis, impatient de voir du pays et aussi de se perfectionner, il quitta cette ville en 1832 et travailla successivement à Brême, à Hanovre, à Berlin, à Dresde, à Vienne, à Munich, à Stuttgart, exécutant les ouvrages les plus variés d'orfèvrerie, de bijouterie et de joaillerie. Dans plusieurs de ces villes, il fut admis dans des maisons de premier ordre, car ses connaissances professionnelles étaient aussi solides qu'étendues, et il ne cessa de les augmenter en employant ses heures de loisir à suivre des cours de dessin et de modelage, à visiter les musées, à étudier dans les bibliothèque les collections de gravures ou de dessins des maîtres. C'est ainsi qu'à la bibliothèque de Dresde, il copia des dessins à la plume d'Albert Dürer, entre autres un dragon qu'il modela et qu'il exécuta plus tard en bijouterie.

Il était donc, malgré son jeune âge, fort expérimenté

déjà lorsqu'il arriva à Paris vers la fin de 1836. Il devait y affiner encore son talent et devenir Français au point de vue du goût artistique, comme il le devint plus tard de cœur et de fait, puisqu'il se fit naturaliser. Il débuta à Paris dans l'atelier Caillot, où, au bout de quelques mois, l'on mit à profit ses qualités d'invention en le chargeant de composer des dessins et des modèles.

En 1838, grâce à une somme de trois cents francs que lui prêta une personne de sa famille, il installa un modeste atelier dans la chambre qu'il occupait rue des Vieilles-Haudriettes, continuant toujours à travailler pour la maison Caillot. Il composa pour elle et exécuta de nombreux

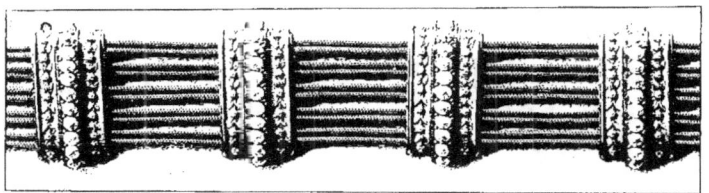

BRACELET, CHAINES D'OR TISSÉ,
AVEC PASSANTS D'ORS DE COULEURS ET PERLES.

bijoux, animaux fabuleux, centaures, dans lesquels étaient utilisées de grosses perles baroques. Il ne tarda pas à se créer une clientèle et vit ses débuts facilités par le crédit que son marchand d or lui offrit spontanément. Au bout de peu de temps, il occupait déjà sept ouvriers ; aussi accepta-t-il avec empressement la proposition que lui fit un de ses amis de lui prêter les capitaux nécessaires à une installation suffisamment spacieuse ; il trouva rue Montmartre, n° 58, le local qui lui convenait.

En 1845, il se fixa au n° 5 de la rue Coq-Héron. A cette époque, et pendant de longues années encore, il eut comme spécialité les bagues marquises et les fonds de montres en émail avec chiffres en roses. Ces bagues marquises étaient composées d'un verre bleu ovale, monté sur un paillon flinqué et entouré de roses à serti descendu, dans le genre ancien ; au centre de la bague se trouvait un petit bouquet d'une ou deux fleurs et de quelques feuilles appliqué sur le verre. En 1860, on faisait beaucoup de ces bagues et la mode s'en est continuée bien après la chute de l'Empire.

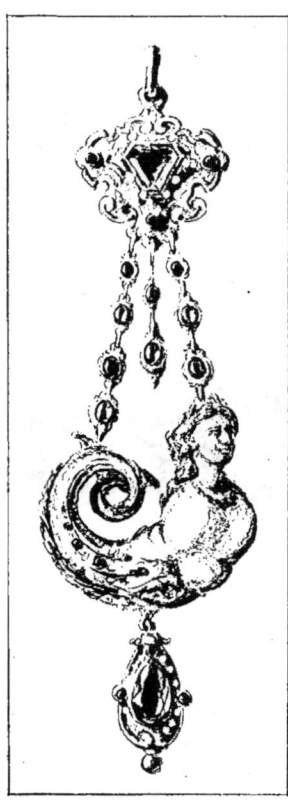

PENDELOQUE « SIRÈNE »
AVEC PERLE BAROQUE
par F. Philippi.

Philippi occupait alors une douzaine d'ouvriers, dont un graveur, un sertisseur et quatre apprentis[1]. On exécutait chez lui le bijou de commande et des pièces artistiques inspirées de la Renaissance allemande, analogues à celles de Rudolphi et de Duron. Il fit aussi, dans le style Louis XVI, de jolis flacons, des bonbonnières, des tabatières, des fonds de montres et des chatelaines en gravure et émail ou décorés d'ors de couleur ciselés et toujours d'un travail excessivement soigné. Ses tabatières en émail étaient particulièrement recherchées, car il était seul à les faire, en émail noir *poli* et non glacé. C'était un modeste ouvrier émailleur, nommé Bordas, rue du Caire, qui avait le secret de cet émail. A la mort de Bordas, Philippi dut renoncer à

---

1. M. Jules Marest, le fabricant bien connu, le sympathique et dévoué archiviste-bibliothécaire et vice-président de notre Chambre syndicale, et conseiller prudhomme de nos industries, a fait son apprentissage chez Philippi.

l'émail poli et se contenter de l'émail glacé recouvert d'un fondant.

Philippi avait une véritable nature d'artiste ; il s'inquiétait moins du bénéfice que pouvaient lui procurer ses œuvres que de leur bonne exécution ; aussi dirigeait-il personnellement son atelier avec beaucoup d'attention et de soin.

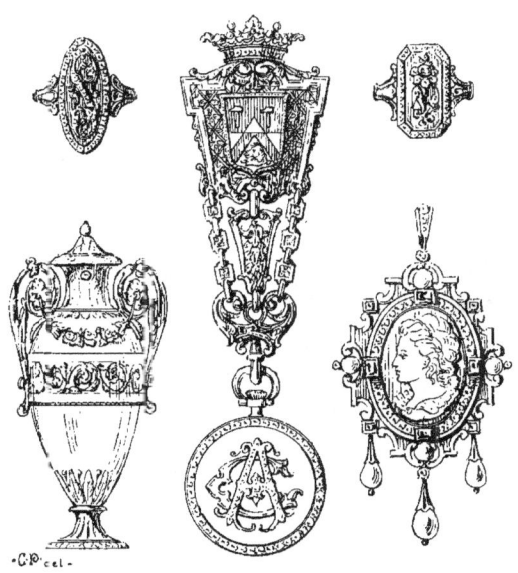

CROQUIS DE CARL PHILIPPI
qui fut tué au combat de Montretout.

La guerre de 1870 lui enleva son auxiliaire le plus précieux et le plus cher : son fils aîné, Carl Philippi, jeune homme de 28 ans, plein d'avenir et de talent qui, combattant avec le grade de sergent-major, au 5e bataillon de la garde nationale, fut tué à Montretout le 19 janvier 1871 et, qui sait ? frappé peut-être par quelqu'un des frères ou neveux que son père comptait dans l'armée allemande.

Peu de temps après la guerre, Philippi transporta son

atelier, devenu moins nombreux, au n° 186 de la rue de Rivoli ; et il finit par réunir, en 1876, sa maison à celle de MM. Caillot, Peck et Guillemin frères. Durant sa longue carrière, Frédéric Philippi participa à plusieurs Expositions où son mérite fut toujours récompensé.

Il employa plus particulièrement les dernières années de sa vie à composer des objets d'art, en particulier un coffret à bijoux, un plateau en cristal de roche et ciselure, un miroir Renaissance, et cet échiquier en lapis et bronze argenté qu'on a pu voir à l'Exposition Centennale de 1900.

Jusqu'au jour même de sa mort, il travailla avec une ardeur joyeuse qu'il puisait dans l'amour de son métier.

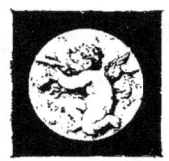

ANGE MUSICIEN
ARGENT CISELÉ
SUR FOND DE LAPIS
par les
frères Fannière.

Dans la partie de cette étude relative à la Restauration, nous avons signalé que la Duchesse de Berry et la famille royale s'intéressèrent à l'orfèvre Fauconnier[1], qui avait alors pour apprentis et eut ensuite pour successeurs ses deux jeunes neveux, Auguste et Joseph Fannière, nés, comme lui, à Longwy, en Lorraine. « Tous deux élevés près de lui, sous sa direction vigilante, reçurent ses traditions de travailleur loyal, appliqué, follement amoureux de perfection, sacrifiant tout intérêt personnel au doux plaisir d'une tâche honnêtement remplie. Tous deux, continuateurs de sa maison, et se partageant les rôles — Auguste comme sculpteur, inventeur des formes ; Joseph comme ciseleur et exécutant — conquirent une place brillante parmi les premiers orfèvres, et leurs succès éclatants aux Expositions universelles ont consacré la réputation dont ils jouissent auprès des amateurs[2]. »

Auguste, l'aîné (1819-1901), avait appris la ciselure chez son oncle, dès sa plus tendre jeunesse ; en même temps, il

1. Voir tome Ier, page 110.
2. *Revue des Arts Décoratifs*, 1897.

étudiait le dessin et la sculpture dans l'atelier de Drolling. Joseph (1820-1897) ne s'était d'abord occupé que du travail matériel de l'orfèvrerie proprement dite ; mais Auguste, ayant fait lui-même de rapides progrès, se constitua son

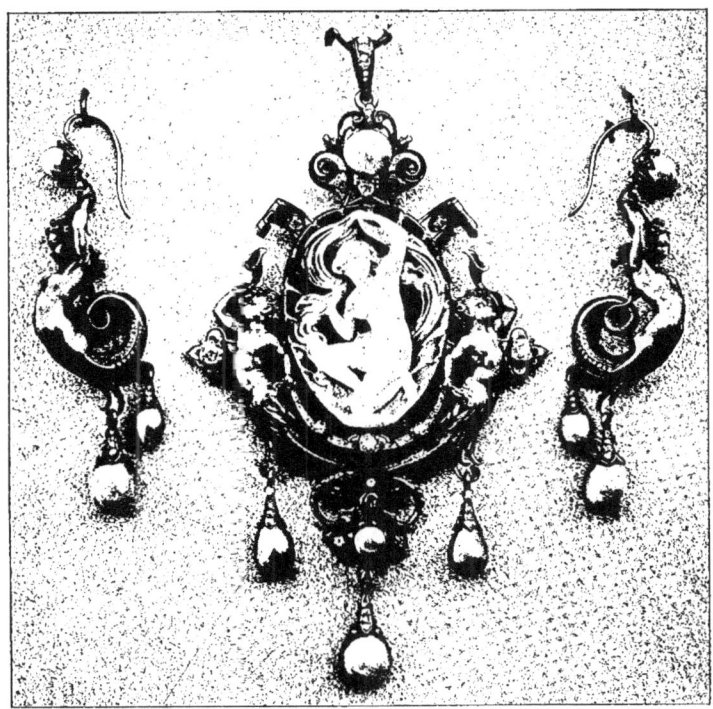

DEMI-PARURE « AMPHITRITE »
par les frères Fannière.

professeur et lui enseigna l'art de la ciselure à laquelle il se livra exclusivement par la suite. A la mort de Fauconnier[1], en 1839, les deux frères adoptèrent comme poinçon de maître celui de leur oncle : un faucon, auquel ils ajoutèrent deux mains enlacées, en témoignage de leur fraternelle amitié.

1. Fauconnier est le dernier orfèvre qui ait été logé au Louvre.

L'œuvre des Fannière se rattache surtout à l'orfèvrerie ; ils ont ciselé avec talent, soit pour eux-mêmes, soit pour les principaux orfèvres de leur temps[1], un grand nombre de pièces importantes que nous ne saurions énumérer ici : vases, épées et coupes d'honneur, prix de courses, boucliers, pendules, miroirs, services de table, etc., exécutés soit pour l'Empereur, soit pour les grands personnages de cette époque. Ils ciselèrent, entre autres, en 1856, les figures qui ornaient le berceau du Prince Impérial. Après la campagne d'Italie, ils exécutèrent cette lampe byzantino-mauresque, que l'Impératrice, ardente catholique, avait fait vœu de donner à Notre-Dame-des-Victoires si l'Empereur revenait sain et sauf. Ils travaillèrent aussi au grand surtout exécuté chez Christofle pour Napoléon III. Enfin, vers la fin du règne, ils firent la grande trirème d'argent offerte par l'Impératrice à M. Ferdinand de Lesseps, lors de l'inauguration du canal de Suez[2].

Ces excellents artistes étaient consciencieux jusqu'au scrupule et au désintéressement.

Ayant exécuté pour un grand prix de courses un groupe de *Bellérophon* en argent massif, payé 10.000 francs, qui leur laissait, lors de la livraison un peu hâtive, un bénéfice honorable, mais aussi le regret d'une imperfection, ils réclamèrent comme une faveur du Comte de Lagrange, gagnant du prix, la remise du groupe pour retoucher leur ouvrage, ce qui, naturellement, leur fut accordé. Mais voici que de retouche en retouche, nos bons ciseleurs poussèrent si loin la perfection de leur œuvre, que, lorsque enfin ils se déclarèrent satisfaits, non seulement il n'y avait plus aucun profit,

1. Lebrun, qui s'était formé chez Odiot, et qui fut longtemps le doyen des orfèvres français et termina sa carrière en qualité de commis chez Robin père, avait beaucoup fait travailler les Fannière. Il en fut de même de Froment-Meurice, de Christofle et de beaucoup d'autres. Giroux exposa, en 1855, un certain nombre d'objets dont les Fannière étaient les auteurs, entre autres un échiquier avec des Croisés et des Sarrasins, d'une grande finesse d'exécution et d'une composition ingénieuse.
2. Si nos renseignements sont exacts, Mme de Lesseps aurait l'intention de léguer cette belle pièce au musée des Arts décoratifs.

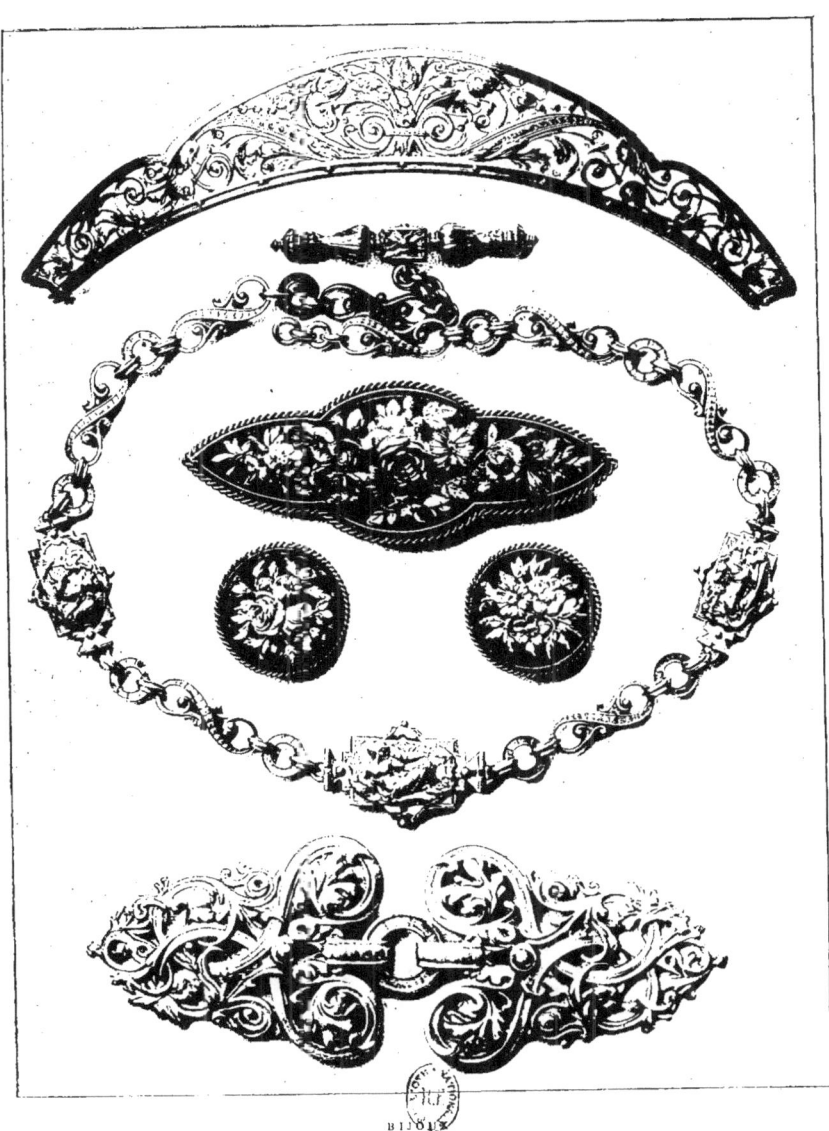

BIJOUX
composés et ciselés par les frères Fannière.

mais, au contraire, une perte d'autant plus sensible qu'ils n'étaient pas riches et ne le furent jamais, si ce n'est de l'amour de leur art !

Indépendamment de ces pièces capitales si nombreuses, ils firent aussi d'excellents bijoux, et c'est à ce titre surtout que nous devons les signaler dans ce travail consacré spécialement à la bijouterie. « Quelle prodigieuse production d'objets précieux et délicats : colliers, broches, bracelets, châtelaines, flacons, cachets, agrafes, parures de toute sorte, traités avec le goût le plus éclairé et exécutés avec le soin, la connaissance du métier, le scrupule d'artistes modestes et consciencieux, qui ont mis à la perfection des moindres travaux sortis de leurs mains, la poésie de leur sentiment et la recherche de la plus parfaite exécution [1]. » Ils affectionnaient le style Renaissance, et l'élégante figure de Diane de Poitiers se retrouve fréquemment dans leurs bijoux.

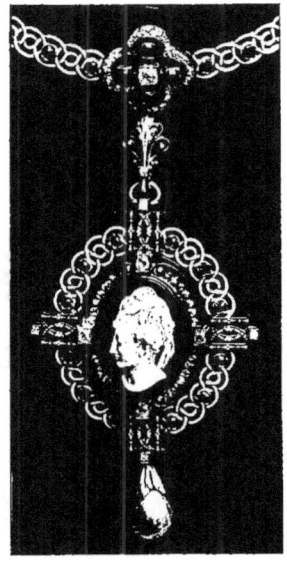

PENDANT DE COU
« DIANE DE POITIERS »
par les frères Fannière.

Les Fannière composaient et modelaient eux-mêmes leurs pièces ; le travail était presque toujours entièrement exécuté par leurs mains [2]. Toute leur

---

[1]. *Revue des Arts décoratifs.*

[2]. Calliet, leur contre-maître, était un homme très bien doué et qui peut être considéré comme le type du collaborateur désintéressé. Il en fut de même de Lavigne, auquel les Fannière portaient le plus grand intérêt.

A l'Exposition de 1878, les Fannière demandèrent des médailles pour leurs « coopérateurs », MM. Lindeneher, sculpteur, Boutry et Villain, ciseleurs ; tous trois, dit le rapport, entrés comme élèves en 1849, n'avaient jamais quitté l'atelier depuis cette époque.

œuvre est d'une beauté large et souple, d'une parfaite pureté d'exécution, d'une grâce d'invention très variée, toujours appropriée au but qu'ils se proposaient d'atteindre. C'étaient des artistes complets.

« Les neveux de Fauconnier, écrit Lucien Falize [1], ont gardé aux doigts cette vertu des fées, qui ennoblit l'argent et lui donne la valeur de l'or. Si leur ciselet court sur la panse d'une cafetière, il y laisse un chairé délicat, comme l'épiderme d'un fruit, et adoucit ce métal comme sous une

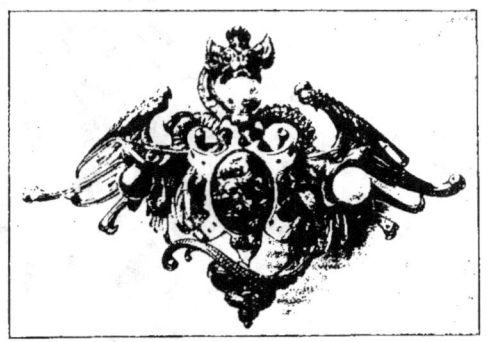

BROCHE CHIMÈRE ET ARMOIRIES
AVEC PERLES NOIRE, BLANCHE ET ROSE
par les frères Fannière.

caresse. On leur reproche d'être lents, de garder pendant des mois l'objet qu'on attend avec impatience ; ce ne sont pas des marchands, des manufacturiers : leur oncle leur a légué son talent, mais il ignorait l'art de faire fortune ; il s'est borné à leur apprendre l'amour absolu du beau. Ce sont les plus honnêtes gens du monde ; tous leurs confrères les aiment, les respectent et les admirent, et leurs clients aussi : ils vont chez eux, dans leur atelier de la rue de Vaugirard, près du jardin silencieux où les oiseaux répondent au cri sec des ciselets comme à un chant de sauterelles, et, venus

1. Rapport sur l'orfèvrerie à l'Exposition de 1889.

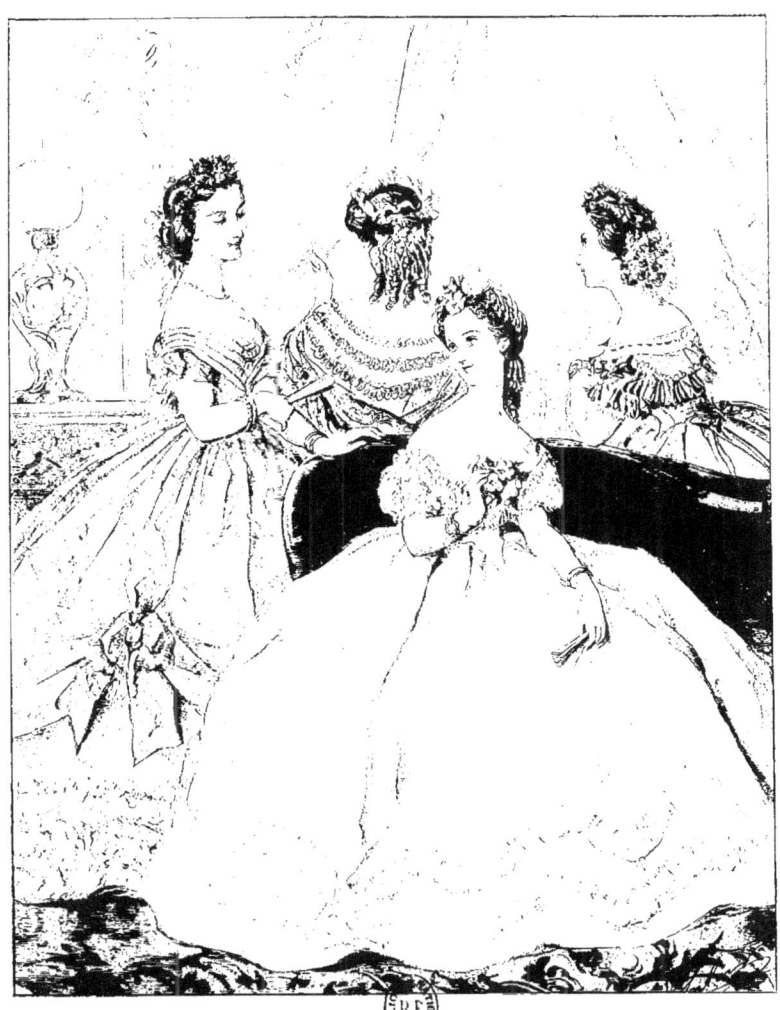

TOILETTES DE BAL EN 1862
par Héloïse Leloir.
Broches, bracelets, diamants dans les cheveux.

pour exiger, ils s'en vont patients, résignés, n'osant troubler cette quiétude d'artistes à qui chaque jour compte sa tâche. »

En 1855, Auguste Fannière, nommé chevalier de la Légion d'honneur, fut le premier et seul collaborateur qui ait été décoré à cette Exposition ; Joseph reçut la croix en 1862, à l'occasion de l'Exposition de Londres, et Auguste, la rosette d'officier en 1878. Il était alors membre du Conseil supérieur des Beaux-Arts. Joseph fut vice-président de la Chambre syndicale de la bijouterie, à son origine, en 1864, et s'occupa également de l'École professionnelle de Dessin et de Modelage, lors de sa fondation, en 1868. Il a laissé un fils, Joseph Fannière (né en 1854), qui continue modestement les traditions de la famille.

Pendant leur longue carrière, les noms des deux frères furent indissolublement liés, comme ils étaient unis eux-mêmes par une amitié réciproque ; ils vécurent ensemble,

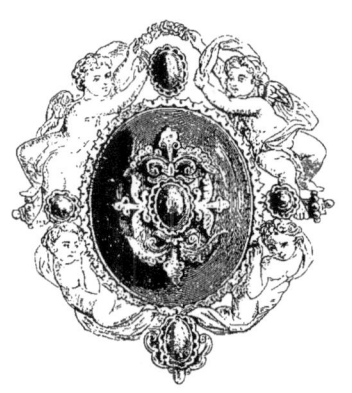

BROCHE
par Jules Wièse (1867).

travaillèrent ensemble, et leurs œuvres, comme leurs personnalités, se trouvent confondues dans une collaboration jumelle de plus d'un demi-siècle.

Si leurs productions semblent aujourd'hui un peu démodées, il n'en faut pas conclure à leur infériorité ; il faut plutôt voir là l'effet ordinaire de l'inconstance que le public apporte dans ses goûts, poussé qu'il est par ce besoin d'inédit, d'imprévu quand même, qui lui fait fréquemment négliger les œuvres sérieusement belles pour d'autres qui n'ont de la beauté que les apparences, mais qui le séduisent par leur nouveauté souvent relative. D'ailleurs, le temps remet habituellement les choses au point et, plus tard, on rendra certainement la justice qu'ils méritent à ces orfèvres, artistes consciencieux et habiles, qui représentent d'une façon si caractéristique et si noble l'art décoratif de la période du Second Empire.

Un contemporain de Fannière, qui avait aussi beaucoup de talent, fut Jules Wièse père (1818-1890), que l'on appela aussi quelquefois, mais à tort, Wyset ou Wisset.

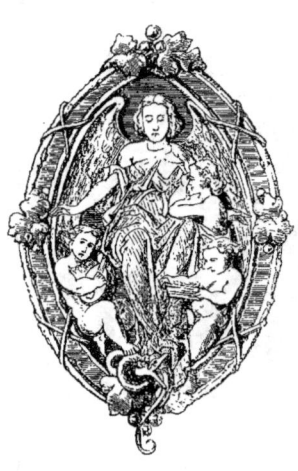

BROCHE
par Jules Wièse père (1867).

Ciseleur et bijoutier habile, il entra en 1839, comme ouvrier, à raison de 3 fr. 50 par jour, chez Froment-Meurice père, alors établi près de l'Hôtel de Ville. En 1844, il y était contre-maître et gagnait 10 francs. Comme ce prix de journée n'aurait pu être dépassé à cette époque que bien difficilement, il résolu de s'établir et, dès 1845, il organisa, rue Jean-Pain-Molet, n° 7, un atelier de vingt-cinq ouvriers[1]. Toutefois, pendant un certain temps, il ne travailla que pour son ancien patron, lequel faisait grand cas de son savoir et lui fit décerner une médaille de collaborateur à l'Exposition de 1849.

Dans la suite, Wièse prêta son concours aux fabricants bijoutiers les plus en vue, entre autres à Duponchel qui, comme Froment-Meurice, l'appréciait beaucoup.

Après avoir obtenu une médaille de 1re classe à l'Exposition de 1855, où le rapporteur signale son « mérite supérieur de modeleur et d'inventeur », Wièse reçut à Londres, en 1862, une médaille d'honneur.

M. Magne, parlant de l'Exposition de 1855, cite Jules Wièse comme « orfèvre et bijoutier de la meilleure école et déjà en possession d'une renommée qu'augmentera son

[1]. Cet atelier fut transporté plus tard rue de l'Arbre-Sec.

exposition actuelle, très riche de choses sérieuses et de tentatives puissantes et décelant, jusque dans les essais les

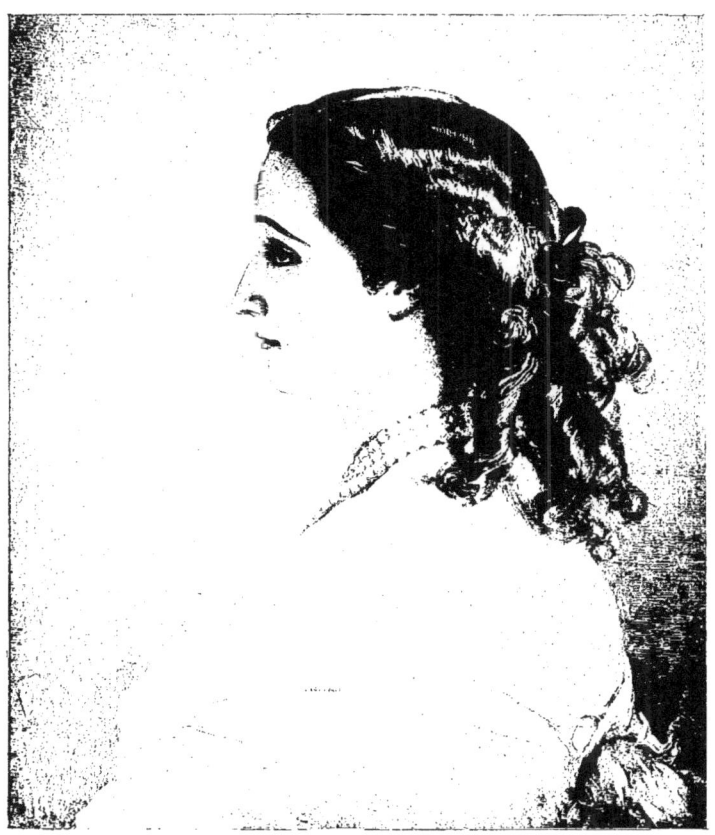

Cliché Braun, Clément et Cie.

L'IMPÉRATRICE EUGÉNIE
par Winterhalter.

plus hésitants encore, un sentiment artistique et une conscience du beau dignes de tous les encouragements du jury ».

Wièse avait envoyé au Palais de l'Industrie de nombreux

objets d'art, des pièces d'orfèvrerie et de bijouterie : un miroir à main avec feuillages et oiseaux, une garniture de livre, des coffrets en or et argent ciselé, des armes incrustées, des flacons ciselés, des couteaux de chasse, des coupes, etc. Parmi les bijoux proprement dits, on signale particulièrement un bracelet composé de médaillons d'or enchaînés les uns aux autres, puis « d'autres médaillons, du milieu desquels surgissent de petites têtes Renaissance en argent, entourées d'ornements émaillés d'une grande valeur artistique ».

C'est dans son atelier que fut exécutée l'épée d'honneur offerte, en 1860, au maréchal de Mac-Mahon par Autun, sa ville natale, à l'occasion de la victoire de Magenta. Schœnewerk l'avait modelée et Honoré en avait fait la ciselure. Elle est de forme élégante et bien en main. Les deux figures placées sur la poignée représentent la France et l'Italie. Aux pieds de la France, qui est debout dans l'attitude de la force et de la sécurité, est assise l'Italie, dont les mouvements indiquent l'effroi ; le danger qui la menace est symbolisé par un serpent qui enlace la moitié de la garde. Au-dessus du serpent s'élève une Victoire ailée, dont les pieds reposent sur un grenat cabochon portant incrustée en brillants la date glorieuse du 4 juin 1859 et qui, d'une main, ceint de lauriers la France, tandis que de l'autre elle place une couronne ducale sur les armoiries des Mac-Mahon. La coquille porte, inscrit en diamants, le mot *Magenta,* au-dessus duquel l'aigle impériale déploie ses ailes.

Au revers de la coquille sont placées les armes de la ville d'Autun. Au revers de la poignée se trouve une figure symbolique de la Force.

La lame gravée et damasquinée porte cette inscription : *Au Maréchal de Mac-Mahon, Duc de Magenta, la ville et l'arrondissement d'Autun.* Le bouton du baudrier répète les armoiries et la devise du Duc. L'extrémité du fourreau est couverte d'ornements fournis par différentes pièces d'armure, casque, bouclier, cuirasse, etc.

Cette épée figura à l'Exposition de Londres en 1862, en même temps que plusieurs œuvres de bijouterie : « un collier d'émeraudes à émaux d'un fini parfait; plusieurs broches et bracelets en argent oxydé très délicatement ciselés ».

Jules Wièse aimait profondément son métier; austère, persévérant, consciencieux, il s'appliquait constamment à améliorer sa fabrication et choisissait toujours pour son atelier les ouvriers les plus expérimentés. Émile Philippe, qui, bien plus tard, vers 1873, fit beaucoup de bijoux de style égyptien, et Léopold Habert (né en 1832), l'habile orfèvre ciseleur qui, avant de s'établir, fut longtemps contre-maître chez Froment-Meurice (il y resta vingt ans), sont des élèves de Jules Wièse, ainsi que son fils, Louis Wièse (né en 1852), qui lui a succédé rue Richelieu en 1880. Artiste d'une grande modestie et d'un réel talent, il continue aujourd'hui avec succès le genre qui fit la réputation de son père.

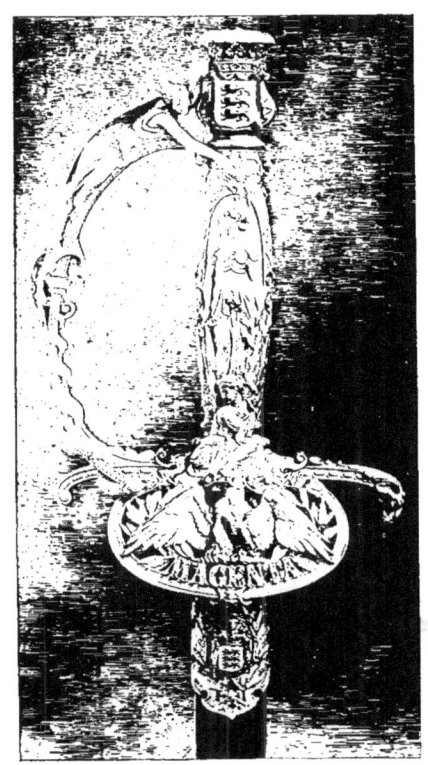

ÉPÉE D'HONNEUR
OFFERTE PAR LA VILLE D'AUTUN EN 1860
AU MARÉCHAL DE MAC-MAHON.
Composition de Schœnewerk, exécution de J. Wièse père.

Le nom de Massin est venu, à plusieurs reprises, sous notre plume ; nous sommes heureux de l'occasion qui nous est offerte de dire ici ce que fut ce grand artiste, dont l'influence sur toute la joaillerie de son époque fut si considérable en France et à l'étranger, et se fait sentir encore de nos jours. Non seulement on peut le considérer comme un type de joaillier accompli, mais depuis la disparition de Fossin dont il fut, en quelque sorte, le continuateur, il fut incontestablement le premier joaillier de son temps ; l'examen de son œuvre mérite donc, dans cette étude, un développement tout spécial.

Oscar Massin naquit à Liége en 1829. Son père, également né en Belgique pendant l'occupation française, n'avait cessé d'être Français qu'à la suite des traités de 1815. Aussi, il y a quelques années, Massin, voulant mettre son état civil d'accord avec ses sentiments, se fit-il, non pas naturaliser, mais réintégrer dans la qualité de Français, que les événements politiques avaient retirée à son père.

Il est toujours intéressant de connaître les circonstances qui ont pu décider de la vocation de certaines personnalités éminentes dans leur art ou leur profession. Pour ce qui concerne Massin, c'est, paraît-il, une certaine épingle de cravate, représentant un petit cheval estampé, portée par un de ses amis, apprenti bijoutier, qui frappa son imagination d'enfant et fit pencher ses préférences vers la bijouterie. Son père, chargé d'une nombreuse famille, le mit en apprentissage, selon son désir et ses goûts, chez un joaillier de sa ville natale nommé Charles Reintjens. Le jeune Massin avait alors douze ans ; il resta chez son patron de 1842 à 1851, époque à laquelle il vint à Paris pour se placer comme ouvrier joaillier, avec un bagage élémentaire, mais suffisant cependant, de la technique du métier, telle que la nécessité l'imposait en province, où il fallait savoir tout faire, dessiner, monter, sertir, polir sa pièce, et, à l'occasion, graver quelque peu, afin de répondre aux besoins d'une clientèle qui, à cette époque, allait encore aussi bien chez l'orfèvre pour une montre que chez le bijoutier pour une cuiller à pot !

Au surplus, les jeunes bijoutiers auraient tout avantage à

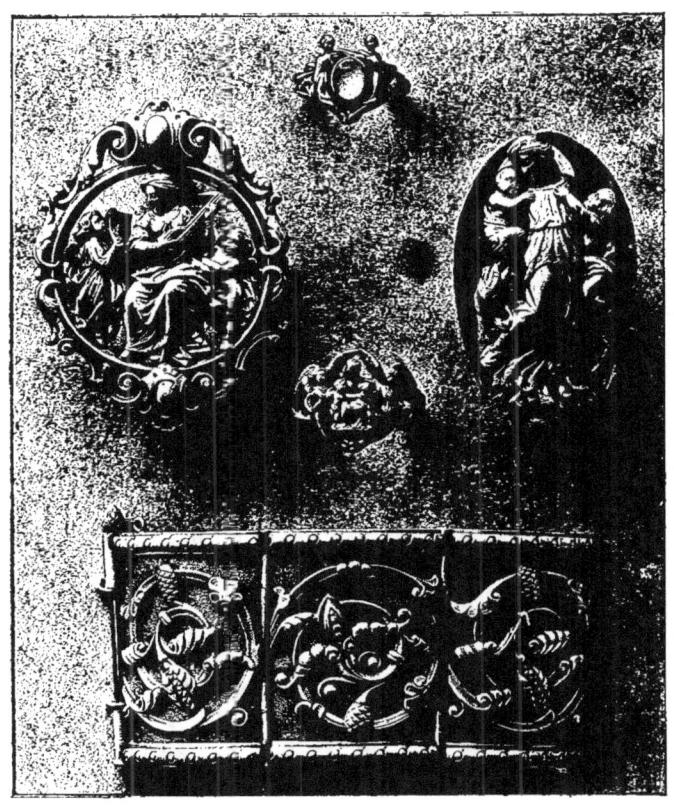

BIJOUX
ciselés par Jules Wièse père, de 1850 à 1862.

tâcher d'acquérir les connaissances multiples et si diverses qu'exige le métier pris dans son ensemble, et c'est en quoi l'apprentissage en province est, sous certains rapports, préférable à celui qu'on trouve généralement dans les grandes villes où, par suite de la division du travail, on ne forme guère que des spécialistes, excellents il est vrai, mais parfois un peu ignorants des ressources précieuses que pourraient leur fournir les procédés de fabrication des autres spécialités de la profession.

Massin fut toujours très fier de son talent personnel de bon ouvrier qui lui permettait, sans l'assistance de quiconque, de commencer et de finir un bijou jusqu'à sa mise en écrin. Nous en aurons la preuve par la suite.

En ce temps-là, les bijoutiers dessinateurs étaient rares, et Massin, élève de l'Académie de Liége, maniait assez bien le crayon. Certes, il n'inventait encore rien et se contentait de répéter ce qui se faisait alors, c'est-à-dire des broches formées de feuilles rondes et de fleurs pointues, — ou inversement, — parmi lesquelles s'éparpillaient beaucoup de chatons isolés. Les plus belles pièces de joaillerie de cette époque consistaient en de grands ornements de corsage, composés de deux ou trois broches superposées, de grandeur inégale, avec feuilles, chatons et pampilles, et aussi des rivières de brillants à monture massive d'argent. On n'en demandait pas davantage et on ne cherchait guère à varier les modèles. Mais notre jeune homme ne se contentait pas de copier en dessinant ; il faisait preuve d'imagination et de goût ; aussi, lorsqu'il se présenta chez Fester (qui, ayant succédé à Viennot en 1848, demeurait alors rue Vivienne, n° 2), celui-ci le prit immédiatement chez lui et utilisa ses petits moyens.

Massin resta trois ans chez Fester, vivant d'une modeste journée et du produit de la vente de dessins qu'il faisait le soir chez lui, après sa journée d'atelier, et qu'il plaçait assez facilement dans les grandes et petites maisons de joaillerie.

En 1854, il entra comme chef d'atelier de joaillerie chez Rouvenat, qui lui donna cet emploi, sur le vu de ses dessins et après l'épreuve faite, dans ses ateliers, de l'exécution d'un bracelet, feuillages en diamant et en or, que Massin fit seul, monture et serti. Un froissement d'amour-propre vint malheureusement abréger son séjour dans cette belle maison Léon Rouvenat, qu'il quitta à regret au bout d'un an.

A cette époque existait un fabricant nommé Viette, qui avait beaucoup travaillé pour l'Orient. On aura une idée de l'importance et de la richesse des pièces que ce bijoutier exécutait parfois, lorsqu'on saura que, dans son atelier, on

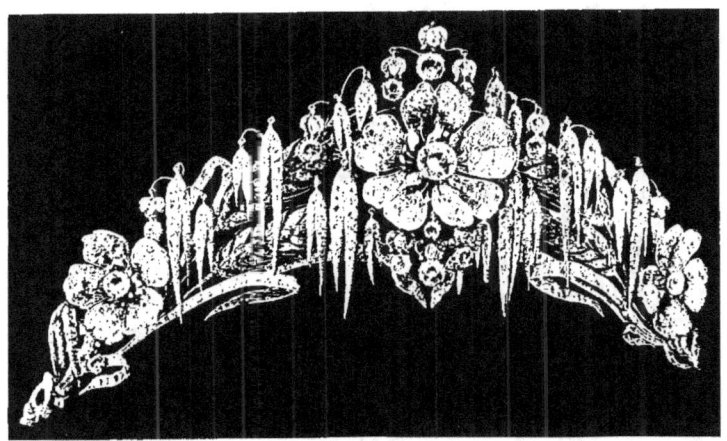

DIADÈME JOAILLERIE FLEURS, ÉPIS ET AVOINES.
Composition et exécution personnelle de O. Massin, alors ouvrier dessinateur (1860).
Largeur : 0ᵐ 20.

fit, entre autres choses somptueuses, un harnachement complet en or et pierreries pour le cheval du sultan.

En 1855, Viette venait de recevoir la commande d'un grand diadème pour l'Impératrice Eugénie ; il désirait vivement avoir Massin pour l'aider à l'exécution de ce travail. Il lui demanda donc d'entrer chez lui, mais uniquement pour la fabrication de cette importante pièce de joaillerie.

Voici le récit que nous fit Massin à ce sujet :

« Au commencement de l'année 1855, sur le point de partir pour Londres où je voulais aller étudier la joaillerie anglaise dont on parlait beaucoup à cette époque), M. Viette, apprenant que je venais de sortir de la maison Léon Rouvenat, dans laquelle j'avais été chef d'atelier, quoique bien jeune pour cet emploi (je n'avais pas 25 ans), me fit demander si je ne voudrais pas entrer chez lui pour exécuter un grand travail dont il avait commande pour l'Exposition, un travail dans lequel devait figurer, entre autres pierres remarquables, le fameux diamant de la Couronne, le *Régent*.

» Je fus séduit par la proposition de monter cette pierre célèbre et consentis à retarder mon départ.

» Mais quand je vis le motif du dessin, qui me parut étrange, je fus un peu déconcerté, ne sachant pas si c'étaient des algues ou des palmettes que l'on avait voulu faire.

» M. Viette m'expliqua alors qu'il n'était pas l'auteur du dessin, que c'était M. Devin[1] qui en avait

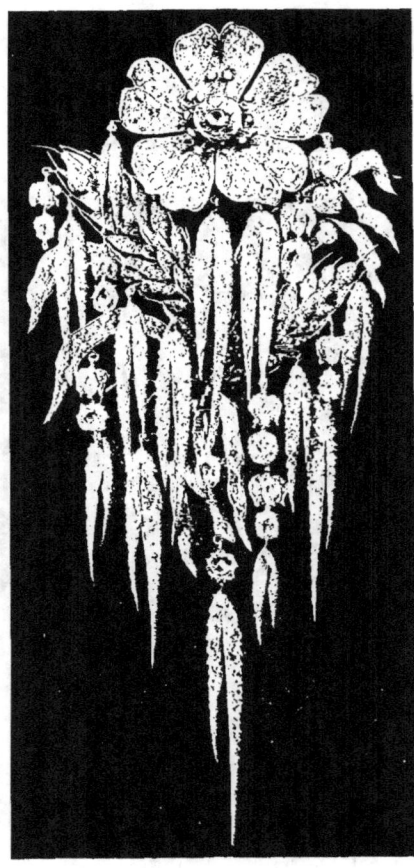

BROCHE JOAILLERIE
FLEURS, ÉPIS ET AVOINES
par O. Massin (1860), exécuté pour Lemonnier.
Hauteur : 0ᵐ 185.

1. Devin était un ancien ouvrier de la maison Bapst. Étant allé en Angle-

eu l'idée d'après un cadre en bois sculpté vu au palais de

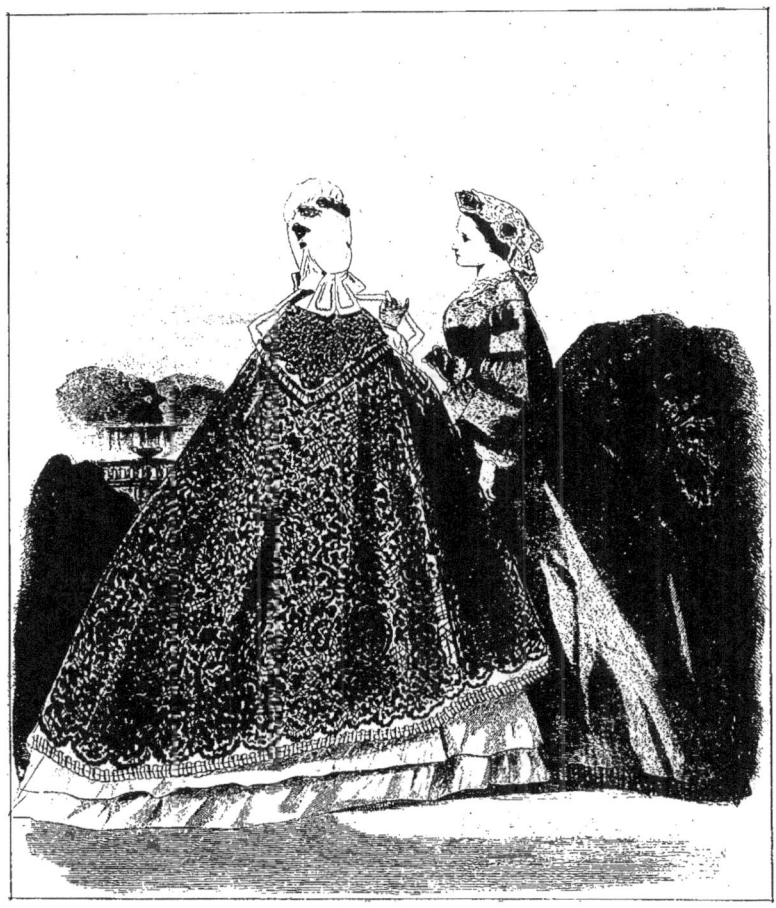

TOILETTES DE VILLE EN 1862.

terre, il entra chez un des grands joailliers de Londres et eut ainsi l'occasion de connaître le Prince Louis Bonaparte, alors en exil. De retour à Paris en 1848, il obtint le titre de conservateur des Diamants de la Couronne et s'adjoignit, pour le nettoyage et l'entretien des joyaux, un vieil ouvrier nommé Dugué.

Versailles, qu'il fallait en respecter les dispositions générales, mais que je pourrais en modifier les détails si je le pensais utile. Je me bornai à faire et à proposer quelques rectifications qui furent approuvées par M. Devin, et me mis à l'œuvre avec l'aide de sept ou huit ouvriers, y compris le fils du patron que je dirigeais, et M. Robert, l'ancien chef d'atelier, et le travail fut terminé dans le délai voulu pour figurer à l'Exposition, dans la vitrine des Diamants de la Couronne. »

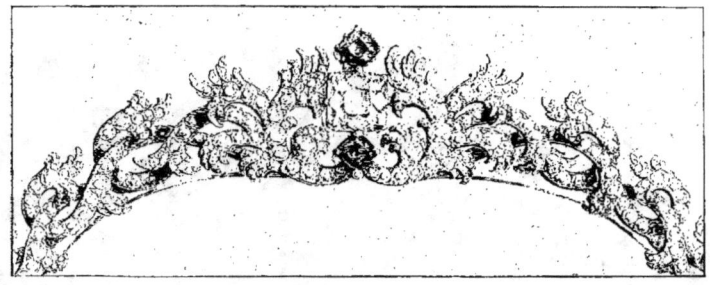

DIADÈME AVEC LE RÉGENT AU CENTRE
PORTÉ PAR L'IMPÉRATRICE A L'INAUGURATION DE L'EXPOSITION DE 1855
par O. Massin.
(Réduction des deux tiers.)

Ce diadème, extraordinairement riche en beaux diamants, péchait par son importance même et ses dimensions excessives; mais c'était un beau morceau de métier, bien réussi, qui valut une médaille au fabricant, M. Viette.

L'Impératrice le porta le jour de l'inauguration de l'Exposition de 1855; mais il ne plaisait pas beaucoup à la souveraine, qui le trouvait écrasant, non comme poids peut-être, mais comme volume; elle le porta rarement, et disait volontiers, en faisant allusion aux flammes des rinceaux et à leur aspect un peu diabolique, que c'était un bijou bon pour Lucifer ! Et Massin ajoute aujourd'hui : « L'Impératrice avait raison ».

Lorsque ce diadème fut terminé, Massin quitta Viette et se rendit à Londres pour étudier le travail des joailliers anglais, dont la fabrication était réputée pour être très soignée, mais très lourde. Ils exécutaient alors des pièces de joaillerie parfaitement finies, dans le style « de la reine Élisabeth ». Leur succès était tel que le snobisme, ou, pour parler le langage de l'époque, le *dandysme* aidant, un grand nombre de clients parisiens faisaient fabriquer leurs bijoux de l'autre côté du détroit. Massin resta un an et demi à Londres, chez Boëck, qui était non seulement un joaillier habile, mais aussi un homme très instruit et un numismate de premier ordre.

A son retour, il entra chez Tottis, qui travaillait pour un grand nombre de marchands parisiens, et il devint son associé en 1861. C'est alors qu'il changea complètement de genre et qu'il commença à faire ces fleurs et ces branches de joaillerie plus légères et mieux dessinées que Fossin avait été seul à faire jusqu'alors. Certes, à la fin du xviiie siècle, des joailliers comme Babel, Lempereur, Pouget, Bapst et d'autres, avaient exécuté de ravissants motifs, des bouquets et des fleurs ; mais tout cela était d'un art conventionnel, — plein de

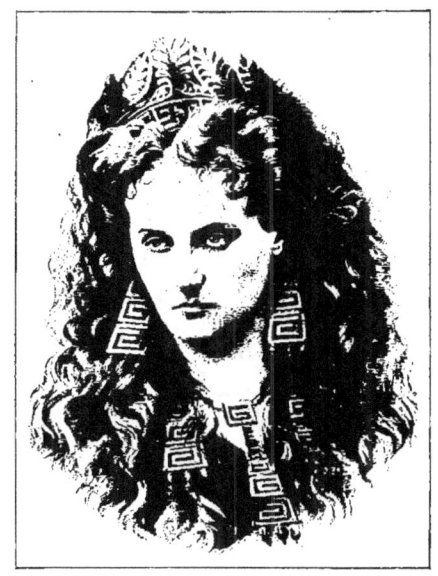

LA COMTESSE DE CASTIGLIONE
EN REINE D'ÉTRURIE.
Collection du Comte Robert de Montesquiou.

charme et très décoratif assurément, — qui, néanmoins, ne rappelait que de loin la nature. Massin s'appliqua à étudier la forme et les attaches des fleurs et des feuilles, leur structure, leur physionomie propre, et c'est en cela surtout qu'il fut un novateur.

C'est donc pendant qu'il était avec Tottis qu'il commença à se lancer dans cette voie nouvelle ; il fit, entre autres, un grand nombre de ces fleurs à culots — ou, pour mieux dire, à calices — en forme d'entonnoir, dans le genre des glaïeuls, qui eurent beaucoup de succès.

En 1863, Massin, qui précédemment avait déjà refusé l'offre d'un établissement à Londres, comme il devait, plus tard, refuser les plus belles promesses d'avenir qui lui furent faites s'il voulait partir à New-York travailler pour la maison Tiffany et C°, s'établit pour son propre compte rue des Moulins. C'est à cette date que pour la première fois il interpréta en joaillerie l'églantine aux pétales en forme de cœur, d'un dessin simple et ferme, et ce type de fleur fut ensuite répété par tout le monde, sans modification, à d'innombrables exemplaires, jusqu'en 1880 et même au-delà... Il rénova aussi ces nœuds et aigrettes, plumes de héron en forme de crosses, mêlées de pampilles et de chatons mobiles en diamant, dont on trouve la première idée chez les joailliers du xviiie siècle. C'est à l'occasion du mariage d'un de ses confrères que Massin fit son premier bijou de ce genre, qui a servi de point de départ à tous les bijoux analogues dont la vogue fut si grande depuis et n'a pas encore complètement cessé. La parure la plus importante qui fut faite d'après ce type d'aigrette mobile, mais cette fois sans mélange de plumes naturelles, fut exécutée en mars 1864, pour la maison G. Lemonnier. Lemonnier, joaillier de la Couronne et fournisseur de la Reine Isabelle, venait de recevoir d'Espagne la commande d'un joyau pour lequel rien ne devait être épargné. « Il s'agit de travailler comme pour une reine », disait Lemonnier à Massin en lui demandant un projet où s'allierait la richesse et l'originalité. Mais, en même temps qu'à Massin, c'est dans des termes identiques — soi-disant confidentiels à chacun — qu'il adressa la même demande de dessins à plusieurs autres fabricants de mérite, ouvrant ainsi une sorte de concours secret, procédé assurément plus habile que délicat, car un seul des concurrents, sans le savoir, était appelé à recueillir le fruit de son travail. Quoi qu'il en soit, ce fut Massin qui triompha. Son projet comportait cinq aigrettes, arrondies en ifs, offrant à l'œil des diamants mobiles sous trois faces, attachés d'une façon invisible à des brins en touffes, finement effilés et sertis de milliers de petits brillants et roses. De riches culots

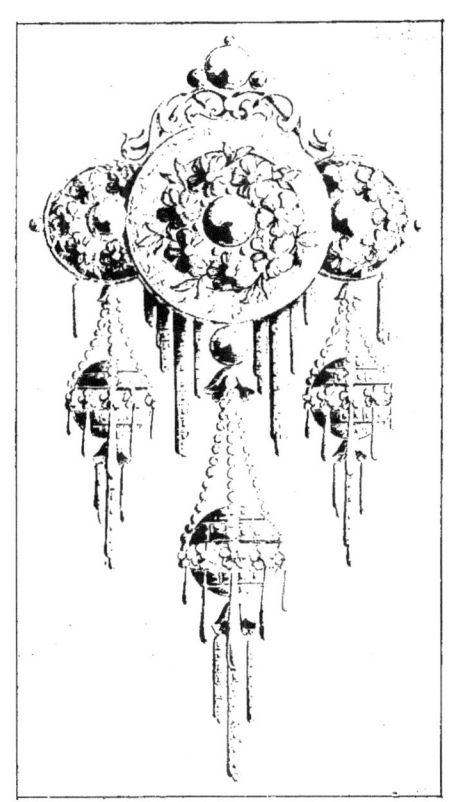

BROCHE
par O. Massin (1862).

fleuris étaient le point de départ d'où les aigrettes s'élançaient légères et scintillantes, et l'espace laissé entre ces motifs principaux était rempli par des groupes de chatons retombant en pluie. Le tout, disposé en couronne, était retenu par un large ruban ondulé — base commode et solide

— qui se nouait à grandes coques pour fermer la parure en arrière, laissant de longs bouts flottants descendre sur la nuque.

Le succès de cette parure fut retentissant à la cour de Madrid, où elle parut, portée par l'une des plus belles et des plus grandes dames d'Espagne, Mme la Duchesse de Medina-Cœli. Elle valut un regain d'affaires et de renommée à la maison Lemonnier, qui paya 14.000 francs la seule façon de cette pièce de joaillerie, si audacieuse d'idée et si heureusement réussie, que plusieurs des joailliers de Paris qui la virent, lors de l'exposition qu'en fit Lemonnier dans ses magasins avant de la livrer, vinrent chez Massin pour le féliciter, l'un d'eux s'informant même, en manière de compliment, « par où on commençait et comment on finissait pareil ouvrage » ? Question à laquelle Massin pouvait répondre, car nous avons dit qu'il était ouvrier adroit, connaissant tout de son métier et que nous en fournirions la preuve. La voici :

Lors d'une fête qui eut lieu peu de temps après la livraison de la parure de Lemonnier, la Duchesse, en passant sous une tenture, y resta accrochée par sa coiffure et ses aigrettes s'enchevêtrèrent si malheureusement, qu'on ne put les dégager sans les plus grands dommages. On ramassa à terre des morceaux cassés, des pierres tombées, le reste faussé et emmêlé dans une confusion inextricable ; bref, un vrai désastre, qu'il était urgent de réparer immédiatement, car une grande réception chez la Reine Isabelle était prochaine. Comme on n'avait plus le temps d'envoyer la parure à Paris, on demanda à Lemonnier d'envoyer faire la réparation à Madrid.

Lorsque Lemonnier vint demander secours et expliquer la nature des dégâts à réparer, Massin lui dit : « Pièces cassées à refaire, il faut un monteur ; pierres à sertir ou à remettre, affaire de sertisseur, et, enfin, pièces à polir et nettoyage final, travail de polisseuse ; c'est une équipe de trois personnes qu'il vous faut, car, excepté moi-même, je n'ai pas dans mon atelier et ne connais personne au dehors réunissant les aptitudes nécessaires pour le travail à faire. » Lemonnier ne se souciait pas beaucoup de déplacer trois personnes, ni de mettre son fabricant en relation avec sa noble cliente; de son côté, Massin ne se souciait pas davantage de quitter ses affaires, son atelier en pleine activité.

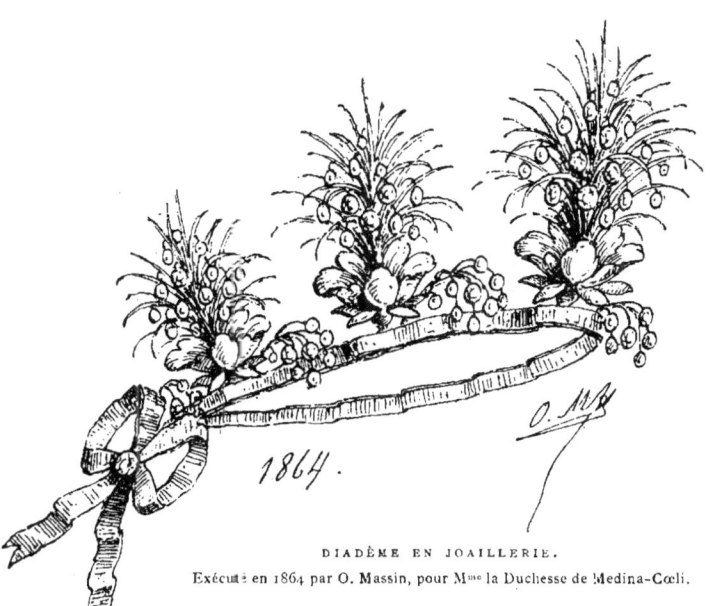

DIADÈME EN JOAILLERIE.
Exécuté en 1864 par O. Massin, pour Mme la Duchesse de Medina-Cœli.

Cependant il fallait prendre un parti sans délai et Lemonnier, rassuré d'ailleurs par la discrétion et la droiture qu'il connaissait à son fabricant, lui demanda instamment, comme un grand service, de se rendre lui-même à l'appel de la Duchesse. Ayant fini par accepter, Massin part, muni d'un assortiment de pierres, de matières préparées et d'un outillage complet. Arrivé à Madrid, au palais de la Duchesse, c'est un salon somptueux qu'on lui donne comme atelier, c'est une magnifique table dorée Louis XIV qui sert d'établi, et c'est dans cette installation superbe, mais tout à fait incommode, — malgré que tout ait été très gracieusement mis à la disposition *de usted,* — qu'après dix jours de travail assidu, Massin put rétablir l'aigrette dans sa perfection première et la montrer à sa noble propriétaire, tout effarée de voir dans son salon les casseroles de ses cuisines, qui avaient servi au savonnage et au séchage de la parure dans la sciure. Mais un incident tragico-comique s'était produit au cours du travail. Au moment de faire ses soudures, Massin s'aperçut que dans la hâte du départ il avait oublié son chalumeau; perplexe, il sortit, se proposant, comme dernière ressource, d'apitoyer sur sa mésaventure un confrère secourable, lorsque, chemin faisant, il vit des pipes de terre à la vitrine d'un marchand de tabac. Ce fut un trait de lumière, le problème était résolu ! Massin acheta une pipe, en cassa le bout trop long, en essaya le souffle et réussit toutes ses soudures avec ce chalumeau de rencontre, inventé par la nécessité. Le travail terminé, au moment de partir, Massin présenta ses hommages à la Duchesse qui tint à le remercier et lui fit visiter son palais, sa galerie d'armes, ses chevaux et voitures et, faveur plus appréciable, l'invita à voir le lendemain, dans tout son apparat, la femme d'un grand d'Espagne se rendant chez la Reine. Exact au rendez-vous, Massin fut émerveillé de la richesse d'un carrosse tout doré, magnifiquement attelé, mais plus encore de la beauté et de la grâce de cette noble dame, qui lui dit : « Vous voyez, monsieur l'artiste, j'ai votre diadème sur la tête ! — Il n'est beau que là, madame la Duchesse ! s'écria celui-ci, mais prenez garde aux crépines des tentures. — Merci, monsieur, et au revoir. — Adieu, madame. »

Cette charmante anecdote, bien typique et bien française, nous a été contée par notre ami Massin lui-même, qui est un causeur exquis, et nous nous sommes efforcé de la transcrire aussi fidèlement que possible.

C'est également vers 1863 que débuta la mode des papillons, des lézards, serpents, libellules, scarabées, etc.,

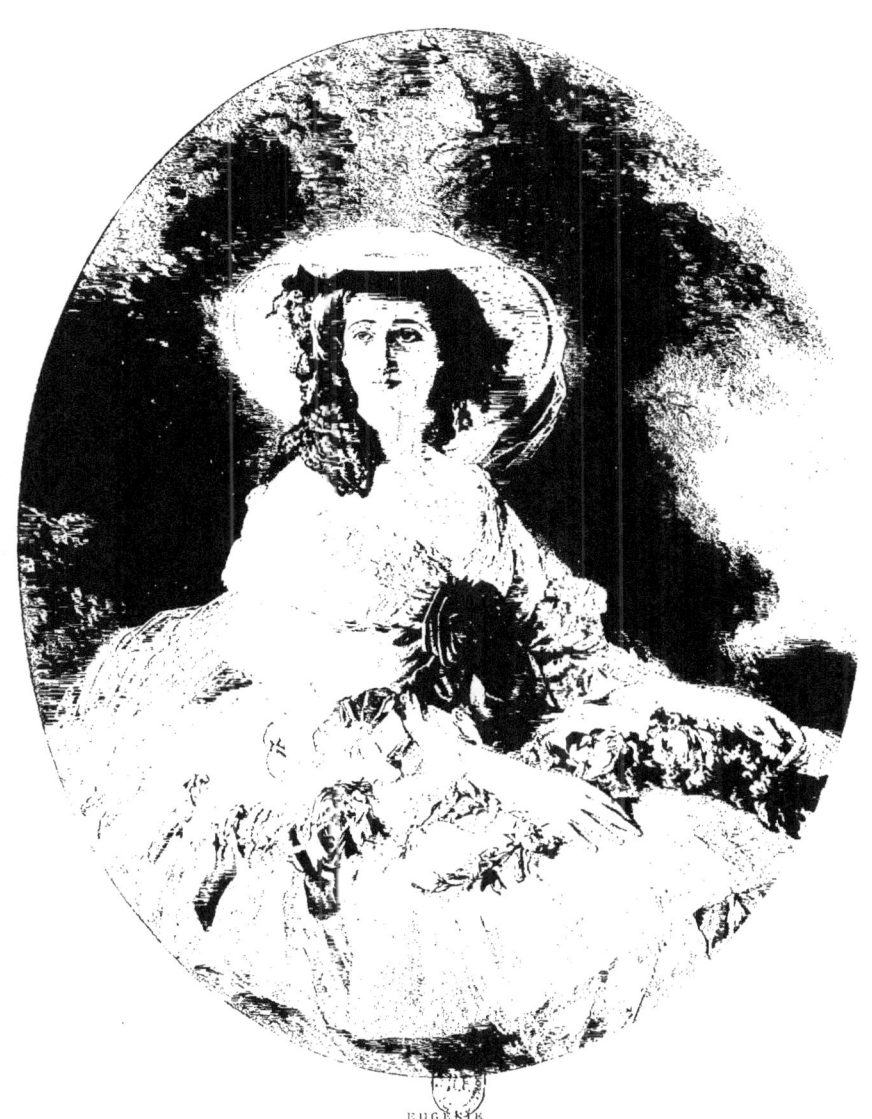

EUGÉNIE
par Winterhalter.

pendants de col de tout style, et particulièrement Louis XVI ; on vit aussi apparaître à la même époque, ces « pluies » de brillants mobiles, ces aigrettes dans lesquelles les chatons

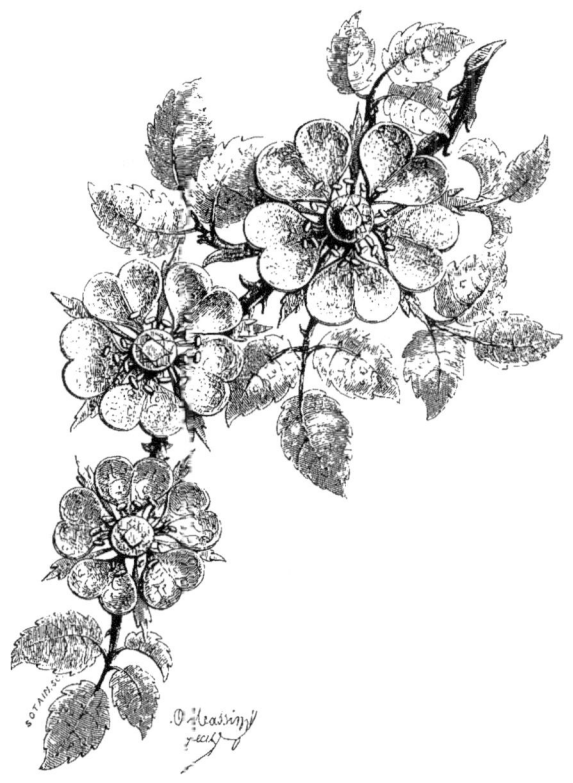

BRANCHE D'ÉGLANTIER
par O. Massin (1863). — Prototype d'un modèle devenu classique.

étaient disposés comme les clochettes du muguet ou enfilés pour ainsi dire sur des lames minces d'or « écroui » faisant ressort.

Ces aigrettes de brillants, très en vogue pendant tout le second Empire, surtout depuis 1865, affectaient principalement la forme d'épis, d'avoines, de fleurs, de plumes frisées ; elles étaient parfois complétées par des plumes d'oiseau de paradis naturelles et se plaçaient au milieu de la tête. Un peu plus tard, on les porta sur le côté. Rappelons qu'auparavant, de 1845 à 1855, les parures de tête encadraient presque complètement la figure : deux ornements plus importants se plaçaient au-dessus des oreilles et servaient de point de départ à d'autres motifs continus : épis, rubans ou groupes de feuillages, qui se rejoignaient au sommet du front. On a vu (p. 163 et 164) qu'un des derniers exemples — très remarquable — de ce genre de parure, figura à l'Exposition de 1855 et avait été dessiné et exécuté par E. Fontenay. C'était la fin d'une mode qui avait commencé sous Louis-Philippe et dont nous avons montré plusieurs spécimens dans le volume précédent.

C'est entre 1865 et 1870 que Massin fit ces grandes boucles d'oreilles genre lustres, que nous avons déjà signalées, et qui eurent tant de succès. Les diamants dont elles étaient ornées, disposés en quinconces ou en plusieurs lignes superposées, étaient suspendus très légèrement et avaient une mobilité extraordinaire. Au moindre mouvement de la tête, ces grappes éblouissantes auréolaient le visage de scintillements du meilleur effet. Ce fut Baugrand, alors joaillier de l'Empereur, qui eut la primeur de ce genre de pendeloques ; cet homme de beaucoup de goût, d'ailleurs fabricant habile lui-même, en fut enthousiasmé, mais le prix de la monture, qui était assez élevé, l'enchantait beaucoup moins. Aussi en fit-il l'observation à Massin, qui déclara ne pouvoir rien y modifier. Le soir même, Baugrand ayant vendu sans difficulté les fameuses pendeloques, revint à de meilleurs sentiments et n'hésita pas à en commander une nouvelle paire. Il en vendit ainsi successivement plus de quinze paires, et si rapidement qu'on n'arrivait pas à les exécuter à temps.

Nous avons dit qu'autrefois on ne voulait payer que très chichement la monture des diamants, et c'est une des causes

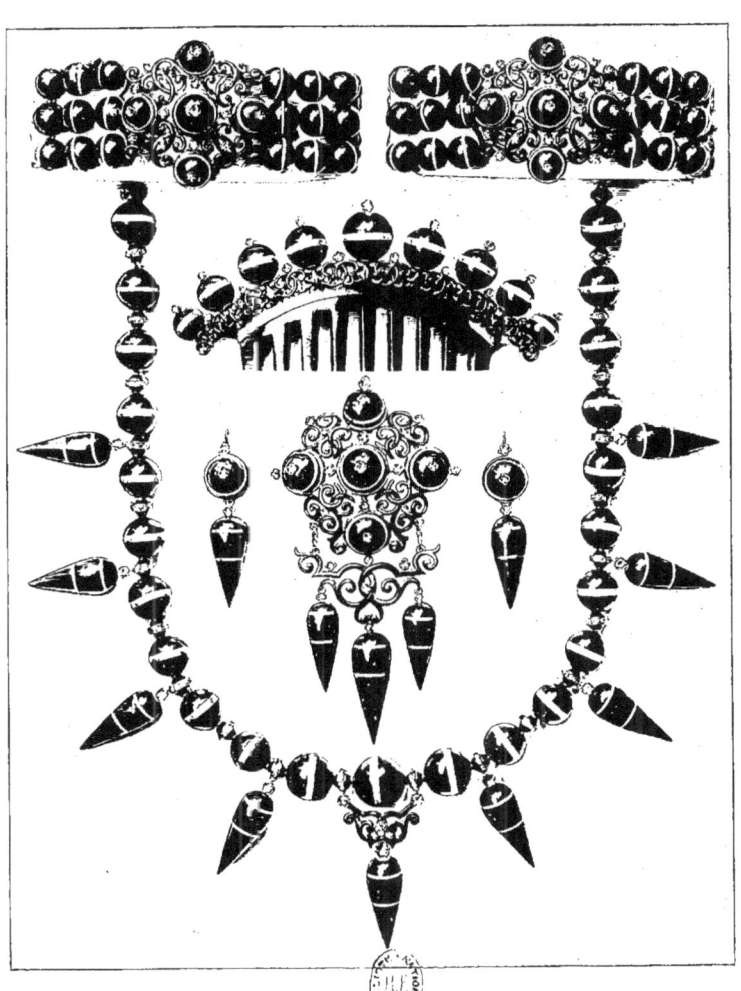

PARURE COMPLÈTE EN ONYX POUR LES DEUILS DE COUR.

qui retardèrent l'essor de la joaillerie. Il y avait alors une sorte de tarif établi à tant la pierre, quelles que fussent l'importance de l'objet, la qualité et la difficulté du travail ; aussi, les fabricants cherchaient-ils plutôt à présenter des dessins simples et faciles, sans se préoccuper beaucoup de la beauté du bijou. On payait généralement 1 fr. 20, 1 fr. 50 par pierre, et l'on descendait même jusqu'à 0 fr. 75 pour le travail destiné aux commissionnaires et aux exportateurs [1]. Ces prix n'étaient ni rémunérateurs, ni équitables. Dès que Massin fut établi pour son compte, en 1863, il réagit, en ce qui le concernait, contre cet usage ridicule ; ce ne fut pas sans difficultés ; néanmoins, comme on voulait absolument

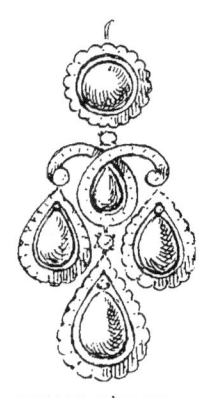

BOUCLE D'OREILLE
EN JOAILLERIE.

avoir de ses œuvres, on fut bien obligé d'en passer par ses exigences. Cette petite révolution fut un réel bienfait pour toute la corporation. Il est bon de dire qu'à l'occasion du succès de Massin à l'Exposition de 1867, les fabricants joailliers se sou-

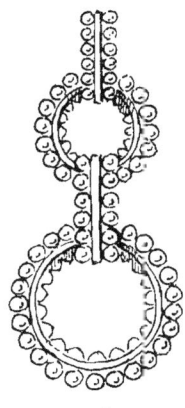

BOUCLE D'OREILLE
EN JOAILLERIE.

En 1852, Beltête, ouvrier joaillier chez Fester, à qui la confection des chatons causait de grandes douleurs dans les doigts, inventa un procédé mécanique pour faire des chatons découpés et estampés. Ce fut une véritable révolution dans la fabrication. Pour les pièces soignées, il était nécessaire de retoucher ces chatons, pour lesquels le prix de façon était minime et le déchet nul. Mais, dans les pièces destinées à l'exportation, on les employait tels qu'ils sortaient de chez l'estampeur.

Plusieurs fabricants en ont fait et se sont disputé la priorité de cette invention, entre autres Bouret et Ferré qui du reste la perfectionnèrent, mais c'est bien à Beltête qu'elle appartient. (Note de M. Massin.)

Bouret et Ferré s'étaient établis en 1853 ; en 1862, ils ont fait don au musée du Conservatoire national des Arts et Métiers, d'une collection de leurs échantillons estampés et découpés : chatons, galeries, etc.

venant du service rendu, lui offrirent un banquet en témoignage de leur reconnaissance pour celui qui les avait affranchis d'un tarif de misère contraire à tout progrès.

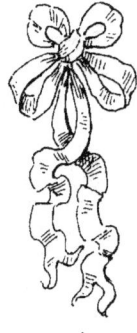

BOUCLE D'OREILLE
EN JOAILLERIE.

Vers 1865, Massin perfectionna encore la monture dite bord à bord. Il la rendit si légère, qu'elle mérita d'être appelée monture « illusion »; les pierres ne semblaient retenues entre elles que par le filet intérieur, formant comme une ligne festonnée à l'extérieur, où elles étaient assurées seulement par une griffe mitoyenne, divisée en deux parties à son sommet, pour se rabattre également sur les deux pierres voisines qu'elle avait pour objet de retenir. C'est ainsi que fut faite, pour Baugrand, une magnifique parure avec perles noires, qui fit l'admiration de tous les connaisseurs.

Au moment de l'Exposition de 1867, Massin, malgré son nombreux personnel ouvrier, ne pouvait suffire aux demandes qui affluaient de tous côtés. Beaucoup de marchands, n'ayant pas d'atelier personnel, s'étaient adressés à lui, et lui avaient commandé un nombre considérable de pièces importantes pour leurs expositions. Il était débordé, malgré vingt-cinq ouvriers qui travaillaient sans relâche et qui veillaient fort tard tous les soirs, car on n'avait pas encore, par des règlements administratifs parfois très gênants, et également préjudiciables aux patrons et aux ouvriers, limité, comme aujourd'hui, la durée du travail à dix heures (qui menacent de se réduire encore à huit heures).

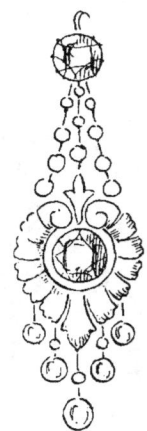

BOUCLE D'OREILLE
EN JOAILLERIE.

Indépendamment de nombreuses commandes à exécuter pour d'autres joailliers, Massin s'était engagé à faire, presque

LE SECOND EMPIRE

entièrement, l'exposition de Samper, à laquelle Joseph Halphen, un des principaux marchands de pierres de l'époque, s'intéressait beaucoup. Un matin, ce dernier dit à Massin : « Si vous voulez prendre part à l'Exposition en votre nom, vous le pouvez, car Samper renonce à exposer. — Je ne demanderais pas mieux, répond Massin, mais il n'y a plus que six semaines jusqu'à la date fixée pour l'ouverture, et je suis déjà débordé ! — N'importe, réfléchissez, et donnez-moi votre réponse ce soir : je mets à votre disposition toutes les pierres dont vous pouvez avoir besoin et, de plus, j'achète d'avance tout ce que vous voudrez faire comme monture. — Alors,

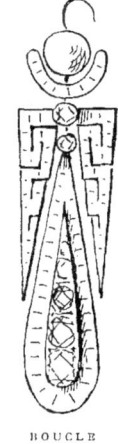

BOUCLE D'OREILLE EN JOAILLERIE.

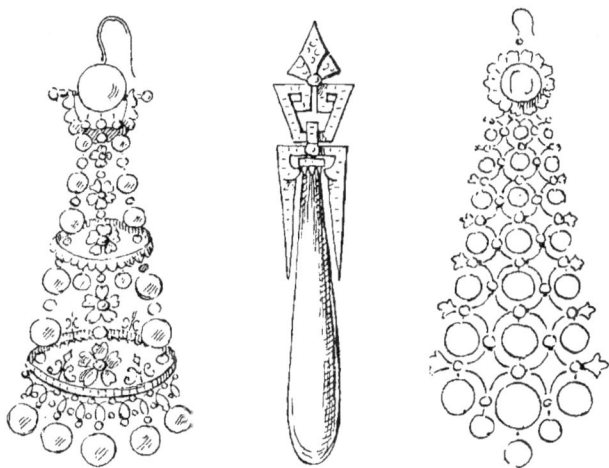

BOUCLES D'OREILLES EN JOAILLERIE.

c'est entendu, j'accepte, vous pouvez compter sur moi. »

Et c'est ainsi que Massin exécuta ce tour de force de ne manquer de parole à personne pour les commandes qu'il avait prises antérieurement, et de présenter sous son nom, sans se répéter, des pièces de joaillerie en quantité suffisante pour remplir une vitrine d'un mètre. La pièce la plus importante de cette vitrine consistait en une très grande coiffure

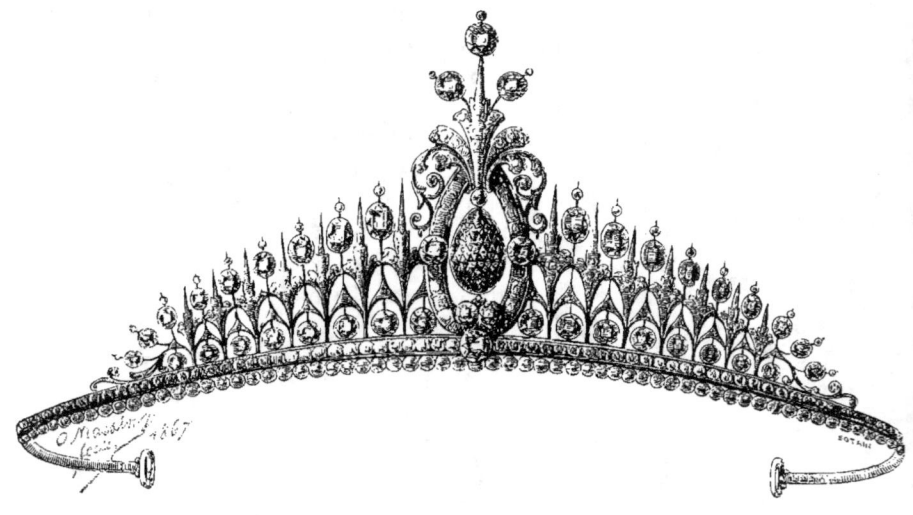

DIADÈME EN JOAILLERIE, AVEC BRIOLETTE AU CENTRE.
par O. Massin (1867).

toute en joaillerie, émeraudes et rubis, avec une plume en diamants et des chaînes ruisselantes de pierreries, qui venaient pendre « en esclavage » sous le menton (voir p. 237). Cette parure, d'une extrême richesse, était destinée à l'Orient. Lorsque Joseph Halphen la vit, il en fut tellement satisfait, qu'il remit séance tenante à Massin mille francs de gratification pour ses ouvriers.

Tout le monde sait le grand succès de l'Exposition de 1867 ; le Salon de la Joaillerie fut très visité. La réputation de Massin en fut encore accrue, et les commandes lui arri-

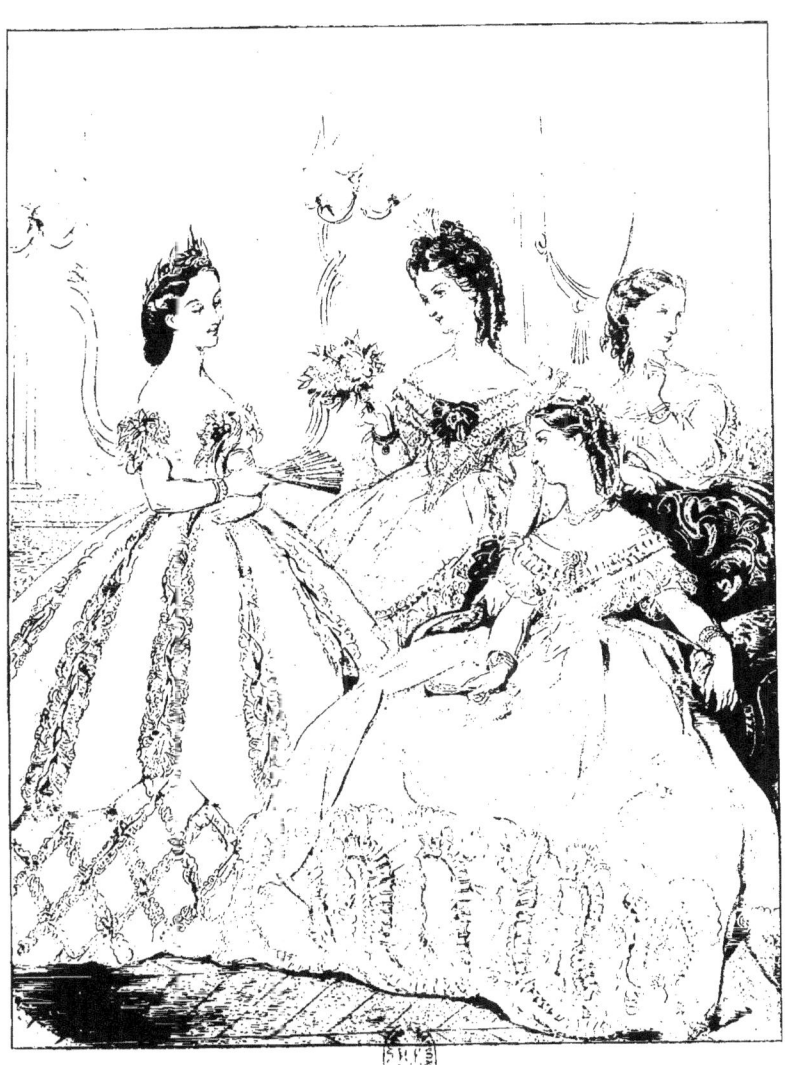

TOILETTES DE BAL EN 1863
par Héloïse Leloir.
Colliers, bracelets, perles et bijoux dans les cheveux.

vèrent de tous côtés. Aussi dut-il, en 1869, transporter son atelier avenue de l'Opéra, dans la partie qui n'était alors qu'amorcée près du Théâtre-Français. C'est là qu'il resta jusqu'en 1892, époque où il se retira des affaires.

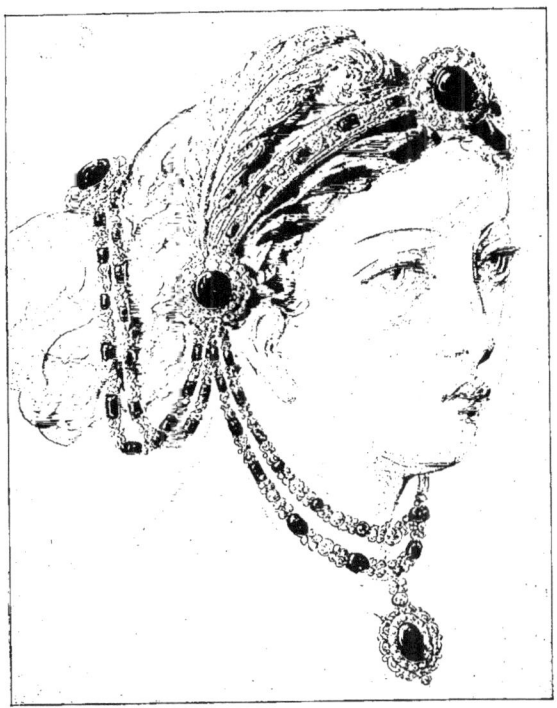

GRANDE PARURE DE TÊTE.
Exécutée pour l'Orient par O. Massin (1867).

Vers 1870, Massin commença à faire un grand nombre de bracelets souples et de colliers en joaillerie, dont le point de départ était la chaîne carrée à chatons à filets. Il commença par l'agrémenter de bordures simples : dents de loup, trèfles, puis d'ornements plus compliqués. Il en fit aussi d'après des motifs copiés sur des broderies anglaises ou inspirés des frises indiennes ou persanes. C'est aussi vers cette époque qu'il imagina une tige flexible, formée d'un fil d'or écroui faisant ressort, autour duquel s'enroulait, en

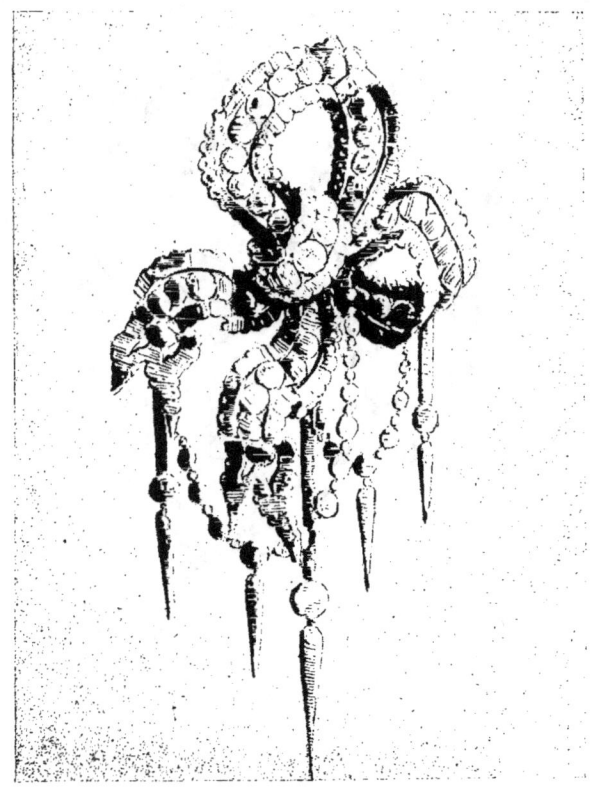

NŒUD DE JOAILLERIE A PAMPILLES
par O. Massin (1864).

spirale, une lamelle de métal, or ou argent, sur laquelle on pouvait sertir des roses. Cette tige flexible, amincie vers son extrémité, restait souple quoique garnie de pierres dans toute sa longueur, et c'était une grande ressource pour les

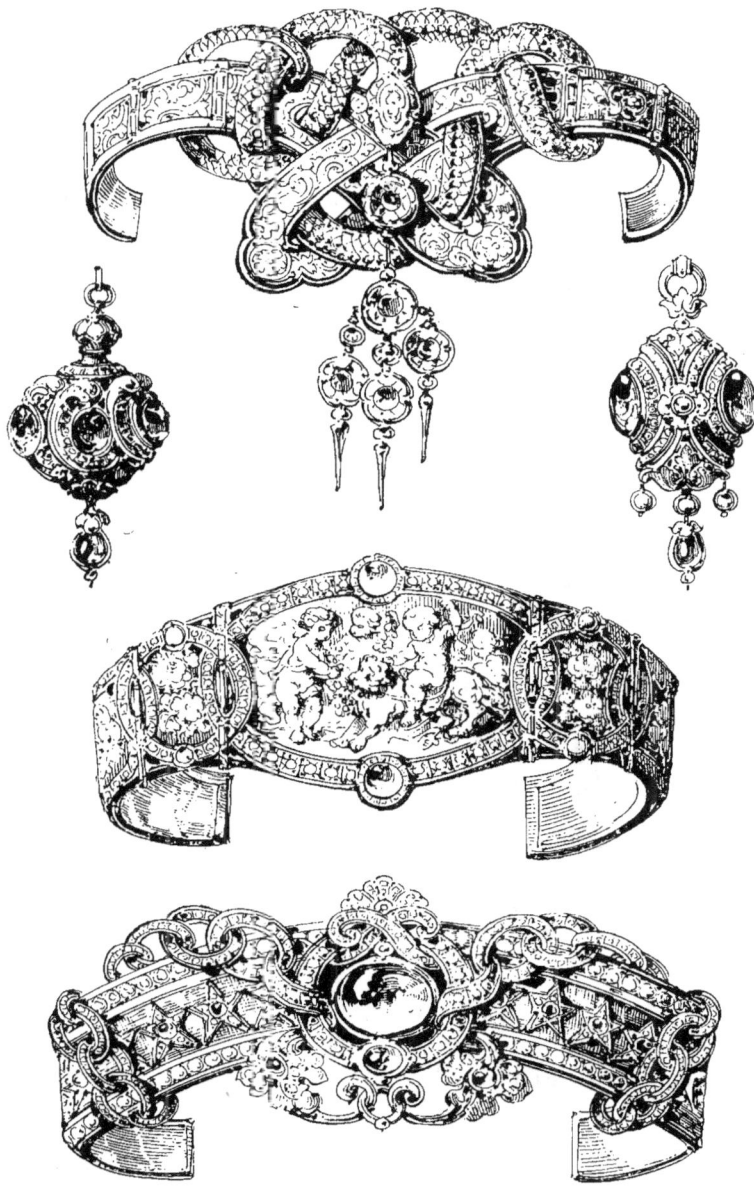

BRACELETS ET BRELOQUES
par Eugène Julienne. (Extrait de *la Pandore*.)

branches de joaillerie, qui pouvaient ainsi se placer à volonté sur le corsage, à l'épaule ou dans la coiffure. Fontenay, A. Fouquet et Capitaine firent aussi des tiges du même genre; toutefois, dans celles de Capitaine, le fil intérieur était en acier, ce qui leur donnait plus de souplesse encore et de résistance, mais occasionnait aussi des discussions sans fin avec les employés de la Garantie, lorsqu'il s'agissait de les faire contrôler. Il utilisa ses ressorts pour des fougères flexibles fort jolies. Disons en passant que Capitaine était un fabricant joaillier très ingénieux et très adroit. Lorsque les difficultés du travail l'exigeaient, il s'amusait à inventer toutes sortes d'accessoires et d'outils spéciaux, pinces, calibres, etc. Il s'était fait une spécialité des têtes d'oiseaux et d'animaux, surtout des têtes de chien griffon en joaillerie, dont les détails étaient soulignés très habilement par un trait de scie à jour. Le musée du Conservatoire des Arts et Métiers en possède un spécimen offert par M. F. Boucheron.

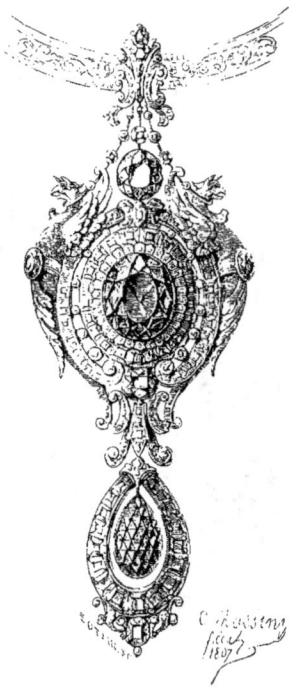

PENDANT DE COU
par O. Massin (1867).

La personnalité de Massin tient une place trop considérable dans la joaillerie du XIXᵉ siècle pour que nous puissions l'étudier ici jusqu'à la fin de sa glorieuse carrière. Nous en continuerons l'histoire, chronologiquement, au chapitre suivant.

Ainsi que nous l'avons vu, Falize, Fontenay, Massin et quelques autres, composaient et dessinaient eux-mêmes leurs modèles, et leurs œuvres achevées se trouvaient bien

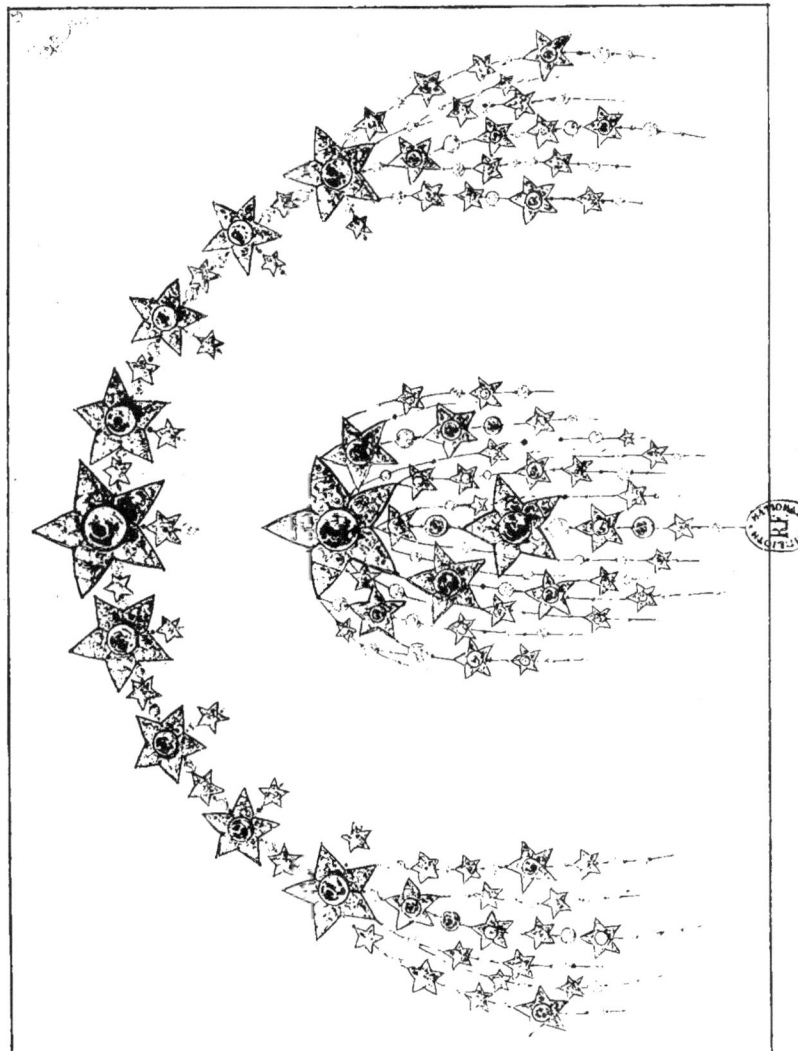

PARURE « VOIE LACTÉE »
par Julienne. (Archives de la maison Robin.)

telles qu'ils les avaient conçues; mais bien plus nombreux étaient ceux qui, mal habiles à manier le crayon, avaient recours à des dessinateurs spécialistes qu'ils chargeaient de donner une forme à leurs idées, quand ils en avaient, ou auxquels ils achetaient simplement des dessins faits à l'avance qu'ils exécutaient ensuite dans leurs ateliers. Nous avons déjà cité certains de ces dessinateurs industriels qui

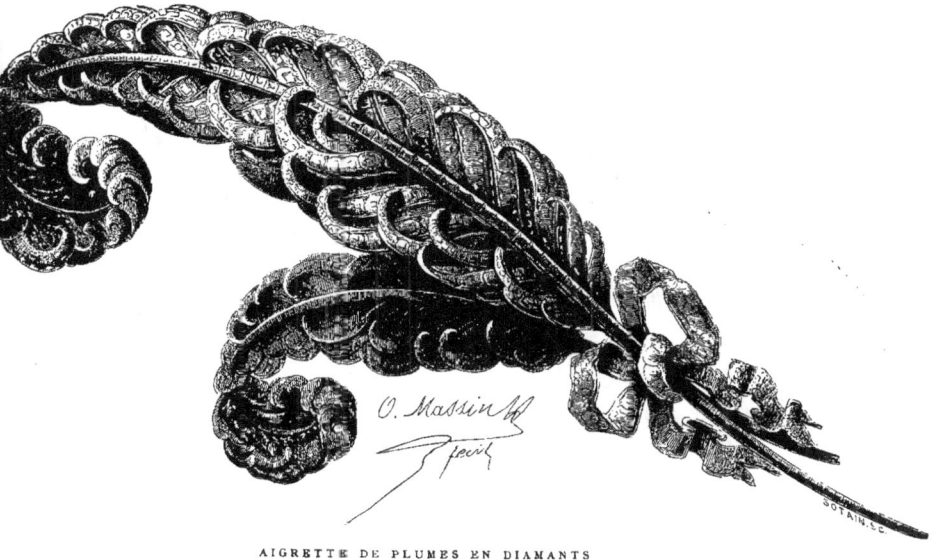

AIGRETTE DE PLUMES EN DIAMANTS
par O. Massin (1867).

avaient beaucoup de talent, tels que Liénard, Diéterle, Névillé, Klagmann et quelques autres. Il en est un que nous croyons devoir mentionner plus particulièrement, en raison de l'abondance de ses productions et parce qu'il eut une influence personnelle sur les arts industriels du Second Empire et en particulier sur la joaillerie, la bijouterie et l'orfèvrerie. Nous voulons parler d'Eugène Julienne (1808-1875).

Apprenti dès l'âge de 10 ans dans un atelier de dessinateurs, son jeune talent lui permit, quelques années plus tard, de soulager et d'aider sa mère, modeste couturière restée veuve avec trois fils. Quand elle mourut, il sut, à peine âgé de 17 ans, pourvoir aux besoins de ses frères et les mettre à

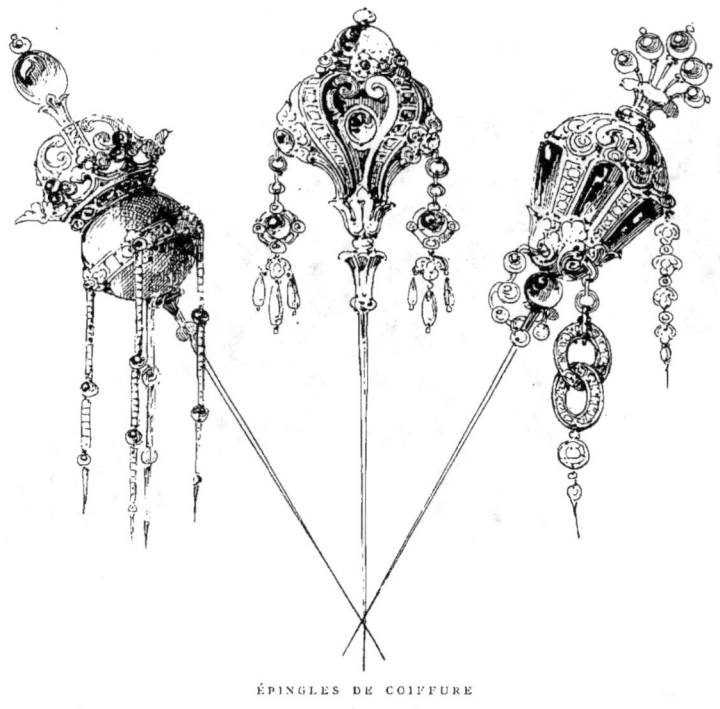

ÉPINGLES DE COIFFURE
par Julienne.

même de gagner leur vie. L'absence de foyer et la solitude pesaient au jeune artiste, qui était d'une nature aimante et généreuse : il se maria à 19 ans. Malheureusement sa femme était d'une santé délicate et mourut, le laissant veuf à 24 ans avec deux fillettes. Une seconde union fut plus heureuse. Entré comme dessinateur à la Manufacture de Sèvres, il y resta de 1838 à 1848, pendant l'administration de Brongniart, qui appréciait son talent et le présenta à Louis-Philippe. Durant son séjour à la Manufacture, Julienne composa un grand nombre de modèles, entre autres certain service de table genre Louis XVI, dont les assiettes à rinceaux et à fleurs eurent un succès considérable et se vendirent à

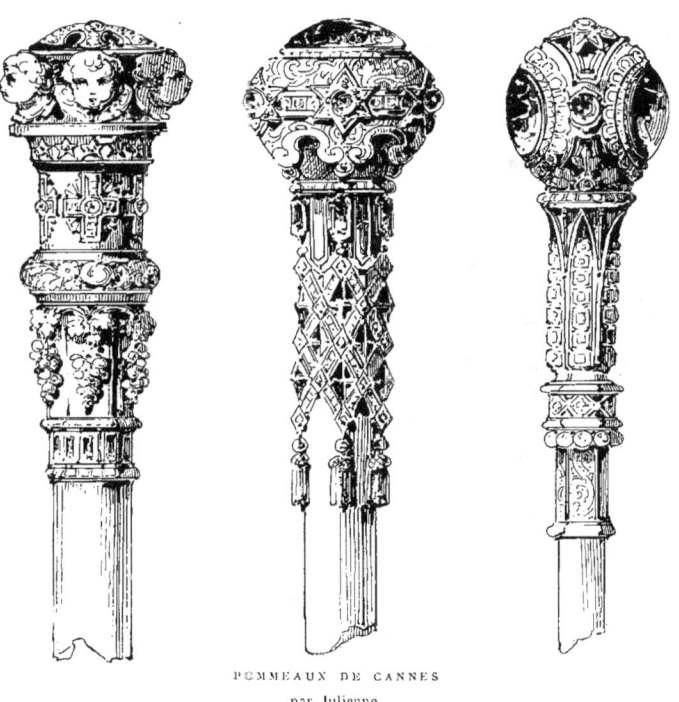

POMMEAUX DE CANNES
par Julienne.

des milliers d'exemplaires. Cependant il s'ennuyait à Sèvres où le genre de travail n'était pas approprié à son tempérament primesautier et très actif. Il aimait à dessiner plus vite que sur des pièces de porcelaine et à faire des compositions moins compassées et moins classiques que celles auxquelles il était astreint ; c'est pourquoi il se délassait en crayonnant rapidement les premiers de ces nombreux albums lithographiques de compositions industrielles qu'il continua plus tard et qui furent éditées par Letouzé et par Lemercier : compositions parfois sommaires et qui se ressentent de la hâte avec laquelle elles furent dessinées, mais néanmoins pleines de fougue et qui ont été la providence de bien des ateliers. Parmi ces recueils, il faut en signaler un très important : *l'Ornemaniste des Arts Industriels*[1], publié en 1840, qui se compose de 90 planches offrant des centaines de motifs ingénieux qui furent bientôt utilisés par tous les artistes industriels et, pour cette raison, eurent une grande influence sur le style de cette époque.

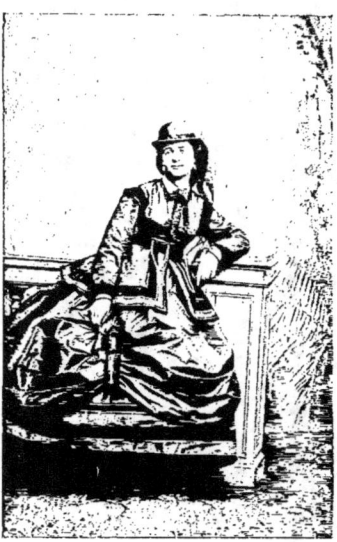

UNE ÉLÉGANTE EN 1864.
Chaîne de montre, boucles d'oreilles, bague.

D'un caractère très gai, causeur amusant et spirituel, il était très aimé de ses camarades, qui le désignèrent par leurs suffrages pour être leur officier dans la garde nationale. Mais on riait tellement, paraît-il, dans sa compagnie, qu'elle en était presque désarmée ; aussi, dans l'intérêt de la discipline menacée, fut-il prié de donner sa démission.

Vers 1853, J.-Paul Robin père ayant fait sa connaissance et trouvant en lui toutes les qualités artistiques recherchées pour nos industries, le pria de faire des dessins de bijouterie. La fécondité de son imagination, son inaltérable

---

[1] « *L'Ornemaniste des Arts Industriels*, recueil complet de tous les styles d'ornementation employés et ajustés dans la décoration, avec les notes descriptives de chaque style. Par Eug^e Julienne, les sujets par F. Régnier, peintres et compositeurs attachés à la Manufacture de Sèvres, 1840. A Paris, chez Letouzé, boulevard Saint-Martin, n° 9 » (30 livraisons, 90 planches).

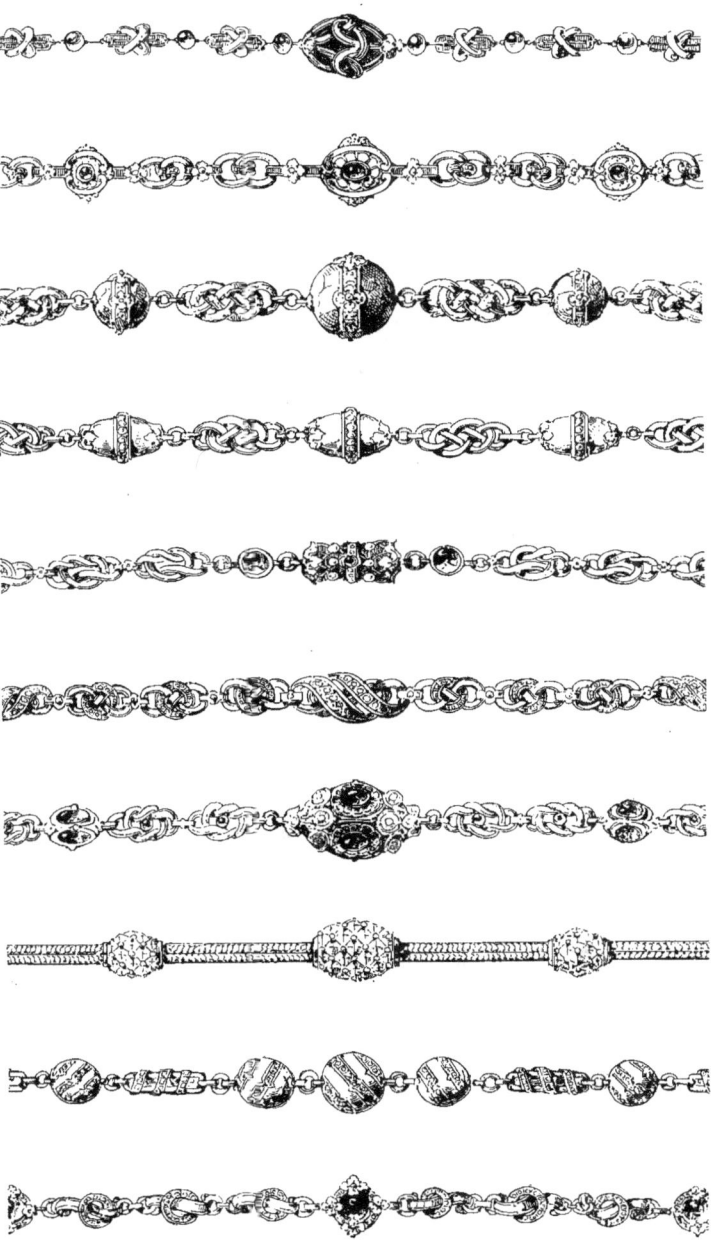

CHAINES DE MONTRE
par Eug. Julienne. (Réduction au tiers de l'original.)

bonne humeur, la facilité étonnante, le brio avec lequel il traçait en quelques minutes les compositions qui lui étaient

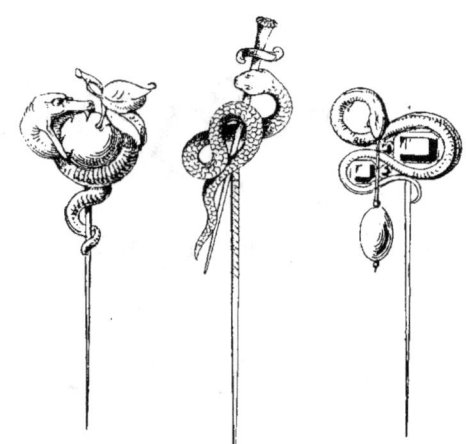

ÉPINGLES DE CRAVATE
par J.-P. Robin père.

demandées, lui attirèrent rapidement de nombreux clients, non seulement bijoutiers et joailliers, mais aussi fabricants

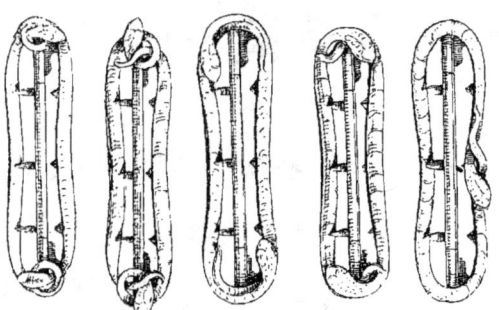

BOUCLES DE CEINTURE SERPENTS
par J.-P. Robin père.

d'orfèvrerie de table et d'église, bronziers, ébénistes, etc. Il travailla pour les principales maisons : Giroux, Joseph

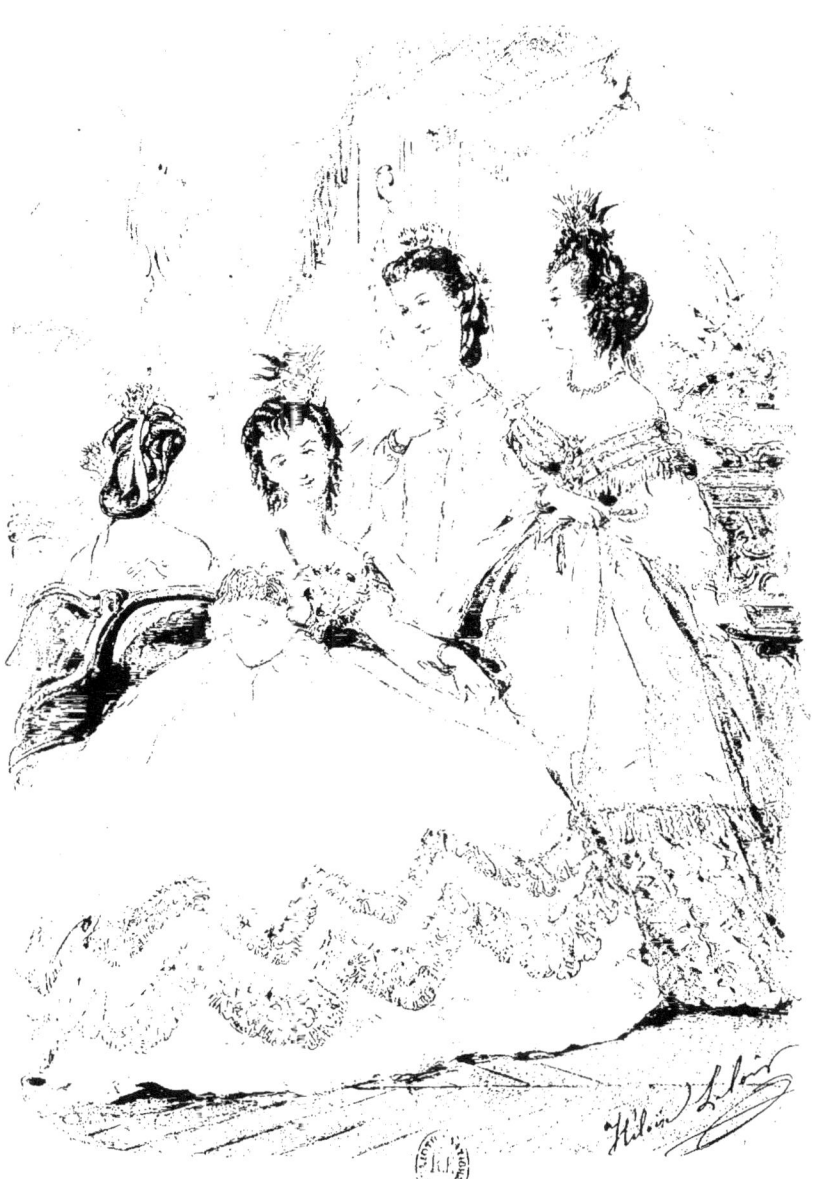

TOILETTES DE BAL EN 1864.
Colibris dans la coiffure, colliers, bracelets, broches.

Halphen, Rouvenat, Morel, Bachelet, Duron, etc., et surtout pour Robin père, dont il était l'ami. Bien que bon dessinateur lui-même, Massin, à qui l'exécution personnelle de ses

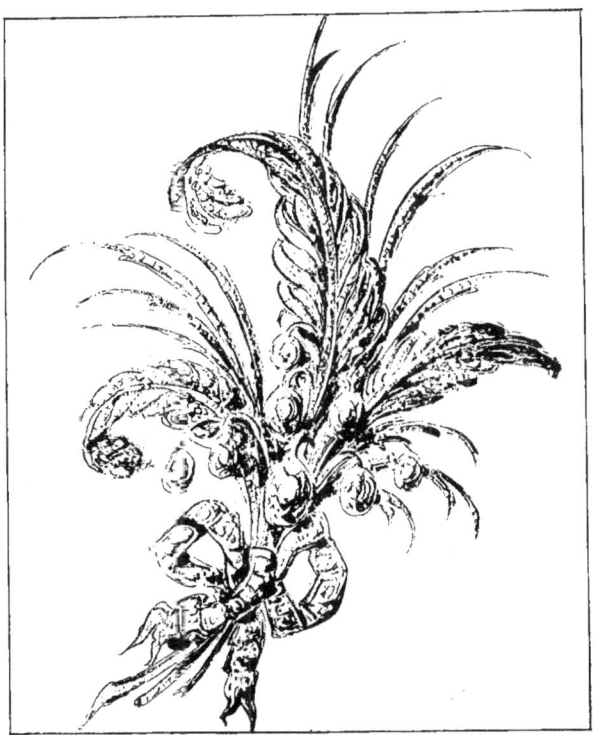

AIGRETTE.
Exécutée par Robin pour l'Impératrice d'Autriche.
Dessin de E. Julienne.

œuvres et la direction d'un atelier très important ne laissaient pas toujours le temps nécessaire pour la mise au point de ses croquis, chargeait Julienne d'en faire des dessins à « l'effet », avec gouache, couleurs et rehauts d'or, quelque chose enfin de flatteur, de nature à mieux séduire le client.

Cette sorte de collaboration avec Massin fut d'ailleurs profitable à Julienne.

En 1856, Julienne, afin d'occuper sa femme et sa troisième fille, acheta un petit magasin d'estampes (ancienne maison Fontaine) situé boulevard Saint-Martin, n° 4, entre le théâtre de la Porte Saint-Martin et l'Ambigu. Là, il fonda un cours de dessin, bientôt suivi par un grand nombre de bijoutiers et d'orfèvres qui assistaient régulièrement le soir à ses leçons : Paul Robin, Cartier, Georges Nattan, Serres, Bouclier, G. Bachelet, Paul Legrand, Pourée, etc., furent au nombre de ses élèves. Il donna aussi des leçons particulières à la Princesse Mathilde, à la Comtesse d'Haussonville, à Mme Jadelot et à plusieurs personnes de l'entourage de l'Impératrice. Vers 1855, tout entier à son art, il publia le recueil important de dessins de bijouterie, de joaillerie et d'orfèvrerie, intitulé *la Pandore*[1], où il donna libre cours à son imagination exubérante ; il publia aussi des bijoux de la collection Campana[2] et plusieurs

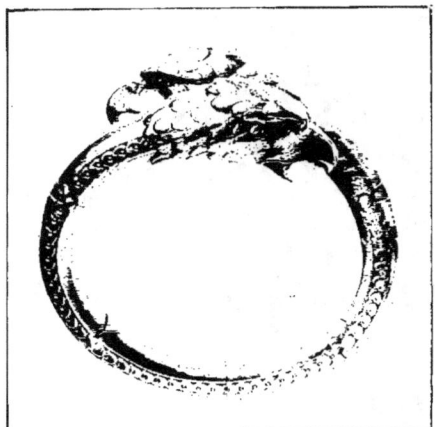

BRACELET A RESSORT, AVEC TÊTES D'AIGLES
TENANT UNE PERLE DANS LEUR BEC
par J.-P. Robin père (1860).

1. *La Pandore,* nouveau recueil de dessins de bijouterie, joaillerie, orfèvrerie, composé et lithographié par E. Julienne. A Paris, aux Arts Industriels, ancienne maison Fontaine, Mme Julienne, successeur, boulevard Saint-Martin, n° 4 (gr. in-4° de 50 planches lithographiées, sans date, mais déposé à la Bibliothèque Nationale en 1855).

2. *Musée Napoléon III : Collection Campana.* Aux Arts Industriels, E. Durand, éditeur, successeur de Mme Julienne, 4, boulevard Saint-Martin, Paris (20 planches lithographiées).

albums nouveaux, ce qui ne l'empêcha pas de peindre beaucoup d'éventails pour Duvelleroy, Kees, Voisin, Rodier et d'autres maisons importantes : sujets mythologiques ou inspirés de Watteau. Tous les genres lui étaient familiers et la fraîcheur de son coloris avait toujours un grand succès. Vers la fin de sa vie, il revint à la céramique avec Jules Lœbnitz, mais sans abandonner pour cela les dessins de bijouterie. Le jour même de sa mort il en dessinait encore

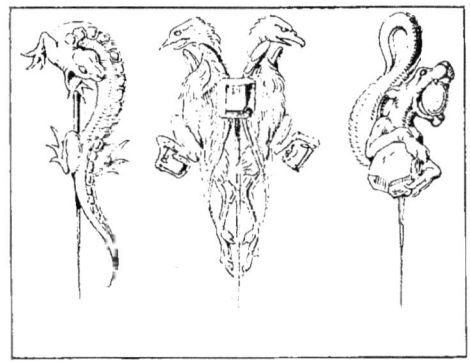

ÉPINGLES DE CRAVATE HAUTE FANTAISIE
par J.-P. Robin père.

avec l'entrain et l'ardeur au travail qu'il avait conservés pendant toute son existence.

En parlant de Julienne, nous venons de citer Robin comme étant un de ses amis et lui ayant suggéré le premier l'idée de faire des dessins de bijoux ; nous avons dit antérieurement[2] que Jean-Paul Robin père avait fondé une

1. *L'Orfèvrerie Française* : les Bronzes et la Céramique, par E. Julienne. A. Morel et Cie, 18, rue Vivienne, Paris, 1862 (ouvrage paru en livraisons de 1862 à 1868, un numéro par mois, 24 pl. par an, comprenant : porte-huiliers, carafes, salières, casseroles, soupières, flambeaux, porte-cigares, vases, coffrets, bouilloires, cafetières, théières, coupes, tasses, lampes, plateaux, plats et assiettes, lustres lampadaires, encriers, sonnettes, candélabres, réchauts, ostensoirs, bénitiers, couverts, couteaux, grilles et plateaux pour carafes, pièces de table, surtouts, porte-espèces, porte-carafes, etc.).

2. Voir tome Ier, p. 159 et suiv.

maison dont les produits se recommandaient par leur exécution très soignée et leur goût parfait. Il était donc tout naturel que, sous le Second Empire, époque très prospère pour les affaires et le commerce de luxe en particulier, la

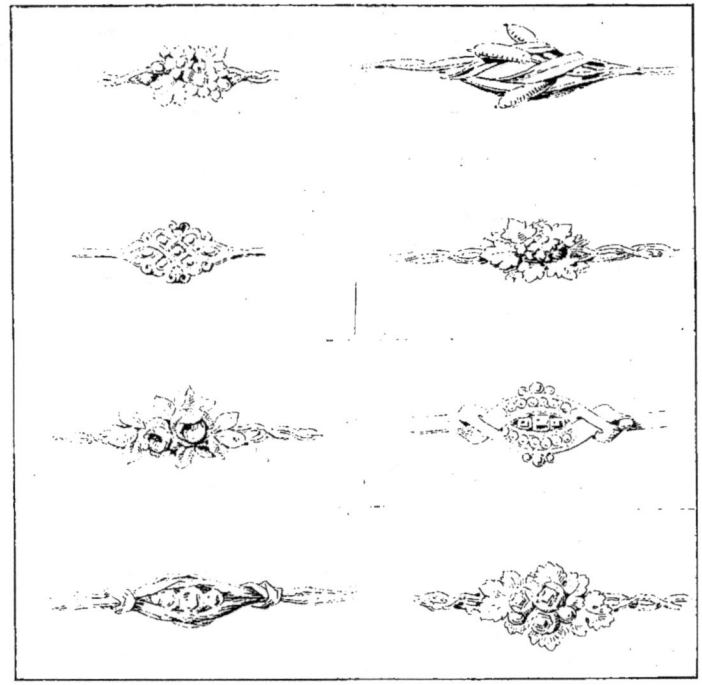

BAGUES
par J.-P. Robin père (1850).

faveur du public ait continué à se porter sur les bijoux de Robin, qui d'ailleurs, toujours désireux de mieux faire, ne négligeait aucune occasion de réaliser quelques progrès dans sa fabrication. Ce fut lui qui mit à la mode le bijou d'or mat, genre anglais, bijou simple, pesant, massif, solide, dont la vogue fut si grande, et qui, aujourd'hui encore, trouve à bon droit des admirateurs. Ce bijou, pour lequel on n'économisait pas la matière, plaisait par son aspect tout à la fois « cossu » et très simple ; mais, contrairement à ce qu'on pourrait croire, il exige une fabrication soignée car, sur une

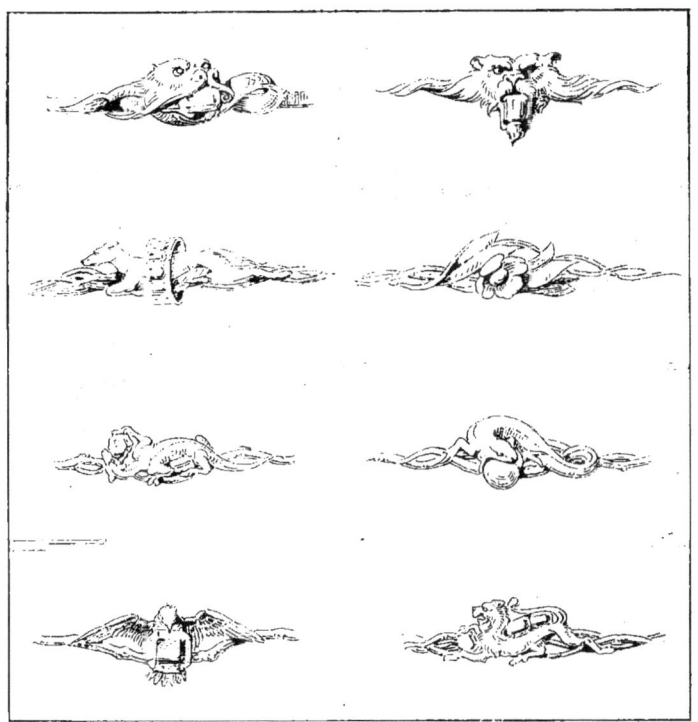

BAGUES DE HAUTE FANTAISIE
par J.-P. Robin père.

surface unie, le moindre coup de lime manquant de franchise ou d'adresse laisse des traces irréparables. On ne se doute pas, si l'on n'est du métier, combien il est difficile d'établir correctement et avec netteté un médaillon ouvrant ou un bracelet à charnière « perdue », c'est-à-dire avec une charnière tellement bien ajustée qu'elle se noie dans la masse et devienne invisible. En un mot, plus un bijou d'or épais est simple, plus il demande à être exécuté avec maîtrise, en quelque sorte du premier coup, toute retouche ultérieure étant impossible.

Les Anglais réussissaient bien ce genre de fabrication dont ils étaient les créateurs. Robin les imita et ne tarda pas

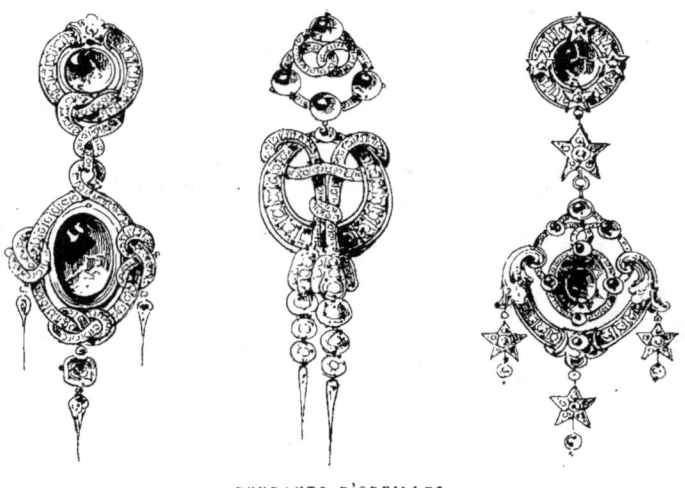

PENDANTS D'OREILLES
par E. Julienne.

à les surpasser, en donnant à ses bijoux une forme moins lourde et plus élégante. Mais, pendant longtemps, sur un point particulier, nos confrères des bords de la Tamise conservèrent une supériorité enviable : ils triomphaient par ce qu'on appelle, en terme d'atelier, « la mise en couleur », c'est-à-dire le ton définitif donné à l'or par un bain d'acide. Les bijoux, pour avoir la résistance nécessaire, ne peuvent être fabriqués qu'en or allié à d'autres métaux qui augmentent sa dureté, mais dénaturent sa couleur; pour lui rendre son ton jaune si agréable, il faut qu'un acide ronge très légère-

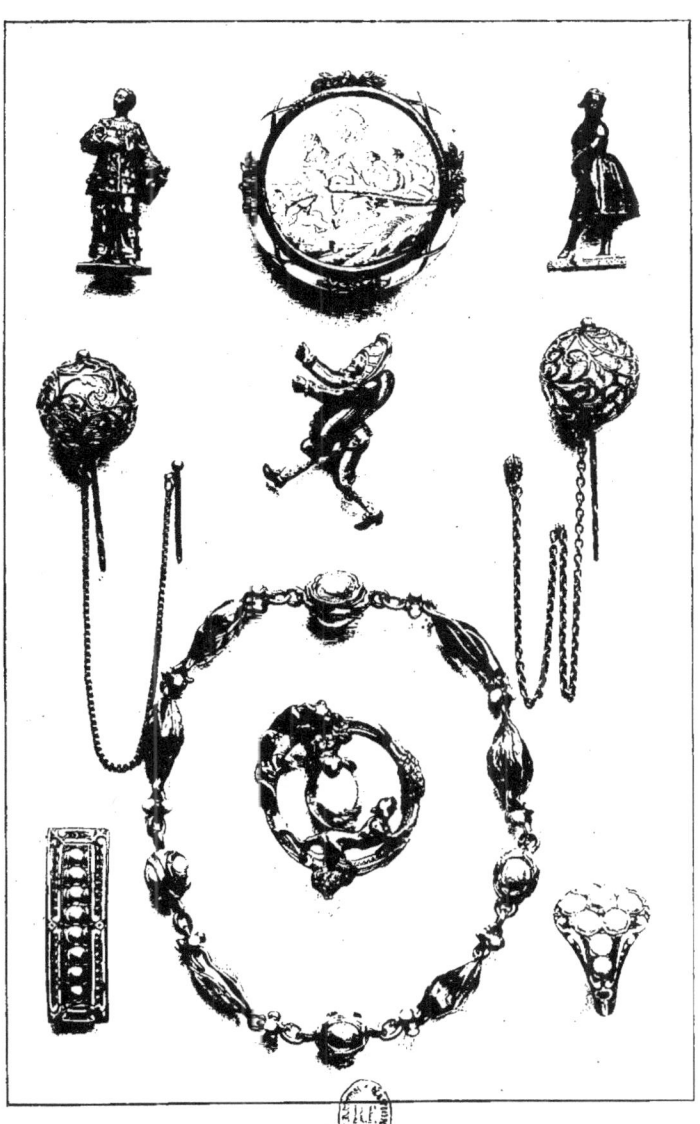

par J.-Paul Robin père.
Deux épingles de bonnet boules d'agate, travail de repercé, rapporté et goupillé (1850).
Pierrot, Colombine, Polichinelle, broche léopards, émaillés par Firmin (1855);
bracelet souple émaillé (1860).

ment l'alliage et ne laisse apparaître, à la surface du bijou, que l'or fin mis à nu.

Robin avait fait jusqu'alors de vaines tentatives pour rivaliser avec nos voisins et se contentait, bien malgré lui, d'une couleur un peu terne, sans parvenir à l'améliorer.

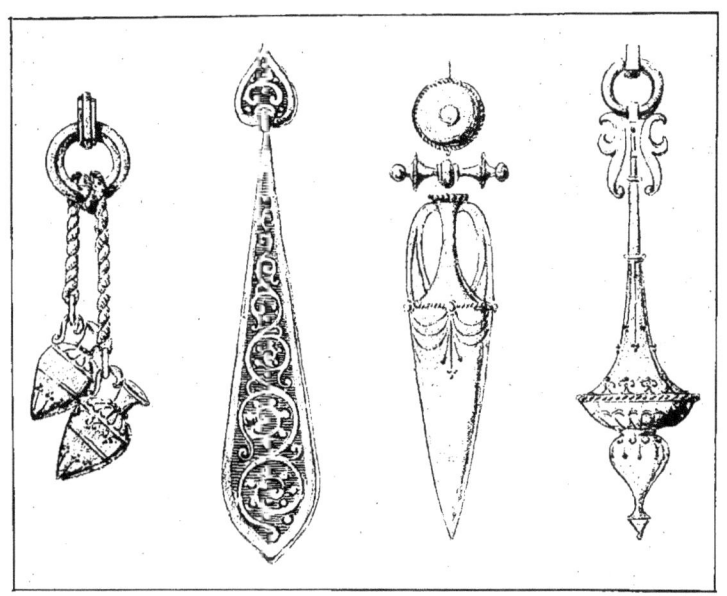

PENDANTS D'OREILLES EN OR
par Jacques Petit.

Gustave Baugrand, un des joailliers les plus renommés de l'époque, un de ceux dont les idées eurent la plus heureuse influence sur le perfectionnement de la bijouterie de luxe, appréciait beaucoup le bijou de Robin et le préconisait à sa riche clientèle, mais non sans regretter, à part lui, qu'il n'eût pas le ton d'or chaud, régulièrement mat, du bijou anglais. Il harcelait sans cesse son ami Robin, pour qu'il se décidât à aller à Londres surprendre le secret de nos rivaux. Or,

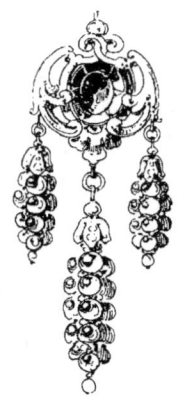

PENDANT D'OREILLE
par Julienne.

il se trouva justement qu'un des meilleurs ouvriers de Robin fut sournoisement débauché et emmené à Londres par un concurrent anglais, qui en fit son contre-maître [1]. Ce procédé leva les derniers scrupules du consciencieux Robin : à qui pillait ses modèles il pouvait bien prendre le secret d'un bain d'acide. Il s'embarqua, retrouva son ouvrier transfuge et, grâce à lui, parvint à connaître la composition du bain et le tour de main spécial qui assurait le beau ton d'or rêvé [2]. Robin revenait en hâte à Paris, heureux d'avoir réussi, lorsqu'il s'aperçut, à son arrivée, qu'un adroit pickpocket lui avait subtilisé une superbe tabatière ciselée et incrustée d'or à laquelle il tenait beaucoup.

[1]. Il se nommait Monzer et recevait, en Angleterre, le salaire, exceptionnellement important pour l'époque, d'une livre sterling par jour.

[2]. Voici la précieuse recette anglaise, que je dois à l'obligeance de M. Paul Robin fils :

Nitrate de potasse pur. . 2 parties.
Sel marin. . . . . 1 partie.
Alun d'ammoniaque pur. 1 partie.

Généralement, pour une couleur moyenne, c'est-à-dire pour la mise en couleur de 200 à 300 grammes d'or, on emploie 600 grammes de couleur :

	Grammes.
Nitrate de potasse pur.	300
Sel marin	150
Alun d'ammoniaque pur.	150

(Soit environ 200 grammes de couleur pour 100 grammes d'or.)

Piler et mettre le tout dans un creuset, en y ajoutant 10 grammes d'eau. Faire bouillir à petit feu.

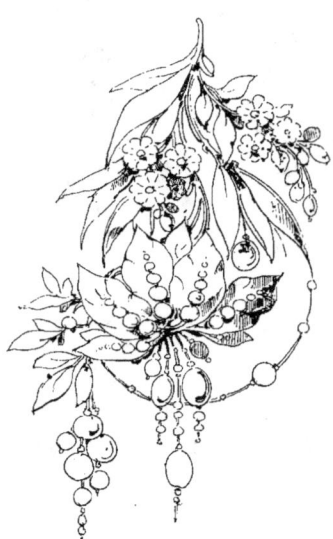

ORNEMENT DE CORSAGE.
Dessin de Julienne.

Lorsque la couleur est en ébullition, y plonger les objets et les y laisser

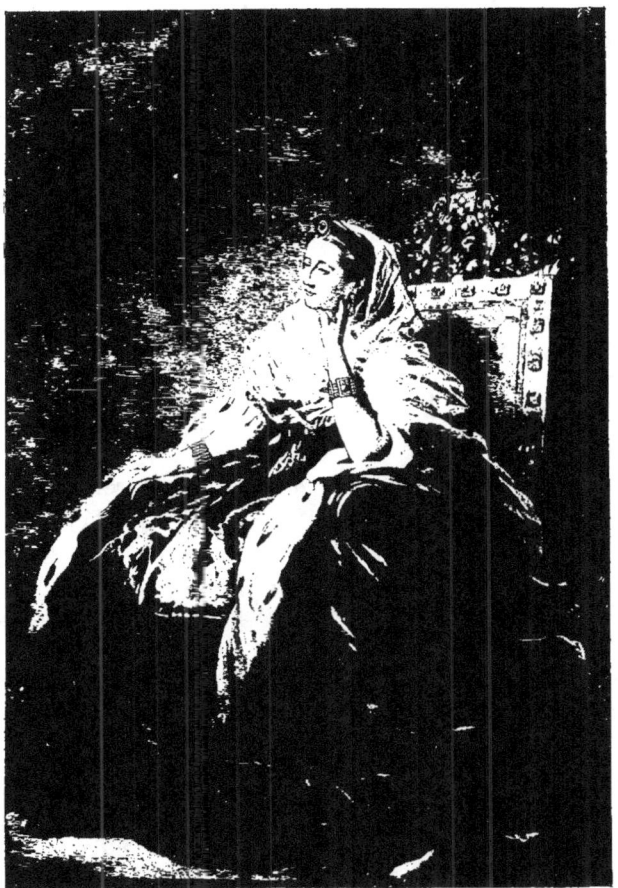

L'IMPÉRATRICE EUGÉNIE EN 1864
par Winterhalter.
Diadème d'or avec émeraude au centre ; bracelets de perles à barrettes et plaque ;
pendeloques perles.

L'amertume de cette mésaventure fut atténuée pour lui par la pensée que, désormais, le bijou français allait être, sur tous les points et incontestablement, supérieur aux autres.

Robin rapportait aussi de son voyage à Londres le mousqueton à ressort, que les Anglais étaient seuls à fabriquer jusqu'alors[1], ainsi que des spécimens de bijoux composés de pavés quadrillés de turquoises, dont il réserva à Baugrand la première vue et le monopole pendant quelque temps. Ce genre obtint un grand succès à Paris et fut activement exploité sous forme de médaillons, de broches, de bracelets, de boutons de manchettes, etc.

En résumé, la maison Robin fut, sous Louis-Philippe et sous Napoléon III, comme elle l'est encore aujourd'hui, une des principales et des meilleures de Paris. Il est impossible d'énumérer ici, tant ils sont nombreux, tous les

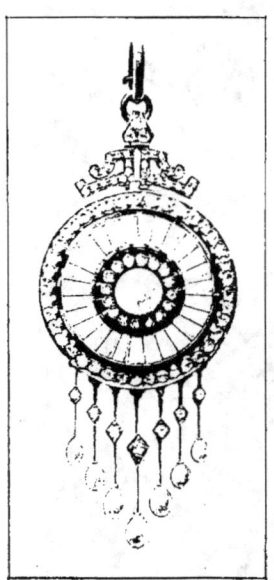

PENDANT DE COU
TURQUOISES CALIBRÉES
ET PERLES.

cinq minutes, puis les retirer pour les rincer dans plusieurs eaux maintenues en ébullition.

Remettre ensuite les objets dans la couleur, pour les y laisser, cette fois comme les suivantes, deux minutes et demie; renouveler le rinçage et continuer cette opération pendant vingt à vingt-cinq minutes. En sortant pour la dernière fois les pièces de la couleur, les rincer avec une eau additionnée de quelques gouttes d'acide nitrique.

Le tour de main grâce auquel l'or mat anglais prenait un aspect que l'on n'obtenait pas à Paris consistait à mettre dans le bain une grande quantité d'objets en or à la fois, et aussi à se servir de la « gratte-boësse » au tour, procédé qui était alors inconnu en France.

1. C'était un nommé Smith qui avait la spécialité de ces mousquetons; il en fabriquait de très grandes quantités et faisait un chiffre d'affaires considérable, bien qu'il n'habitât qu'une petite boutique sans apparence, dans Soho-Square.

genres de bijoux qui sortirent de ses ateliers : bracelets serpents, parures en onyx avec ornements de brillants, fantaisies de toutes sortes : hiboux, trèfles, lézards, fers à cheval, exécutés toujours avec la plus grande perfection. La bijouterie proprement dite entrait pour la plus grande part dans sa fabrication, néanmoins sa joaillerie était aussi fort appréciée.

A l'occasion de l'inauguration du canal de Suez, le gouvernement égyptien ayant d'importants achats de joaillerie à faire, s'adressa à Joseph Halphen qui, en sa qualité de grand négociant en diamants, connaissait à fond la place de Paris. C'était un homme de tête et de ressource, qui ne s'épouvanta pas d'un programme de commandes représentant, comme prix de façon seulement, une dépense de quatre à cinq cent

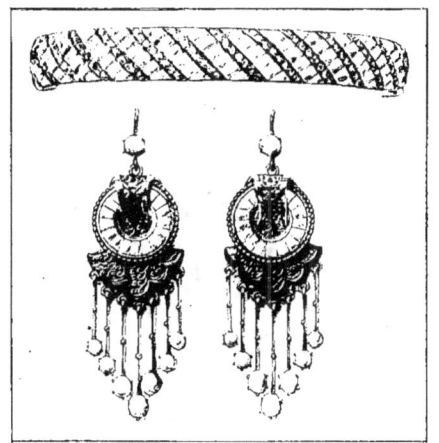

BRACELET ET BOUCLES D'OREILLES EN TURQUOISES CALIBRÉES.

mille francs, et qu'il fallait exécuter en moins de deux mois!

Halphen s'adressa aux plus habiles joailliers d'alors, à ceux qui avaient des ateliers bien organisés, où les ouvriers entraînés pouvaient exécuter à la fois très vite et très bien. Robin eut sa part dans la répartition de ces commandes, qui furent terminées à l'heure dite, à la satisfaction de tous et pour la plus grande gloire de l'industrie française.

Parmi ceux qui eurent une grosse part de ces commandes, il faut citer encore Massin, Fontenay, Larchevêque et Hippolyte Nattan, dont l'atelier devint ensuite celui de

Joseph Halphen[1]. Cet Hippolyte Nattan exécutait de très grosses commandes pour l'Orient; mais sa maison était ce qu'on appelle en terme de métier une « passoire », parce que les ouvriers n'y restaient que pour le moment où il y avait de l'ouvrage; suivant les circonstances, leur nombre, qui dépassait parfois la centaine, retombait à cinq ou six seulement. Varlet, qui dessinait très bien, y était graveur ; Julienne et les frères Chénaux, dessinateurs et sculpteurs, ont beaucoup travaillé pour Nattan. Il céda sa maison à Meyer Heine, rue de la Jussienne. Son fils, Georges Nattan, fonda de son côté une maison rue de Grammont, qui fut très prospère jusqu'au moment de la déconfiture de Joseph Halphen, survenue vers 1876, dans laquelle il fut entraîné. Il se mit alors courtier en diamants.

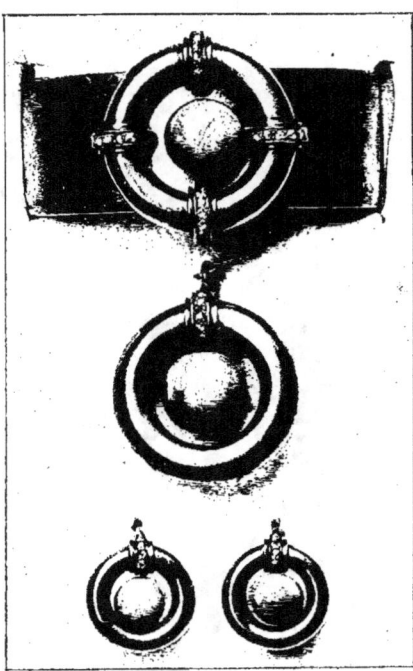

PARURE OR ET CORAIL
par Félix Duval.
Ces bijoux étaient de la haute nouveauté en 1860;
l'ensemble valait 1.500 francs.

1. Un autre Halphen, Auguste, n'ayant aucun lien de parenté avec Joseph, se mit dans la bijouterie, après avoir été boucher rue Coquillière, à l'emplacement de Duval, le créateur des fameux Bouillons. Intelligent et actif, sa maison prospéra ; son atelier de joaillerie comprenait de quinze à vingt ouvriers. Il eut pour successeurs Nicolau et Langlois.

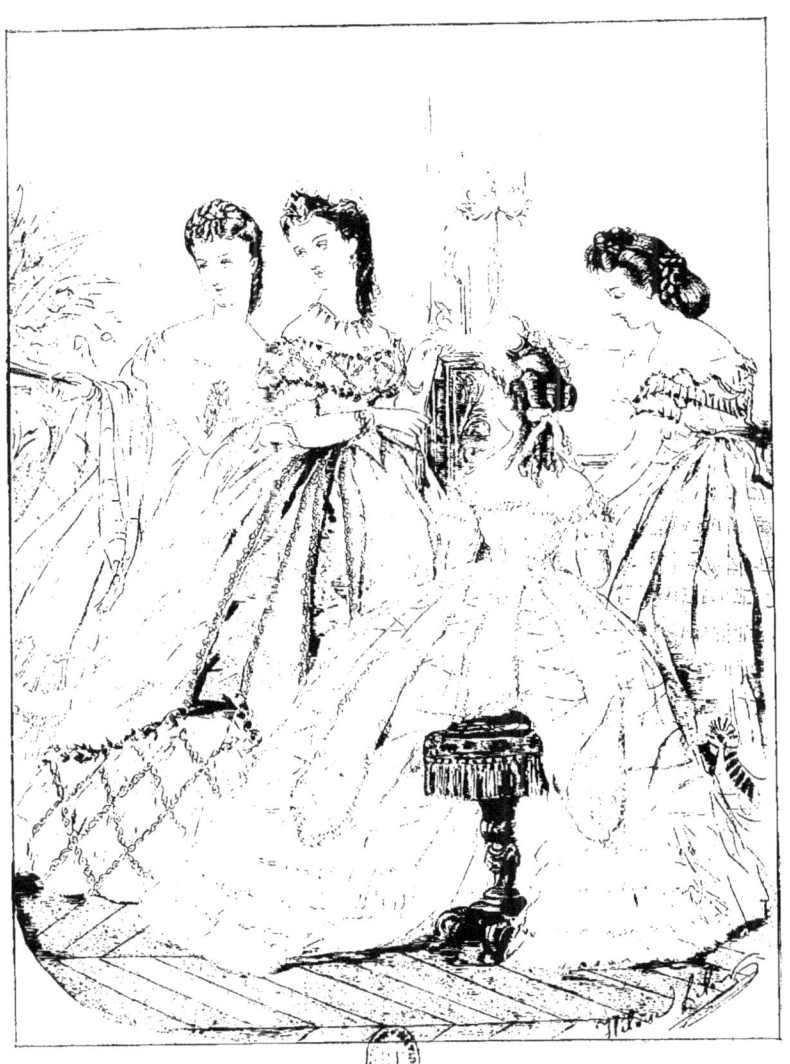

CONCERT INTIME (1864)
par Héloïse Leloir.
Collier étrusque, étoiles de diamants, broches, bracelets, pendants d'oreilles.

Après la mort de Jean-Paul Robin, en 1869, ses deux fils, Paul et Édouard, lui succédèrent sous la raison sociale

BRACELET OR, A FILETS D'ÉMAIL ET BRILLANTS.
par Félix Duval.

Robin frères. M. Édouard Robin étant décédé en 1880, son frère Prosper-Paul (né en 1843) resta seul à la tête des affaires. Sa compétence professionnelle, son amabilité et sa bonté, le rendent sympathique à toute la corporation, qui

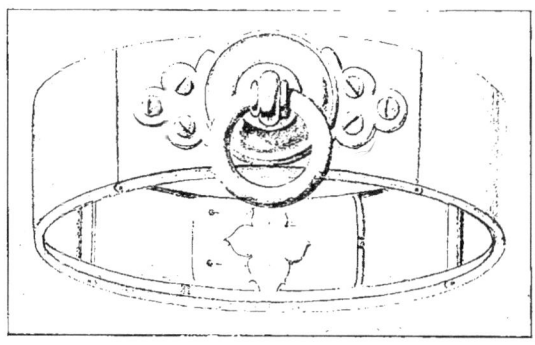

BRACELET
par Félix Duval.

l'a appelé familièrement « le grand Robin », en raison de sa belle prestance. Il continua le même genre de fabrication soignée qui avait fait la réputation de la maison, surtout en bijouterie d'or mat et en jolie fantaisie élégante : broches, boucles de ceinture, bracelets souples, gourmettes d'or massif rehaussé de pierres ; il sut tirer un excellent parti de l'emploi du serpent dans le bijou : bagues, épingles, boucles de ceinture, etc., et donna en outre une grande extension au bijou sportif et au beau bijou pour hommes : bagues jonc ornées d'un cabochon de choix, boutons de manchettes et de chemises, épingles de cravate, articles pour fumeurs, etc. Tous ces ouvrages, exécutés avec une perfection sans défaillance, n'ont jusqu'ici d'équivalents dans aucun autre pays. Afin de respecter l'ordre chronologique, c'est au chapitre suivant que nous en donnerons des reproductions.

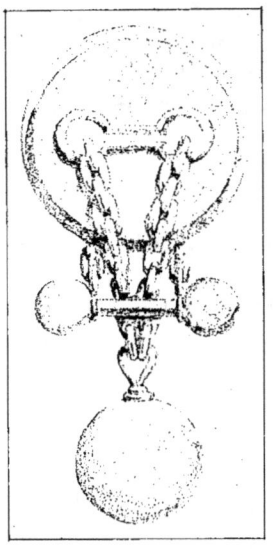

BROCHE
par Félix Duval.

Le genre anglais ne se faisait pas exclusivement chez Robin : Auguste Halphen et, plus particulièrement encore, un de ses dessinateurs, qui le quitta pour s'établir, Félix Duval[1], fabriquaient aussi des bijoux d'or mat. Mais ils étaient d'un aspect plus lourd, plus massif et beaucoup moins élégant que ceux de Robin.

F. Duval, bon dessinateur, a publié vers 1861 une suite lithographiée de bijoux dans lesquels on reconnaît sa note personnelle, qui est toujours une assez grande lourdeur, même lorsqu'il cherche à alléger ses compositions à l'aide de filets d'émail ou de quelques pierres appliquées sur l'or

1. Duval s'installa dans un magasin du boulevard des Italiens, près du passage Mirès, aujourd'hui passage des Princes.

mat. Il se spécialisa en quelque sorte dans un genre de bijoux d'or composés d'éléments géométriques : cubes, disques, sphères, cylindres, « solides » classiques, combinés sans grand intérêt ni élégance. Il s'adonna également aux bijoux « chemin de fer » et « machine à vapeur », à qui les progrès considérables faits par l'industrie donnaient alors un intérêt d'actualité. On retrouve dans ses compositions des vis, des

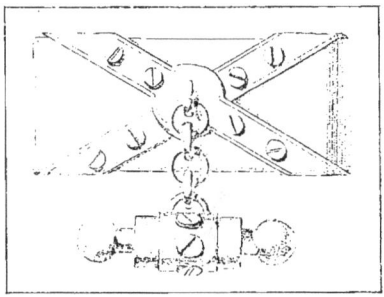

BRACELET
par Félix Duval.

rivets, des clous, des accessoires de machines et aussi des serrures, des verrous, des ferrures, etc., ainsi que les bijoux hippiques et sportifs, alors en grande vogue.

Nous avons déjà dit qu'il était de bon ton, qu'il était *fashionable* de suivre les modes anglaises en toutes choses, non seulement pour le vêtement, pour les voitures, mais aussi pour l'orfèvrerie : cela passait pour être du meilleur goût et conférait un brevet incontesté d'élégance et de chic. Cet exemple — ou cette manie — est d'ailleurs continué de nos jours par nos *snobs*. Il était donc tout naturel que le bijou « genre anglais », fût en faveur sous Napoléon III qui, du

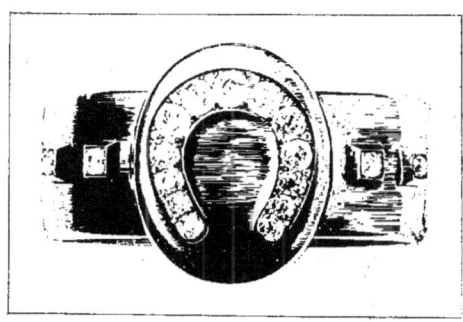

BRACELET SPORTIF.
Fer à cheval et clous en diamants, donné par Napoléon III en 1864.

reste, après les années d'exil à Londres, avait réalisé, dès le début de son règne, ce rêve d'une alliance anglaise longtemps caressé. D'autre part, le goût très vif de nos voisins d'outre Manche pour les sports et, à cette époque, pour les courses de chevaux, avait donné naissance au bijou sportif, au bijou hippique. Sa vogue prit une grande extension à partir de 1857, époque où, remplaçant à Longchamp la traditionnelle promenade, le Grand Prix de Paris fut couru pour la première fois [1].

Dès lors, tout devint hippique. Les élégants, les *beaux,* qui, en 1855, s'appelaient les *gandins* et en 1865 les *petits crevés,* portèrent des épingles de cravate, des boutons de manchettes, des chaînes avec médaillons, des bijoux de toutes sortes représentant soit un fer à cheval, soit un fouet, un mors, un clou, des éperons, des étriers. D'autre part, les élégantes d'un certain monde, dénommées *biches* et cocodettes, s'intéressaient beaucoup aux chevaux et aux courses ; quelques-unes, comme Cora Pearl et Mme Musard, avaient des écuries tellement somptueuses que tout Paris venait les voir et même y déjeuner. Ces goûts hippiques devaient naturellement avoir une influence sur les bijoux qu'elles portaient : bracelets, broches, pendants d'oreilles et médaillons représentant les objets les plus vulgaires : des cadenas ou ferrures avec clous et vis, des courroies, des accessoires de harnachement, même jusqu'à des ustensiles d'écurie. C'était une mode d'un goût discutable, mais enfin c'était la mode. Et d'ailleurs, le fer à cheval ou un simple

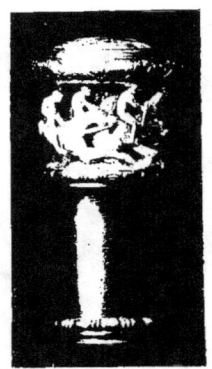

POMMEAU DE CRAVACHE
Composition de Rouillard,
ciselure par Honoré
(vers 1860).
(Musée des Arts décoratifs.)

---

1. C'est en 1852 que le Bois de Boulogne fut acheté par la Ville de Paris et en 1857 que fut inauguré l'hippodrome de Longchamp, qui détrôna définitivement le Champ de Mars comme terrain de courses.

clou, *porte-bonheur* réputés, valaient bien les *porte-veine* qui, plus tard, firent leur apparition sous la forme de petits cochons et autres animaux.

Mais un événement considérable, très attendu, se préparait, qui allait affirmer les progrès accomplis par la Bijouterie française et lui donner un nouvel essor : l'Exposition universelle de 1867.

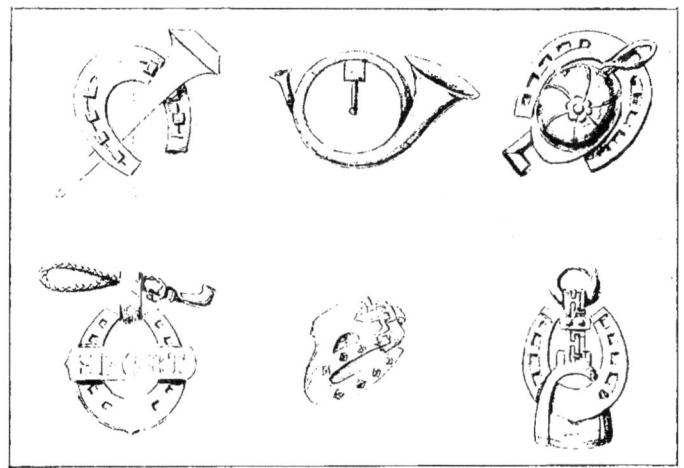

ÉPINGLES DE CRAVATE HIPPIQUES
par Jacques Petit.

Cette Exposition eut un succès énorme, extraordinaire, qui dépassa de beaucoup toutes les prévisions. Quarante mille exposants, au lieu de vingt mille en 1855, installèrent leurs produits et leurs œuvres au Champ de Mars. Les bijoutiers et les joailliers français y figurèrent en grand nombre et leurs brillantes vitrines témoignaient des perfectionnements sensibles réalisés depuis quelques années : montures beaucoup plus légères et plus soignées, formes plus élégantes, un souci évident de la composition.

On continuait à faire des parures et des orfèvreries dans

le style de la Renaissance, auquel les grands travaux d'achèvement du Louvre avaient donné un regain d'actualité ; la vogue de l'étrusque et du Campana était aussi plus accentuée que jamais ; le Louis XVI, remis en faveur par l'Impératrice, grande admiratrice de Marie-Antoinette, avait réapparu dans les écrins. Mais la véritable nouveauté, le style qu'une fois de plus on venait de découvrir, c'était, qui l'eût cru ? l'égyptien, dont nous sommes d'ailleurs grand admirateur. On en pouvait voir, chez plusieurs exposants orfèvres ou joailliers, des spécimens intelligemment agencés, en joaillerie pure, ou ornés d'émaux champlevés qui, exécutés avec beaucoup de goût et d'attention, obtinrent le plus légitime succès.

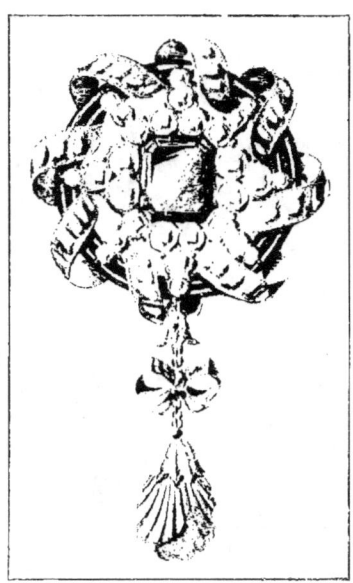

BROCHE JOAILLERIE ET ÉMAUX.
Exécutée, pour S. M. l'Empereur des Français,
par Duponchel.

Ce renouveau d'égyptien était dû à la fois aux travaux du canal de Suez, alors en voie d'achèvement, et aux fouilles très intéressantes que dirigeait depuis plusieurs années, avec une compétence parfaite, Mariette-Bey, le créateur de l'admirable musée de Boulâq. C'est en 1862, à l'Exposition de Londres, qu'on admira les premiers résultats de ces fouilles. Fossin, rapporteur pour la joaillerie, pressentant le parti que nos artistes pourraient en tirer, les saluait avec enthousiasme et émotion : « S. A. le pacha d'Égypte, dit-il, comprenant tout ce que le sol de Thèbes et de ses hypogées pouvait renfermer de richesses précieuses pour les sciences

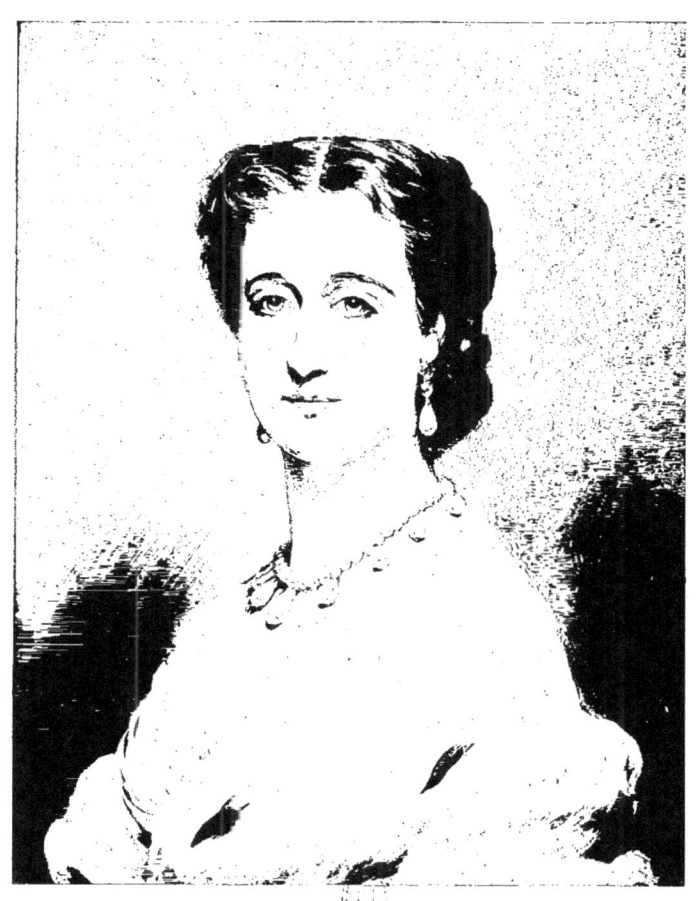

L'IMPÉRATRICE EUGÉNIE AVEC SA PARURE DE PERLES PENDELOQUES
par Winterhalter (1864)

et pour les arts, et bravant les préjugés en vigueur jusqu'à lui en Égypte, a ordonné des fouilles, qu'il a confiées aux

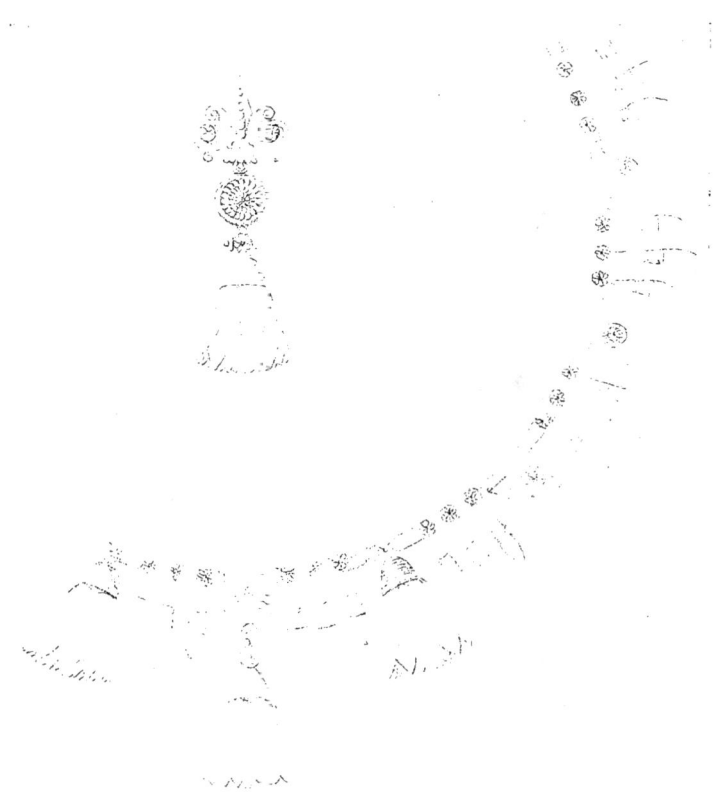

COLLIER ET BOUCLE D'OREILLE DE STYLE ÉGYPTIEN.
Dessin original de E. Fontenay.

soins de M. Mariette, notre compatriote : ces fouilles ont déjà fourni de véritables trésors. Ce sont des colliers magnifiquement riches, dont les détails en or sont de la plus complète originalité de dessin et de la plus grande perfection d'exécution ; ce sont des bracelets, de larges agrafes de ceinture, des anneaux pour soutenir les cheveux, couverts d'un travail d'incrustation de pierres dures qui les font ressembler, pour la finesse de l'exécution, aux émaux cloisonnés les plus délicats. L'étonnement est à son comble, lorsque les dates inscrites sur ces objets nous indiquent que leur fabrication remonte à plus de trois mille ans avant l'ère chrétienne, et que quelques-uns, de date plus récente, sont encore antérieurs de trois cents ans à Moïse. L'imagination est confondue en voyant à une pareille époque les travaux de lapidairerie et de bijouterie poussés au dernier degré de perfection. Quels sentiments de reconnaissance ne doit-on pas exprimer au prince éclairé qui ouvre à l'histoire et à l'art cette source inépuisable d'études nouvelles !

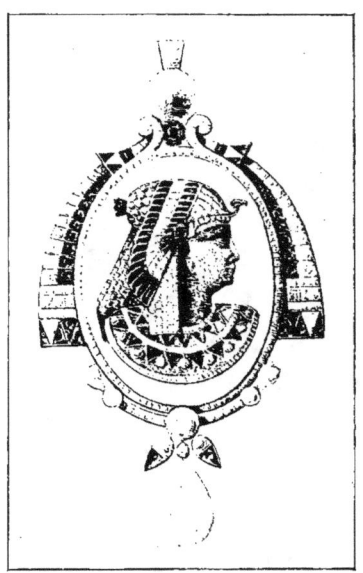

PENDANT DE COU ÉGYPTIEN
par Baugrand.
Pierres de couleurs calibrées, perles et brillants.
(Exposition de 1867.)

» En présence de ces merveilles créées tant de siècles avant nous, et des restitutions d'œuvres grecques, toscanes et romaines, qui nous permettent de douter un peu du progrès réel obtenu dans l'art de notre temps, il est peut-être prudent de ne pas chercher à établir de comparaison avec nos propres œuvres et de nous borner à reconnaître respectueusement la supériorité du passé. »

Fossin avait raison, car, malgré tous les perfectionnements que le progrès apporte chaque jour, l'habileté de nos ouvriers d'aujourd'hui n'a pu surpasser encore celle des ouvriers des Pharaons.

On voyait donc de l'égyptien dans la plupart des vitrines de bijoutiers et d'orfèvres ; dans celles de Baugrand, de Boucheron, de Mellerio, de Froment-Meurice, de Duponchel, etc., mais il se trouvait aussi beaucoup d'autres œuvres

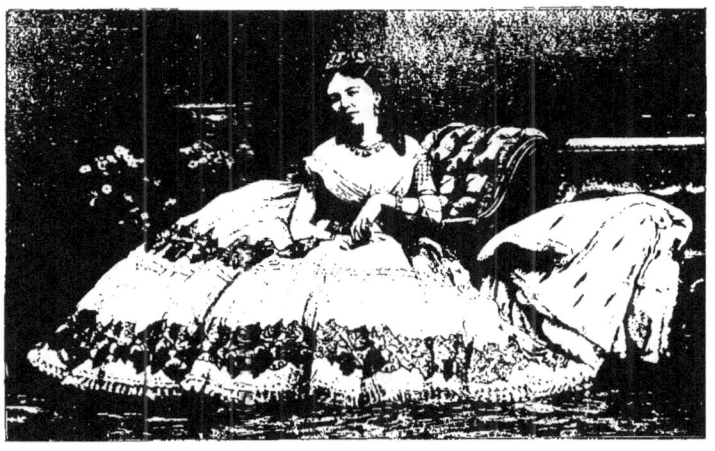

Cliché Anatole Pougnet.

CORA PEARL EN TOILETTE DE SOIRÉE.

Trois bracelets au même bras, dont une armille au-dessus du coude, rattachée aux suivants par des chaînettes ; collier à boules d'or, bagues.

fort intéressantes, en particulier celles qu'avait exposées Charles Duron, le père. Orfèvre-bijoutier remarquable, l'ancien dessinateur de Jules Chaise excellait dans les pièces d'art, coupes, aiguières, vases d'agate orientale, de jaspe, de lapis, de cristal de roche, merveilles de lapidairerie et de ciselure, qu'il faisait émailler par Charles Lepec[1]. Protégé par de grands amateurs tels que le Duc de Luynes et le Baron Sellières, Duron n'avait pas de rival pour reproduire

1. Cet excellent émailleur, très artiste, fut décoré et obtint une médaille d'or à l'occasion de l'Exposition de 1867.

avec goût les plus beaux ouvrages du xvie siècle, appartenant au Louvre ou aux collections célèbres. Il s'inspirait aussi de ces modèles pour exécuter de très jolis bijoux finement ciselés et émaillés, d'une perfection complète comme travail, mais restant toujours dans le goût de la Renaissance française ou italienne. Son fils continua avec habileté le même genre de fabrication [1].

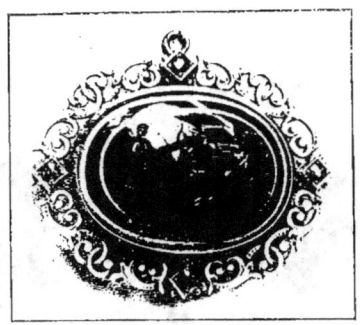

BROCHE ÉMAILLÉE, AVEC INTAILLE
par Ch. Duron.

A cette Exposition de 1867, un autre orfèvre-joaillier, héritier d'un nom célèbre, Émile Froment-Meurice [2], concourait pour la première fois sous son nom et remportait une médaille d'or. Nous avons dit précédemment que son père, François-Désiré Froment-Meurice, mourut subitement à la veille même de l'Exposition de 1855 [3], laissant une veuve jeune encore, avec deux enfants en bas âge, bien faibles pour porter le fardeau d'un si pesant héritage ; aussi conseillait-t-on alors à Mme Froment-Meurice de céder les ateliers de son mari et de se retirer avec la fortune acquise. Elle résista et résolut, malgré les obstacles entrevus,

BRACELET NÉO-GREC
par E. Froment-Meurice fils (1867).

de conserver la direction de cette lourde et difficile entreprise, en attendant que son fils eût acquis l'âge et les talents

---

1. A l'Exposition de 1878 figuraient encore, dans la vitrine de Duron, des copies d'objets de la galerie d'Apollon.
2. Né en 1837.
3. Voir tome Ier, p. 168 et suiv.

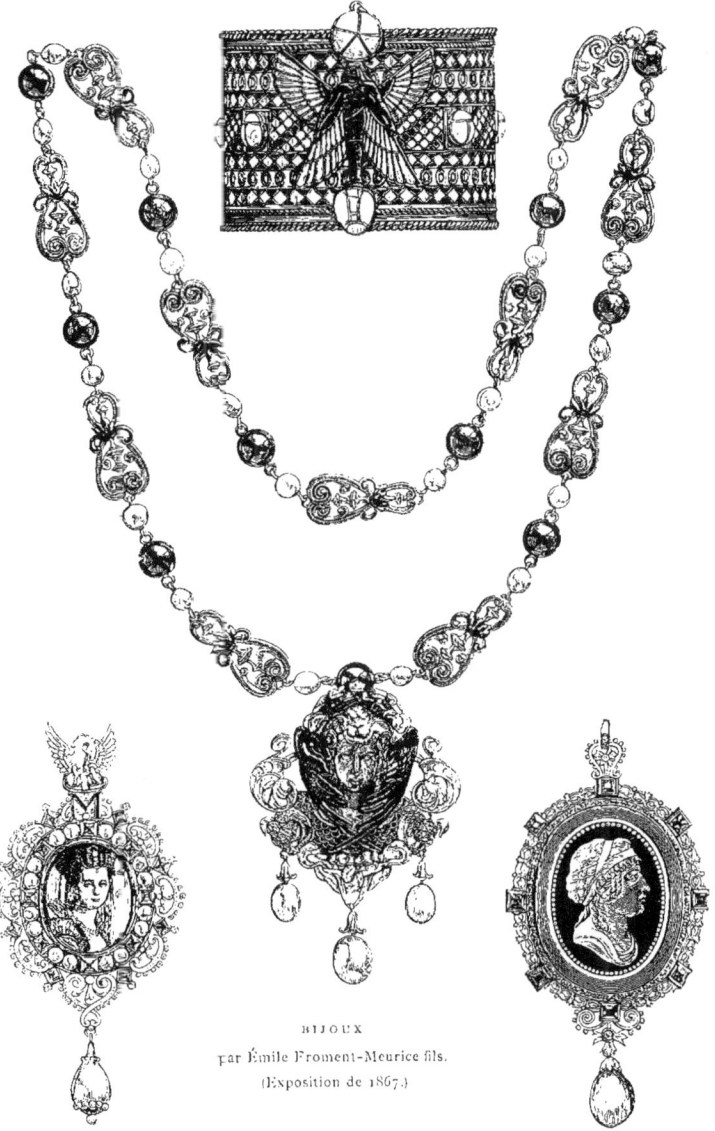

BIJOUX
par Émile Froment-Meurice fils.
(Exposition de 1867.)

nécessaires pour continuer l'œuvre paternelle si brusquement interrompue. « Elle assembla alors, dit M. Rossigneux, les ouvriers de son mari, dont plusieurs étaient ses élèves de prédilection, leur fit part de ses projets et leur demanda de l'aider à mener à bien sa généreuse, mais aussi bien hasardeuse entreprise. Le dévouement d'aucun d'eux ne fit défaut. Réconfortée, ne doutant plus de l'avenir, vêtue de ses longs habits de deuil qu'elle ne devait plus quitter, Mme Froment-Meurice, prenant son fils par la main, l'amena au milieu d'eux, les priant de ne rien lui laisser ignorer de cet art dans lequel ils étaient passés maîtres grâce aux leçons du chef vénéré dont ils pleuraient la perte. C'est ainsi qu'Émile Froment-Meurice devint *l'apprenti des apprentis de son père.* »

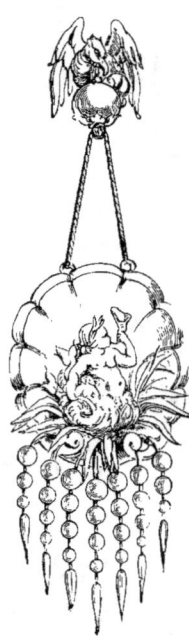

PENDANT DE COU
par Émile Froment-Meurice.

Émile Froment-Meurice, notre distingué confrère et ami, se montra digne de ce dévouement et digne de la réputation de son père. Après un long et nécessaire apprentissage, sans rien négliger de ses études universitaires, il put diriger à son tour le laborieux établissement qu'est une maison importante d'orfèvre-joaillier dans la seconde moitié du XIXe siècle. Fidèle aux traditions paternelles et respectueux d'un passé glorieux, qui remontait à plus de cent ans, il continua l'étude de la Renaissance et s'en inspira avec un rare bonheur lorsqu'il exécuta de ces bijoux François Ier, Médicis, et tant d'autres, avec figurines et émail, qui furent alors si justement appréciés. En même temps, il s'adonnait, comme orfèvre, aux grandes pièces artistiques, telles que le berceau offert par la ville de Paris au Prince Impérial en 1856, dont il s'occupa sur la demande

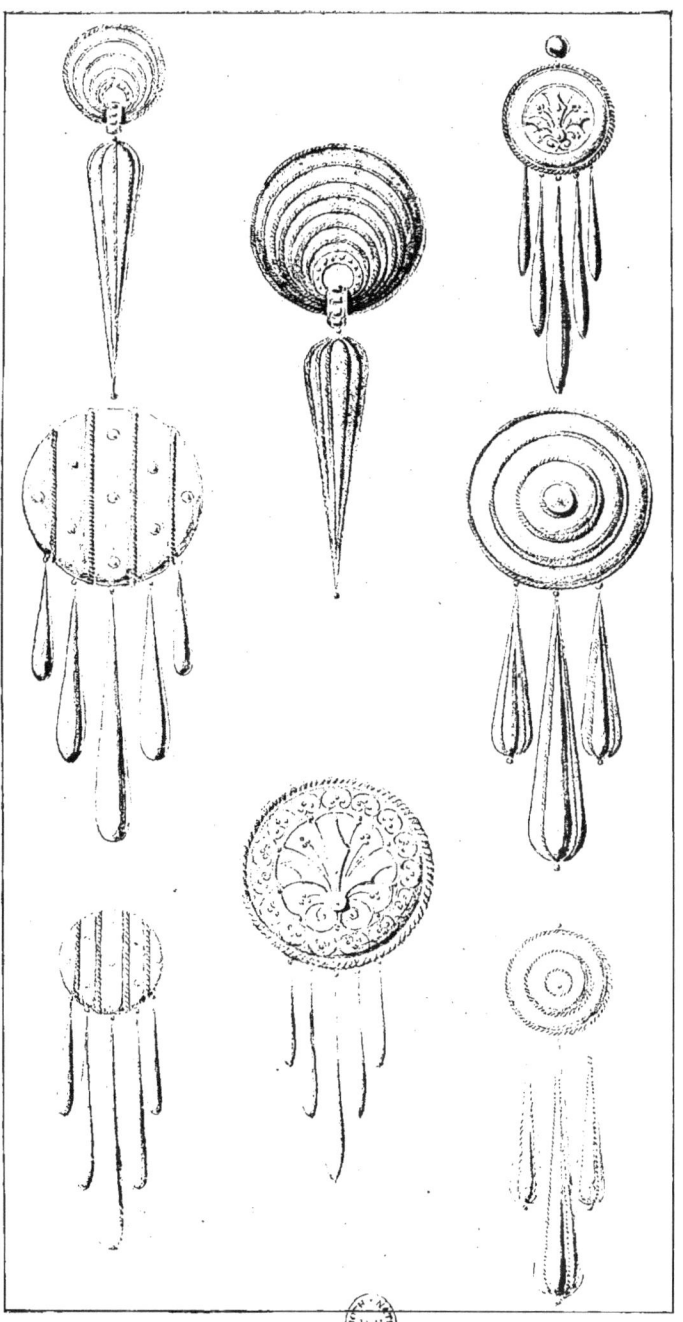

BROCHE ET PENDANTS D'OREILLES EN OR MAT ET FILIGRANE
par Jacques Petit.

expresse de l'Empereur, ainsi que nous l'avons vu. Il exécutait des épées d'honneur, des statues d'ivoire et d'argent, des coupes, des aiguières, des vases importants et des œuvres maîtresses d'orfèvrerie, qui ne sont malheureusement pas du domaine de cette étude.

Toutefois, il nous paraît difficile de ne pas signaler quelques pièces de Froment-Meurice qui furent très remarquées à l'Exposition de 1867 et qui comportaient des parties importantes de bijouterie, en particulier un coffret reliquaire en forme de sarcophage, destiné à contenir un fragment du tombeau de Charles-Quint, et qui avait été commandé par le duc de Frias. Ce coffret, en cristal de roche, était accompagné d'enfants ailés, de chimères, d'armoiries émaillées, de branches de cyprès, très bien exécutés. Nous avons déjà parlé longuement du berceau du Prince Impérial. A côté de ce morceau capital d'orfè-

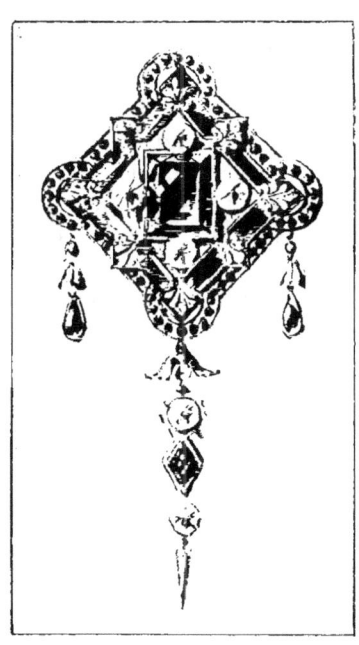

BROCHE
par Morel et Dupouchel.

vrerie figurait une autre pièce très importante, un buste de l'Empereur en bijouterie et orfèvrerie, destiné à orner une des cheminées de l'Hôtel de Ville de Paris. La tête, jusqu'à la naissance des épaules, était sculptée dans une aiguemarine de dimensions rares (plus de vingt centimètres de haut). Derrière la tête, ceinte d'un laurier d'or, se trouvait une sorte d'auréole en jaspe rouge, décorée de rinceaux à rosaces d'améthyste et d'étoiles de topazes. Cette auréole, surmontée de la couronne impériale en orfèvrerie de vermeil, faisait grand effet, éclairée le soir, au moyen d'une lampe aménagée par derrière. De chaque côté du buste, assises sur des consoles en porphyre, deux femmes, appuyées sur des enfants, personnifiaient la Paix et la Guerre ; les nus étaient traités en cristal de roche et les draperies en argent. Cette pièce unique d'orfèvrerie, ou plutôt ce bijou colossal (deux mètres de long), avait, dit-on, coûté un demi-million. La composition en était due à M. Baltard, architecte de la Ville, et la sculpture à M. Maillet [1]. Malheureusement cette œuvre remarquable a été anéantie sous la Commune, lors de l'incendie de l'Hôtel de Ville.

Nous n'avons pas à parler des œuvres imposantes d'orfèvrerie proprement dite, exposées en grand nombre par Émile Froment-Meurice; nous signalerons seulement un surtout de table commandé par l'Empereur, et composé d'un vase en cristal de roche soutenu par des figures d'argent en ronde-bosse et surmonté de fleurs dites « couronne impériale » en vermeil. Deux grands candélabres, assortis comme décor et supportés par des centaures, accompagnaient cette très belle pièce [2]. D'ailleurs, telle fut à ce moment la quantité d'ouvrages d'orfèvrerie importants que Froment-Meurice avait à exécuter, qu'il y eut dans ses ateliers pénurie d'ouvriers orfèvres sachant travailler au marteau et qu'il dut embaucher provisoirement des chaudronniers comme suppléants.

Mais cet ensemble exceptionnel était complété par des parures de joaillerie et des bijoux d'un grand intérêt : une broche Renaissance, avec émaux limousins et pierreries, un collier guipure, de nombreux bracelets ciselés et émaillés, dont plusieurs de style égyptien, et celui offert par les dames de Bordeaux à la Reine de Naples, de jolies châtelaines, etc. Enfin, pour nous borner, un pendentif formé d'une coquille

[1]. Le buste de Napoléon III avait été modelé par Iselin et sculpté dans l'aigue-marine par Galbrunner, lapidaire d'un très grand mérite.
[2]. Le musée des Arts Décoratifs a récemment acquis les modèles du surtout et des candélabres.

de cristal ornée d'agues, de feuillages émaillés et de perles, au centre de laquelle une élégante statuette en aluminium représentait *Vénus sortant des eaux*.

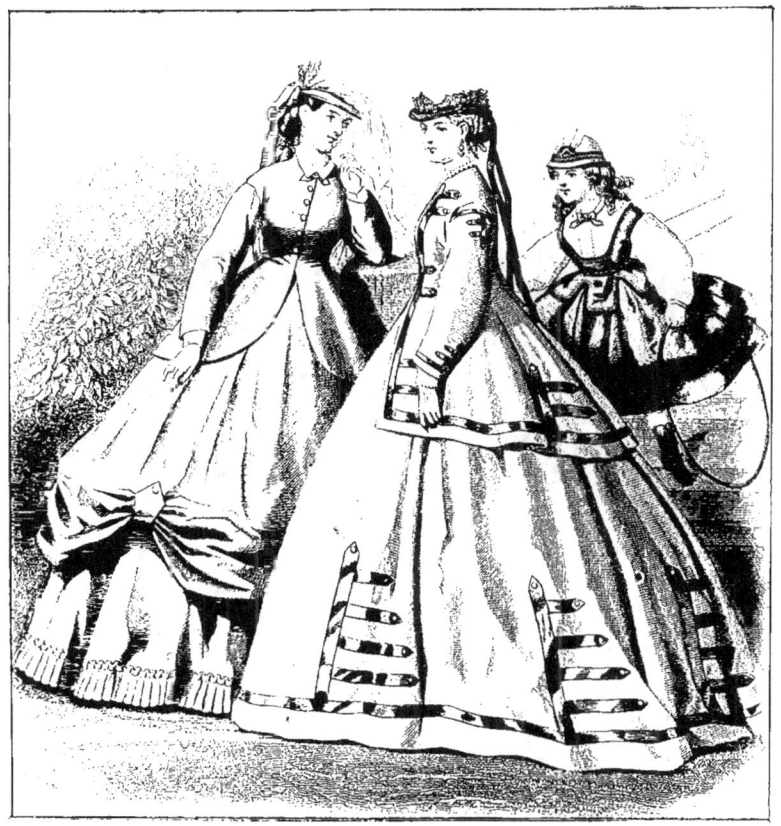

MODES EN AOUT 1865.

L'aluminium, obtenu pour la première fois dès 1827 par le chimiste allemand Wöhler, ne cessa d'être un métal de laboratoire qu'à partir de 1854, époque où Sainte-Claire Deville (1818-1881) trouva un procédé pour le préparer industriellement[1]. Depuis lors, ce métal, pour ainsi dire inoxydable et très léger, a tenté bien des orfèvres et des bijoutiers. On peut voir au Musée des Arts Décoratifs un bracelet ciselé par Honoré (probablement vers 1856-1860) offert par Brateau. Honoré repoussa aussi une coupe en aluminium à motifs inspirés de l'antique, d'un très beau travail et dont il proposa l'acquisition à Napoléon III; il cisela un hochet destiné au Prince Impérial, d'après le dessin de Rambert, auteur également d'une coupe exécutée en aluminium par Eugène Paul, bijoutier statuaire[2] à l'occasion

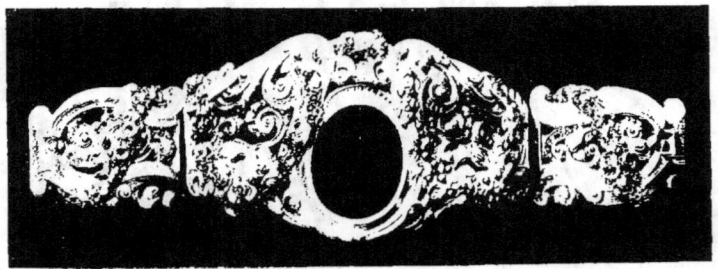

BRACELET EN ALUMINIUM,
AVEC INCRUSTATIONS DE FLEURETTES D'OR
par Honoré Bourdoncle, vers 1858. (Musée des Arts décoratifs.)

de l'inauguration des eaux de Saint-Germain. Il fut question aussi de faire en aluminium les aigles des drapeaux. Récemment on a fait des pièces importantes de joaillerie en aluminium.

Comme emploi dans l'orfèvrerie, on peut signaler, lors

1. Le prix du premier kilogramme d'aluminium fabriqué par Sainte-Claire Deville, en 1855, était d'environ 3.000 francs; en 1856, ce métal valait 375 francs le kilogramme; en 1862, 125 francs; en 1889, 50 francs; aujourd'hui il ne vaut guère plus de deux francs.
2. Eugène Paul, quoique bijoutier, avait fait, entre autres, une statue de Jenner en fonte de fer qui, placée d'abord devant le pont des Arts (quai du Louvre), fut érigée ensuite sur une des places publiques de Boulogne-sur-Mer, où elle resta longtemps.

de l'Exposition de Londres en 1862, un milieu de table, des corbeilles et différents groupes exécutés par la maison Christofle. Enfin chacun sait la grande place prise de nos jours par l'aluminium dans l'industrie automobile et aéronautique.

Un autre exposant, également très remarqué à l'Exposition de 1867, est Mellerio, au sujet duquel le rapporteur s'exprime ainsi : « Si l'art dans l'industrie doit avoir le pas

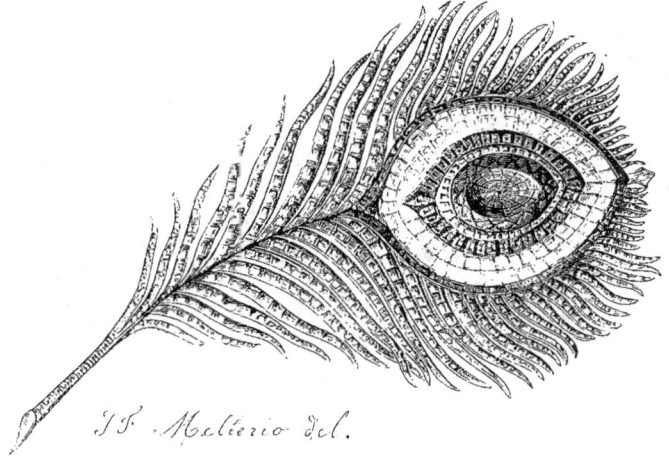

PLUME DE PAON EN JOAILLERIE, AVEC PIERRES CALIBRÉES
par Mellerio. (Exposition de 1867.)

sur la richesse, on doit reconnaître à la richesse toute sa valeur, quand elle relève le bon goût par son éclat. Les diamants et les pierres de couleur se jouant dans une foule de bijoux variés, très élégants de forme ; des volubilis aux cœurs d'émeraudes ; une coquille formant diadème, modelée en diamants avec une souplesse remarquable et d'où s'échappe une pluie de perles, voilà de la grâce, de la hardiesse, du goût et de la richesse artistement employés. On ne saurait démontrer d'une manière plus complète tout ce que la richesse et le bon goût peuvent gagner à s'unir pour se prêter habilement un mutuel appui. Il faut compléter ces éloges par une remarque sérieuse : c'est que toutes ces beautés appartiennent à une très ancienne maison, qui a compris qu'on ne doit pas se contenter de vivre sur sa bonne et vieille renommée, mais que dans le commerce, comme ailleurs, noblesse oblige ».

Dans une note toute différente, Fontenay exposait non loin de là ses bijoux étrusques en or mat, si ingénieusement inspirés de l'antique, parmi lesquels deux colliers, l'un

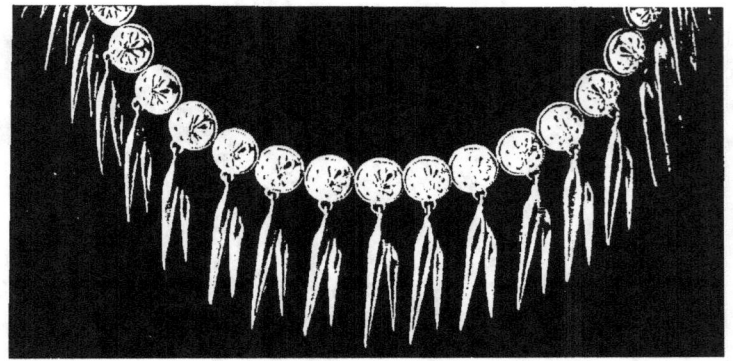

COLLIER AVOINES
par E. Fontenay (1867).

composé de grains d'avoine, l'autre de grains de blé, furent très appréciés dans leur simplicité charmante.

Également très remarqué fut l'envoi de Léon Rouvenat, dont nous avons déjà parlé, et spécialement une branche de lilas de grandeur naturelle, toute en diamants, « pouvant servir alternativement de broche de corsage et de coiffure »[1]. Cette branche, achetée par l'Impératrice, avait été exécutée

---

[1]. Cette branche, vendue 25.000 francs, employait 410 brillants et 1.025 roses, pesant 64 carats 1/2. « Pour donner à la fois aux tiges qui portent les grappes de fleurs la grosseur et la flexibilité de la nature, elles ont été faites en fil d'or plat, tordu en forme de ressort à boudin, ce qui leur donne, avec la souplesse nécessaire, une grande solidité. » (*Catalogue des objets exposés par L. Rouvenat* à l'Exposition Universelle de Paris, en 1867.)

par un des meilleurs ouvriers de Rouvenat, nommé Leroy, qui reçut une médaille de collaborateur. Le rapport des

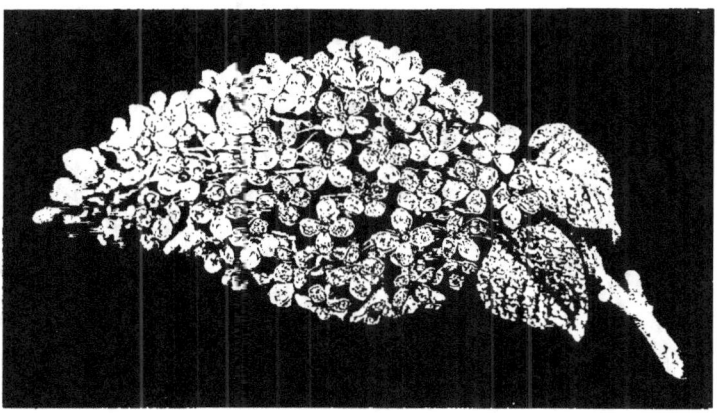

BRANCHE DE LILAS EN JOAILLERIE.
Achetée 25.000 francs par l'Impératrice Eugénie. (Exposition de 1867.) — Longueur : 0ᵐ14.
(Maison Rouvenat.)

délégués ouvriers parle de cette œuvre en ces termes : « Cette pièce est d'un grand mérite. L'ouvrier qui l'a exécutée a eu

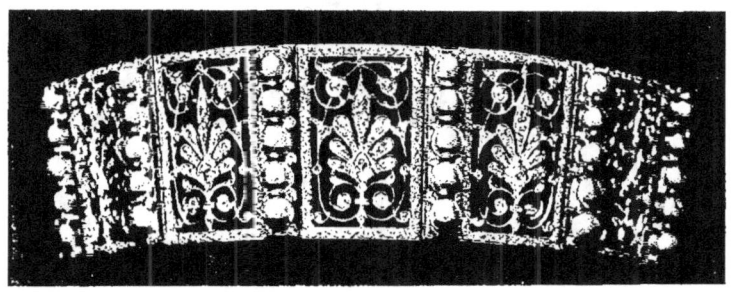

BRACELET ARTICULÉ EN JOAILLERIE ET PERLES.
(Maison Rouvenat, 1867.)

sous les yeux une branche naturelle pendant le cours de l'exécution et il l'a parfaitement copiée. Son seul défaut serait d'être un peu trop fournie..., et il ajoutait : c'est la

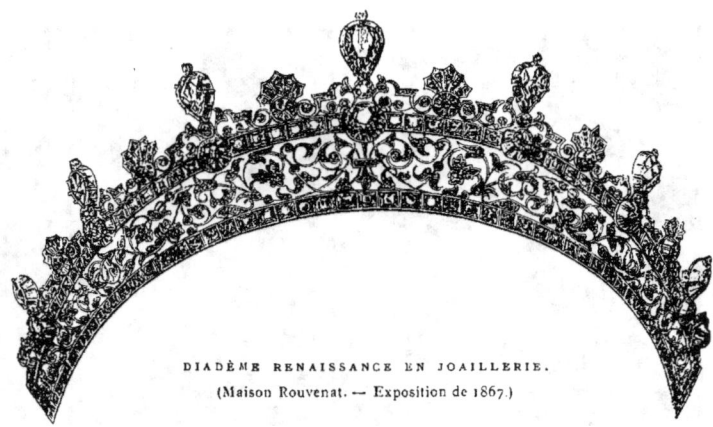

DIADÈME RENAISSANCE EN JOAILLERIE.
(Maison Rouvenat. — Exposition de 1867.)

première fois qu'on ait tenté d'exécuter cela en joaillerie. »
Les autres pièces de la vitrine Rouvenat étaient intéres-

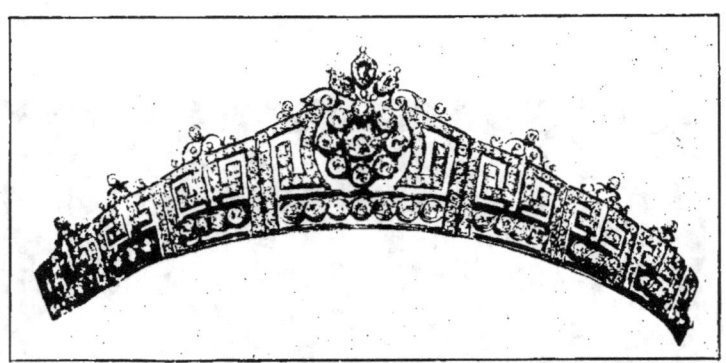

DIADÈME, GRECQUE EN BRILLANTS.
(Maison Rouvenat. — Exposition de 1867.) — Largeur : 0m15.

santes : un diadème formé de cinq fleurs d'églantine, une
parure de style Henri II et aussi des bijoux variés, bracelets,

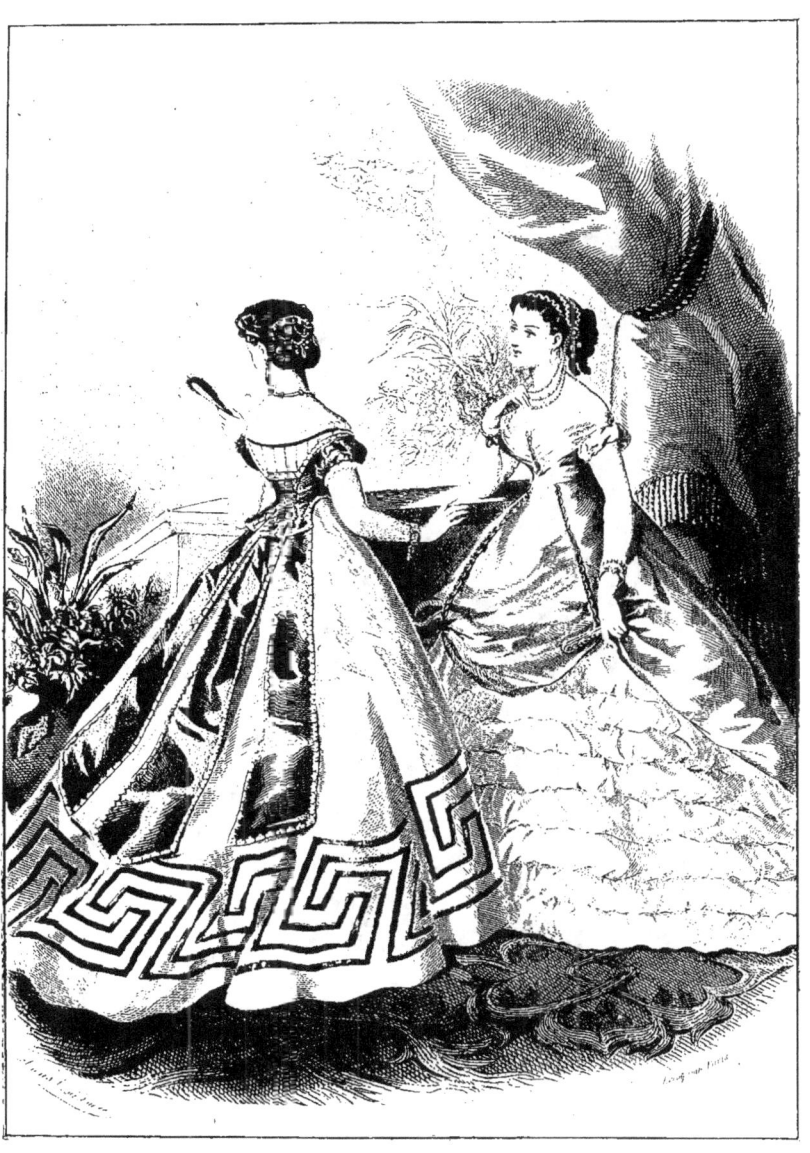

MODES EN 1866.
Peigne de chignon à chainettes et pampilles, boucles d'oreilles, bracelets, collier de corail rattaché à la coiffure, etc.

médaillons, broches de style Renaissance ; des *cachemiriennes*, longues broches pour attacher les châles de l'Inde alors très en vogue et très coûteux ; des oiseaux-mouches finement sertis, qui eurent un succès considérable. En effet, le premier de ces « colibris » fut acheté par le Roi de Prusse (devenu plus tard l'Empereur Guillaume Ier), le second, par Napoléon III ; la Duchesse d'Aoste, le Duc de Montmorency et d'autres personnages suivirent cet exemple, et les commandes se succédèrent sans interruption. Le Vice-Roi d'Égypte, Ismaïl Pacha, pour sa seule part, en acheta trente-huit. Le prix de ce bijou était de 2.200 francs.

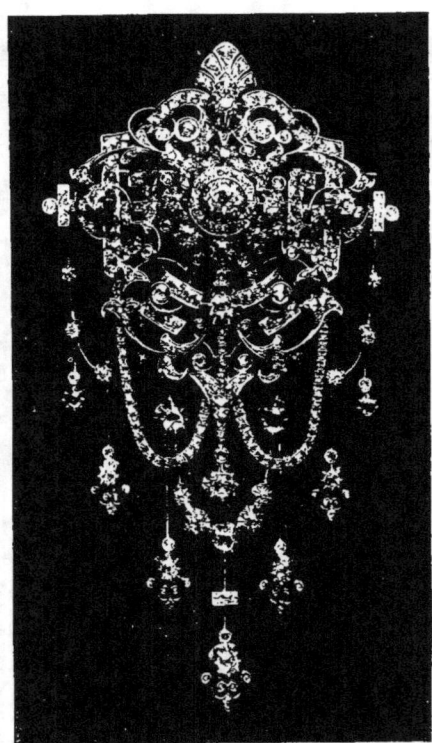

BROCHE EN JOAILLERIE.
(Maison Rouvenat, 1867.)

Parmi les bracelets, il faut retenir « un bracelet en brillants, ornements Renaissance à jour sur fond émail noir, dans lequel, cachée sous une émeraude, se logeait une petite montre ; un autre bracelet palmette grecque, repercée en brillants et roses, avec filets d'émail noir ; un troisième bracelet grecque double, roses et rubis sur fond émail noir. » On voit par ces exemples que les fonds et les filets d'émail noir étaient à la mode. Cela passait pour être « distingué ».

Rouvenat avait un excellent collaborateur nommé Félix

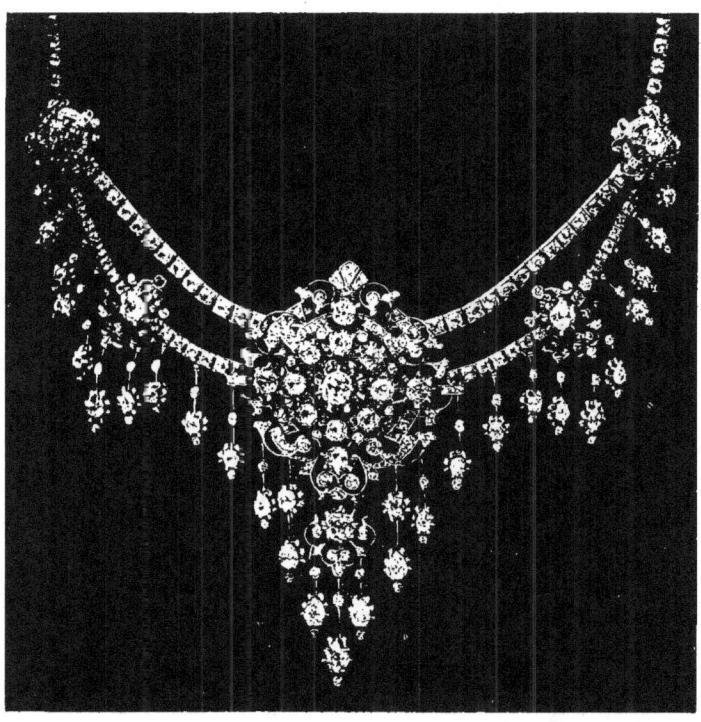

COLLIER EN JOAILLERIE.
(Maison Rouvenat, 1867.)

Closson, qui resta dans sa maison pendant plus de trente ans et devint son chef d'atelier. Ses talents de dessinateur et de joaillier lui valurent des médailles de collaborateur aux Expositions de 1855 et de 1867. Élève de Léon Coignet et de l'École des Beaux-Arts, que dirigeait alors Paul Delaroche, Closson composa un nombre considérable de bijoux et de joyaux. Presque toutes les pièces de la vitrine de Rouvenat, en 1867, étaient dessinées par lui.

Le genre d'affaires de Rouvenat s'étant modifié, Closson le quitta à la fin de 1878 pour s'établir fabricant joaillier rue de la Michodière ; malheureusement, malgré ses efforts, le résultat ne répondit pas à ce qu'il avait espéré.

Félix Closson mourut en 1885, à l'âge de cinquante-sept ans.

Un jeune joaillier, qui devait fournir plus tard une carrière exceptionnellement brillante, Boucheron, exposait pour la première fois en 1867. Son goût très vif pour la nouveauté et la fantaisie lui faisait déjà chercher autre chose que la formule « Renaissance » dont abusaient ses confrères d'alors ; du moins, s'il employa ce style, Boucheron s'efforça-t-il de le rajeunir par une interprétation différente, comme il fit en introduisant dans le miroir à main qu'il exposa les nouveaux émaux translucides de Riffault[1].

Une des nouveautés les plus remarquées de son exposition furent les bijoux en « repercé florentin » : bracelets, broches, boucles d'oreilles, et surtout un grand nombre de châtelaines en or

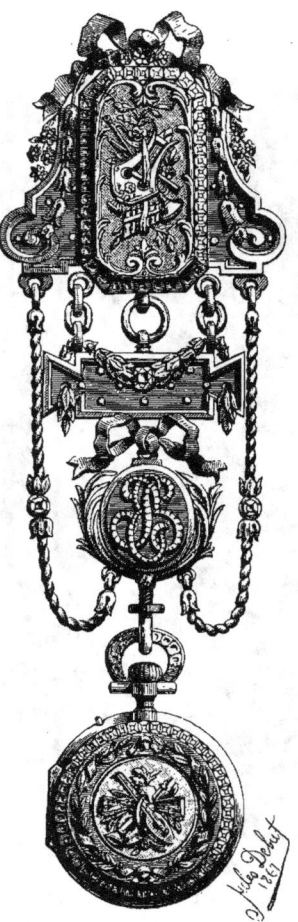

CHATELAINE LOUIS XVI
EN ORS DE COULEUR.
Dessin de J. Debut, pour Boucheron
(1867).

[1]. Ce miroir, dont on parla beaucoup à cette époque, doit être actuellement à Londres, au musée de South Kensington.

rouge poli, délicatement repercé et ornés de motifs et de linéaments repris à la gravure, et d'une grande finesse, furent très appréciés. La mode en dura longtemps. On signala aussi « un très beau rang de corail rose d'une grande valeur », une grosse rivière de diamants et un service à thé grec, aux ornementations d'émail rouge et noir, comme le décor des vases antiques. Le néo-grec était très en faveur, et Aucoc exposait, lui aussi, un service à thé pompéien, avec des parties dorées et orné de camées.

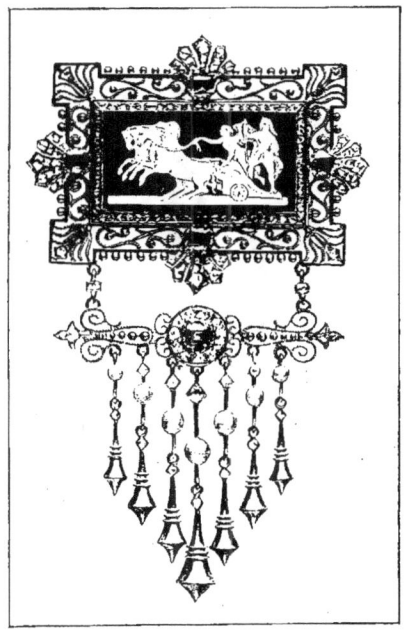

BROCHE ÉTRUSQUE AVEC CAMÉE.
(Maison Rouvenat, 1867.)

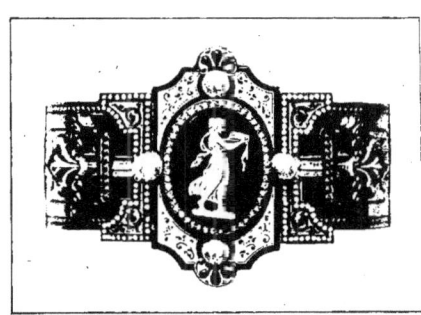

BRACELET CAMÉE, PERLES ET ÉMAIL.
(Maison Rouvenat, 1867.)

Boucheron, qui s'est toujours entouré des meilleurs collaborateurs et a su rendre hommage à leurs mérites, plaça dans sa vitrine, sur une plaque de marbre, la liste des principaux d'entre eux, pour les associer à ses succès. C'était un beau geste, qui

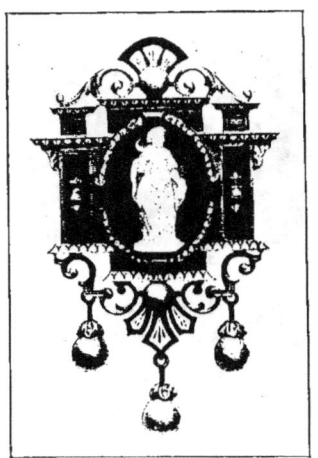

BROCHE CAMÉE, ÉMAIL ET PERLES.
(Maison Rouvenat, 1867.)

dénotait une nature franche et un esprit généreux. Ses collaborateurs (ses coopérateurs, comme il les appelait alors) furent très sensibles à ce bon procédé, imité depuis par un certain nombre de ses confrères, et qu'il renouvela d'ailleurs aux Expositions suivantes. Voici leurs noms, que nous accompagnons de l'indication sommaire de leur spécialité ; nous en retrouverons plusieurs au cours de cette étude : Baucheron et Guillain (bijoutiers-joailliers), Bissinger (camées et intailles), Bonnet (orfèvre), Carlier (sculpteur), Combier et Picot (bijoutiers), Jules Debut (dessinateur), Dufaux (émailleur), A. Falize et fils (orfèvres-bijoutiers), Filard et Pelletier (joailliers-baguistes), Honoré (ciseleur), Paul Legrand (dessinateur), Ch. Lepec (émailleur), Massin (joaillier), Mercier (ciseleur-orfèvre), Barré (ciseleur-orfèvre), Molly (émailleur), Petit et Vampflug (relieurs-doreurs), Quillot (lapidaire, graveur sur pierre), Riffault (émailleur et bijoutier), Rouvillois (bijoutier), Vacherot et Loussel (bijoutiers), Vaubour-

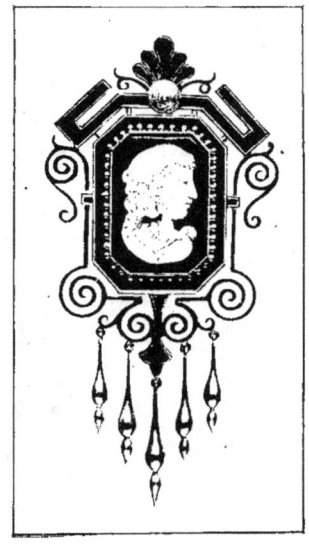

BROCHE NÉO-GRECQUE.
(Maison Rouvenat, 1867.)

zeix (bijoutier). Ce n'était là que l'état-major, il faut compter en plus tous les ouvriers de ces différentes maisons et ceux de l'atelier Boucheron, qui était important.

Voici ce que le rapporteur dit de son exposition : « Comment le caprice, la fantaisie, la mode parisienne n'auraient-elles pas eu leur représentant dans la classe 36 ? C'est le style Louis XVI, plus particulièrement adapté à cette variété de petits objets, si fins de détails et de travail, qui a été chargé

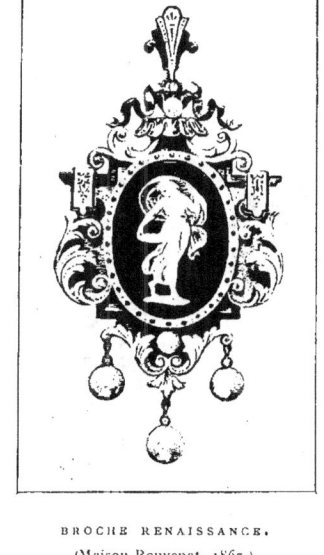

BROCHE RENAISSANCE.
(Maison Rouvenat, 1867.)

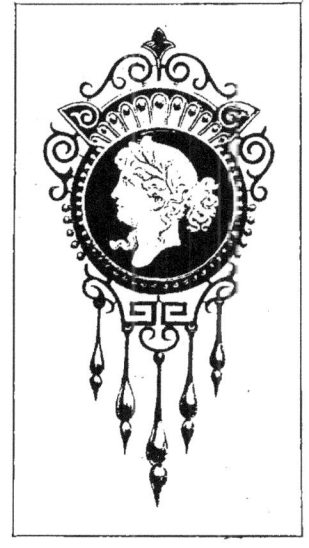

BROCHE NÉO-GRECQUE.
(Maison Rouvenat, 1857.)

d'en être l'interprète. Rien ne coûte pour établir ces charmants joyaux, les rendre irrésistibles de forme et d'effet. Ce sont des broches de toutes formes, aux ornements les plus déliés ; des bracelets à pierres admirables de couleur et de pureté, retenus par des fils de diamants ; c'est l'emploi de roses imperceptibles pour former les panoplies les plus passionnées du siècle passé : des carquois, des flèches, des cœurs, des nœuds, des rubans enlacés et modelés de mille façons diverses, où le serti semble ne rien coûter, tant il est parfait et tant les pierres sont innombrables. Tout est fin, tout est précieux dans le travail de ces objets microscopiques, et je dois ajouter que c'est un début plein d'espoir pour l'industrie. »

L'appréciation du rapporteur était juste ; nous verrons au chapitre suivant dans quelles magnifiques proportions cet « espoir » s'est réalisé.

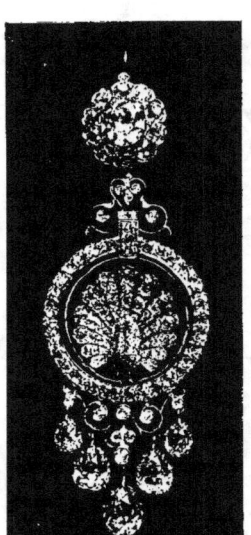

PENDANT D'OREILLE
JOAILLERIE,
AVEC PAON AU CENTRE
par Rouvenat (1867).

Baugrand, qui formula avec tant de perspicacité le jugement que nous venons de rapporter sur Boucheron, était membre du jury et chargé d'établir le rapport sur la bijouterie avec son confrère Fossin ; il dut naturellement s'abstenir de parler de sa propre exposition. Celle-ci était cependant extrêmement remarquable et ne comprenait que des pièces de choix. Les objets d'art y étaient fort harmonieusement groupés avec de la joaillerie splendide et des bijoux d'une exécution irréprochable ; l'ensemble était présenté avec un goût parfait, et fit une très grande sensation.

Une série de pièces importantes en émaux champlevés et cloisonnés, de style égyptien, coffret, statuette, miroirs, service à thé ; des émaux d'inspiration japonaise, une délicieuse pendule Renaissance, couverte de ciselure et d'émail, d'un style très noble ; des diadèmes, des joyaux importants exécutés pour l'Impératrice, des rubans de joaillerie et des bijoux Louis XVI, une grande parure d'émeraudes, une tulipe en rubis, saphirs et émeraudes, un paon faisant la roue, dont les plumes souples étaient serties de rubis et d'émeraudes ; des éventails, des ombrelles ornées de pierreries, des bracelets couverts de

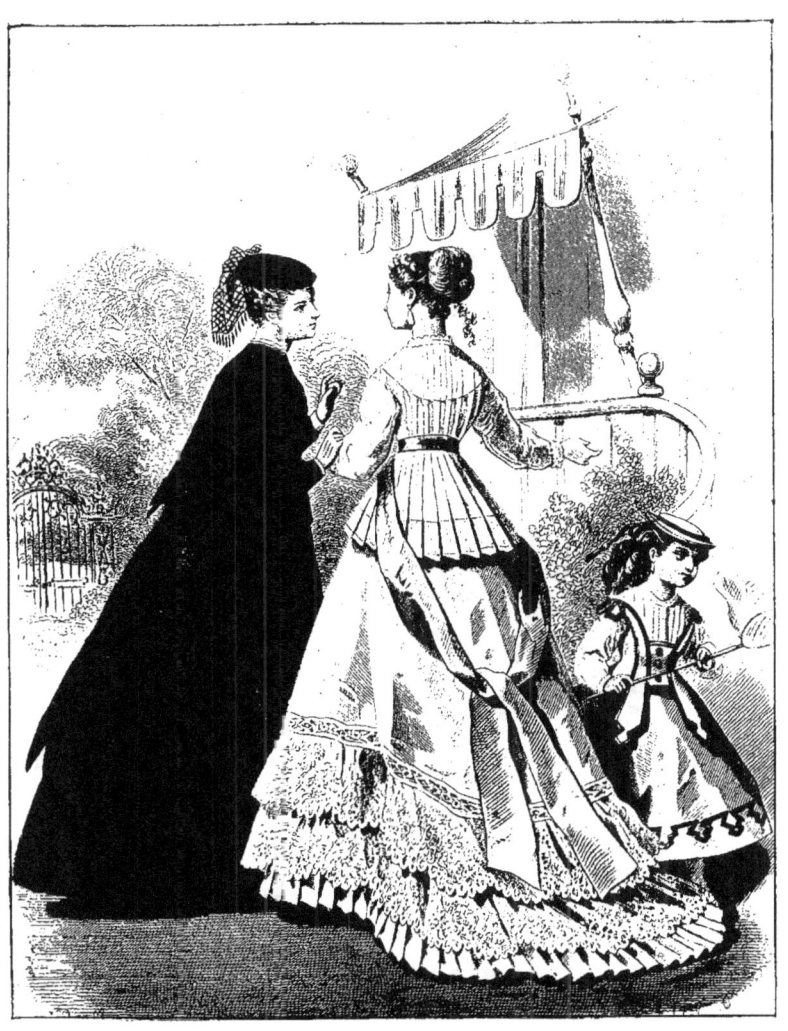

MODES PENDANT L'EXPOSITION DE 1867.
Pendants d'oreilles.

diamants magnifiques, tous ces objets, d'une variété extrême et d'une beauté rare, retenaient constamment devant cette vitrine des groupes d'admirateurs [1].

Gustave Baugrand (1826-1870), dont le père, Victor Baugrand (1803-1872), avait été d'abord sertisseur, puis joaillier [2], est une des personnalités qui ont le plus contribué à l'évolution de la bijouterie et de la joaillerie sous Napoléon III. D'une intelligence très vive et d'une nature entreprenante et active, Baugrand avait un goût très raffiné et très sûr. Il était constamment à la recherche de modèles ayant un caractère de nouveauté. De plus, bien qu'ayant lui-même un atelier bien stylé, il savait s'assurer la collaboration des plus habiles dessinateurs et des meilleurs fabricants [3]. Il

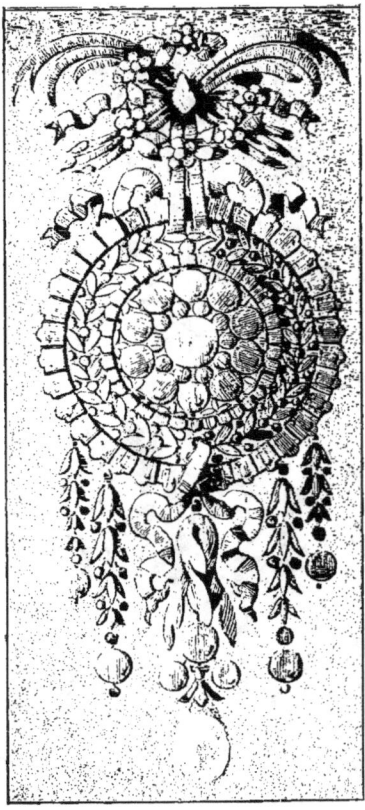

BROCHE LOUIS XVI
par Baugrand (1867).

[1]. Nous nous souvenons parfaitement de l'impression que cette exposition fit sur nous, malgré notre jeune âge ; nous étions alors loin de nous douter que, quatre ans plus tard, cette glorieuse maison serait réunie à celle de notre père.

[2]. Mignolet et Baugrand, 32, rue Richelieu, fabriquent la joaillerie dans toute sa partie (*Azur*, 1832).

[3]. P. Fauré, Jules Fossey, Dumouza, dessinateurs industriels de talent, travaillèrent beaucoup pour Baugrand. Il en fut de même de Massin, de

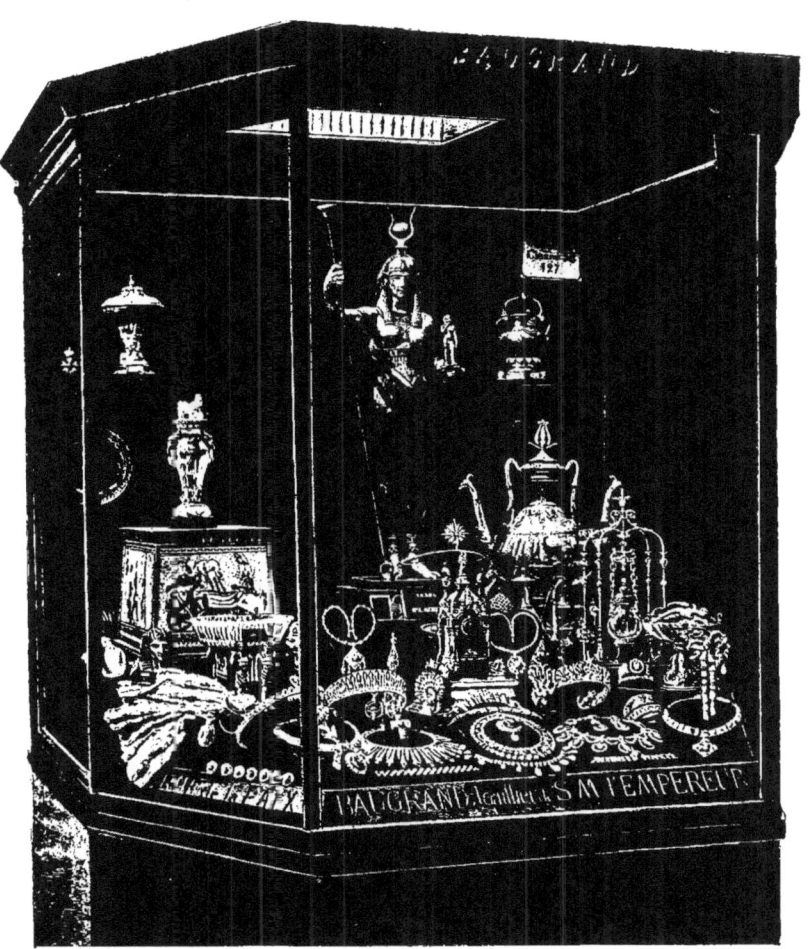

LA VITRINE DE BAUGRAND A L'EXPOSITION DE 1867

débuta comme joaillier en 1852, associé avec Paul Marret, neveu de Charles Marret, qui avait repris en 1835 la maison Gloria, établie rue de la Paix depuis 1820. A la suite de la mort de Charles Marret (1846), cette maison avait été exploitée, d'abord par sa veuve et son neveu réunis, puis par Paul Marret seul. Un an après son association avec Baugrand, Paul Marret tomba malade au cours d'un voyage d'affaires à la Havane et mourut à New-York à la fin de 1853. Baugrand continua à diriger la maison Marret et Baugrand avec la veuve de Paul Marret jusqu'au moment où, se remariant avec Victor Villain, sculpteur de talent[1], elle laissa Baugrand seul propriétaire de la maison, qui lui donna à ce moment une impulsion considérable. Fournisseur de l'Empereur, il exécuta, pour les Tuileries et pour les personnages de la Cour, de nombreux et élégants bijoux. On peut dire qu'il fut en quelque sorte le Boucheron de son temps. Sa mort prématurée,

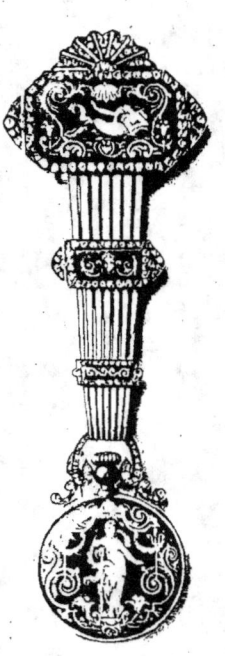

CHATELAINE,
AVEC ÉMAUX PEINTS
par Baugrand (1867).

Baucheron et Guillain, des émailleurs Lefournier, Solier frères, Alfred Meyer, Tard, etc. Loyer fut longtemps son chef d'atelier ; c'est Jules Destape qui lui succéda. Un des ouvriers de la maison, nommé Coche, fut proposé, dans le rapport des délégations ouvrières, pour l'obtention d'une récompense, en raison de l'exécution remarquable qu'il avait faite d'une grande parure, composée d'un nœud souple formant broche et d'un collier à rubans assorti.

Joseph Halphen, le grand négociant en diamants, confiait à Baugrand des commandes extrêmement importantes pour l'Orient.

1. Victor Villain est l'auteur d'une des statues monumentales du pont des Invalides.

survenue pendant le siège de Paris, laissa sa maison sans titulaire ; elle fut rachetée par E. Vever, ainsi que nous le verrons plus loin.

L'exposition remarquable de Baugrand en 1867 lui valut la croix de la Légion d'honneur.

Comme nous l'avons raconté plus haut, Massin, bien qu'ayant exécuté un grand nombre des joyaux qui figuraient

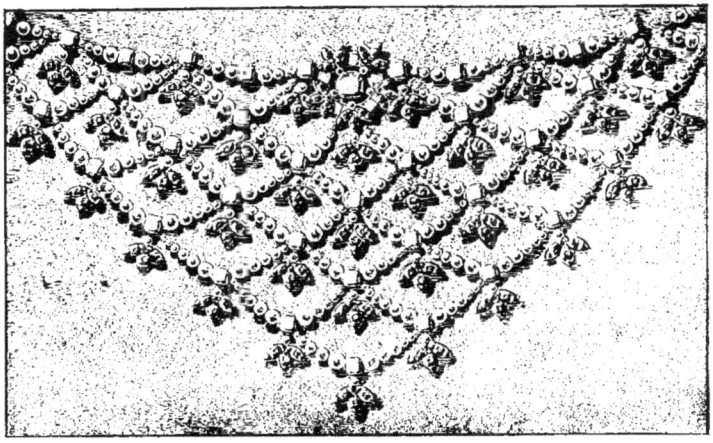

DEVANT DE CORSAGE, DIT « BERTHE », RUBIS, PERLES ET BRILLANTS.
Exécuté en 1867 par Baugrand, pour la Reine de Portugal.
Largeur : 0ᵐ 57.

dans différentes vitrines, était parvenu néanmoins à présenter une exposition personnelle très intéressante, qui fut appréciée ainsi : « Quelques échantillons de joaillerie, modestement semés dans une vitrine, prouvent que, aujourd'hui, malgré la puissance du capital, le vrai talent peut se faire jour. La fleur de nénuphar, les branches d'églantiers et de marguerites, la petite guirlande aux boutons de perles roses, éteignent les feux de tous les millions de pierreries qui resplendissent autour d'elles et démontrent de la façon la plus complète que la pureté, la grâce et l'élégance du dessin, une certaine poésie dans l'ensemble, la finesse et la légèreté de la main-d'œuvre, qui n'excluent pas la solidité et l'étude du jeu de la pierre, doivent être les qualités premières de la joaillerie. »

Une branche d'églantine est particulièrement mentionnée pour sa monture très légère ; « l'idée d'avoir fait les feuilles en or de couleur est très bonne ». On indique aussi, parmi les ouvriers joailliers qui paraissaient dignes d'une récom-

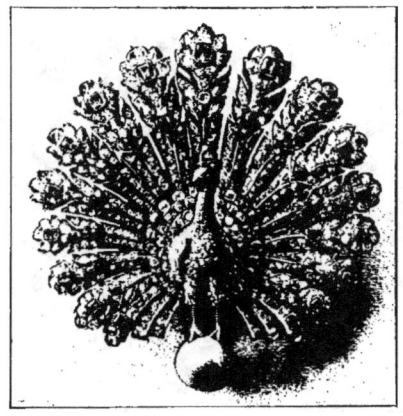

BROCHE PAON
par Baugrand. (Exposition de 1867.)

pense en raison des travaux qu'ils ont exécutés « en première ligne M. Touay[1], ouvrier de M. Massin, qui a exécuté notamment le bandeau coquille avec perles et briolettes mobiles. Le dessin et la légèreté de cette pièce touchent à la perfection ». Une jolie aigrette de diamants pour le Pacha d'Égypte est également signalée.

Si nous avons donné de nombreux détails sur les principaux bijoux exposés dans la section française, c'est que nous avons pensé qu'on pourrait ainsi se faire une idée plus exacte de ce qu'était alors la nouveauté et la mode ; c'est

1. M. Touay devint, plus tard, le successeur de Janin, rue Vivienne, 2.

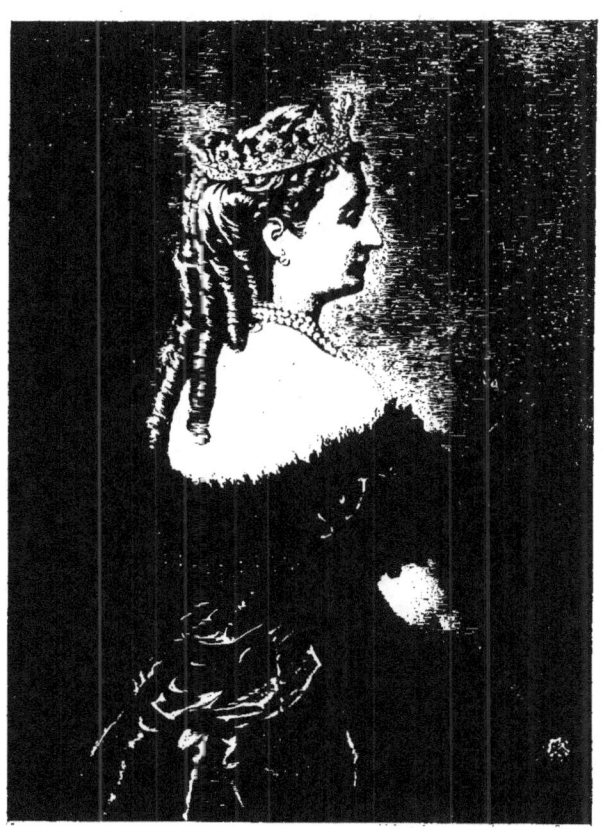

Cliché Mathieu-Deroche.

L'IMPÉRATRICE EUGÉNIE PORTANT LE DIADÈME D'ÉMERAUDES.

aussi parce que l'Exposition de 1867 fut en quelque sorte l'épanouissement de la nouvelle manière de monter le diamant. La joaillerie a pu se perfectionner encore depuis cette époque, mais c'est surtout à partir de ce moment, nous le répétons, qu'elle présenta d'une façon générale plus de légèreté dans le travail, plus de goût dans le choix des motifs, plus de recherche dans l'arrangement. C'est Massin, nous l'avons dit, qui fut en grande partie le promoteur de cette rénovation de la joaillerie.

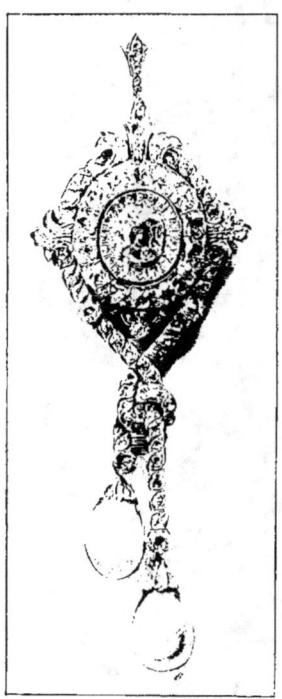

PENDANT DE COU,
DIAMANTS ET PERLES.
(Maison Baugrand, 1869.)

« Déjà, en 1861, nous raconta Massin, lors de mon association avec Tottis, j'avais dessiné et exécuté un grand diadème de la forme dite *Cérès*, avec épis, fleurs, avoines mobiles ; des colliers en pluie de diamants, des libellules, des papillons, des mouches, et aussi une broche de style Louis XVI, commencement d'une série de bijoux dont la mode a repris et dure encore de nos jours. En 1863, séparé de Tottis, qui paralysait un peu mon initiative, j'eus toute liberté d'agir. C'est alors que j'offris au commerce des dessins et des montures dont les idées et l'exécution n'avaient aucun similaire dans le passé. Exemples entre autres : un collier perles noires et brillants, avec boucles d'oreilles longues *monture illusion*, exécutée pour Baugrand, dans lesquels le poids des pierres l'emportait sur le poids de la matière. Pour Boucheron, la première aigrette plumes et brillants, des bijoux Louis XVI, avec ou sans camées, lesquels éta ent gravés par l'excellent artiste Bissinger. Pour les Mellerio, toute une suite de bandeaux, fleurs, épis, feuillages, papillons, etc. Pour Fontana, un oiseau d'un travail intéressant, ayant été obtenu en deux coquilles bouterollées au marteau et assemblées et soudées au feu avant le serti. Je pourrais citer bien d'autres exemples d'objets de parure, motifs puisés dans tout ce que la nature et les styles offraient d'agréable à traduire en diamants : les coquillages, les insectes, les fleurs, les rubans, les plumes, quelques animaux, les styles Louis XIV et Louis XVI m'ont fourni constamment des sujets nouveaux, surtout par la façon de les exécuter.

» J'ajouterai un fait assez caractéristique de l'influence que commençaient à exercer mes idées et ma main-d'œuvre, quand je vis venir chez moi, me demander du travail, mon ancien patron Rouvenat, Crouzet, l'un des maîtres de la bijouterie, puis Kramer, Morel, Duron, Baucheron et Guillain, tous praticiens ayant ateliers. Je vis venir aussi des confrères joailliers, seigneurs de moindre importance et ne refusai jamais à personne ni le dessin demandé, ni l'exécution de la commande. »

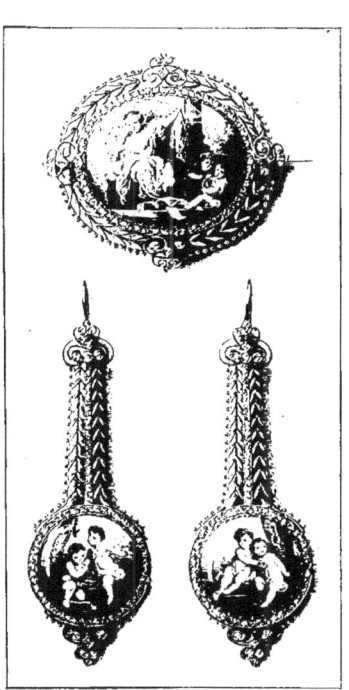

DEMI-PARURE LOUIS XVI,
ÉMAUX PEINTS.
(Maison Baugrand.)

D'autre part, les deux délégués ouvriers à l'Exposition de 1867, MM. A. Lacroix et E. Plessier, terminent ainsi leur rapport : « Il y a vingt ans, la joaillerie proprement dite se faisait en argent, et cela sans doute pour conserver aux pierres leur blancheur. On consolidait par une doublure d'or. Les montures étaient généralement d'ornements; on faisait cependant du feuillage, ce qui était plus nouveau. Mais on est arrivé aujourd'hui à mettre plus de matière et à séparer d'avantage les pierres; comme on a voulu produire plus d'effet tout en abaissant le prix des choses, on a augmenté l'ornementation et l'on a adopté l'or comme

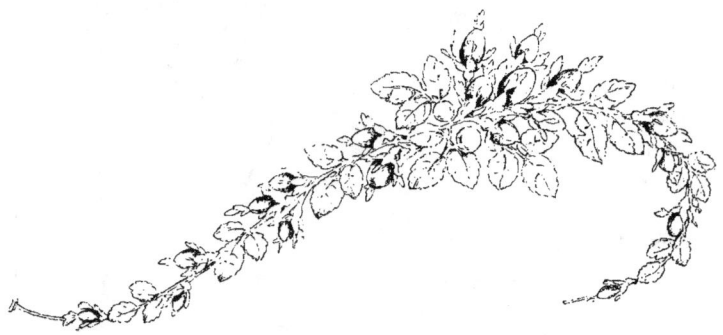

ORNEMENT DE COIFFURE : ROSES MOUSSEUSES EN DIAMANTS
ET PERLES ROSÉS
par O. Massin. (Exposition de 1867.)

matière, afin de pouvoir cacher la médiocrité de la pierre.

» Quoi qu'il en soit, il faut reconnaître que la joaillerie en France a gagné par le montage et le bon goût. Il serait à désirer que la tendance à faire vite se modérât un peu; car elle fait négliger ce fini de travail qui doit toujours distinguer une œuvre de prix.

» Constatons enfin que nous avons vu avec plaisir reparaître à cette Exposition les montures en argent. »

Ce dernier paragraphe est fort intéressant, car il nous montre l'évolution importante qui s'était produite dans la façon de monter la joaillerie.

Dans les vitrines de moindre importance, signalons cependant, à titre de curiosité, des bijoux électriques d'une originalité presque effrayante, dont Trouvé, « ingénieur électricien », était l'inventeur, et qui étaient exécutés et

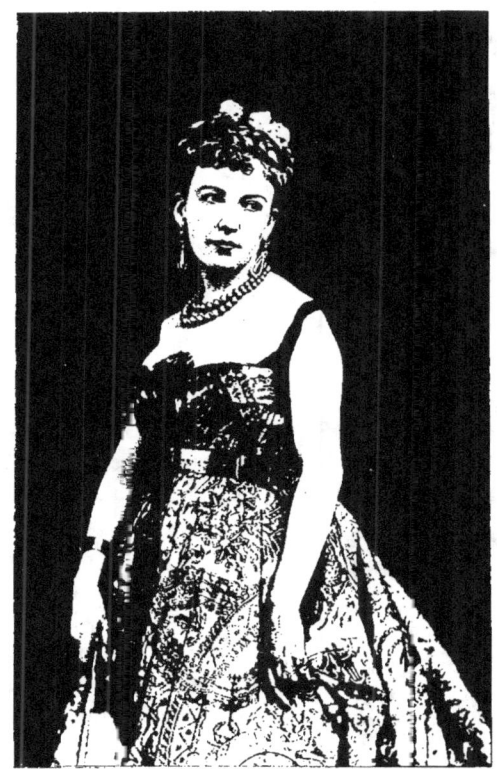

Cliché Ana ole Pougnet.

CORA PEARL.
Collier de perles noires, pendants d'oreilles, bracelet, bagues.

exposés par Cadet-Picard. « Une pile de Volta en miniature, placée dans la poche, communique le mouvement à une foule de petits objets de toute nature, très joliment modelés et émaillés. C'est une tête de mort qui fait des grimaces horribles, un lapin qui bat du tambour, un oiseau ou un papillon qui agite ses ailes, le tout disposé en bijoux pour porter à la cravate, au corsage ou dans la coiffure. Est-il possible de faire un emploi plus bizarre d'une des découvertes les plus importantes des temps modernes ? »

Dans ce genre de bijoux mécaniques et de haute fantaisie, Otterbourg fit, plus tard, des broches et des bracelets représentant ce qu'on appelait des *jeux pyrrhiques*. Deux disques de couleurs différentes, superposés et ajourés, étaient actionnés par un mouvement d'horlogerie que l'on déclanchait à volonté sous la pression du doigt, et qui, faisant tourner en sens inverse les deux disques coloriés, produisait un effet d'optique analogue aux rosaces multicolores et mouvantes des lanternes magiques. Ogez, rue de la Feuillade, fabriqua aussi des bijoux articulés : têtes de mort, pantins, le clown Auriol passant dans un cerceau ; de même, Robin père fit des tortues à la tête et aux pattes mouvantes[1], des polichinelles, etc. Puis ce furent des bijoux comiques : poupées articulées, cocottes de papier en or, épingles à surprises, diables, singes coiffés d'un chapeau de gendarme, d'un shako, d'une toque de jockey, fabriqués par Brocard.

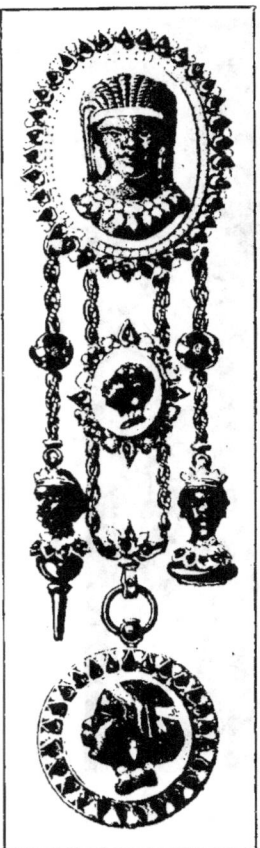

CHATELAINE
A TÊTES DE NÉGRESSES,
ORNÉES DE PIERRERIES.

Eugène Brocard (1821-1885), après avoir été chef d'atelier

1. On a vu depuis, chez Templier, rue Royale, des tortues *vivantes* dont la carapace était décorée de menus motifs en joaillerie.

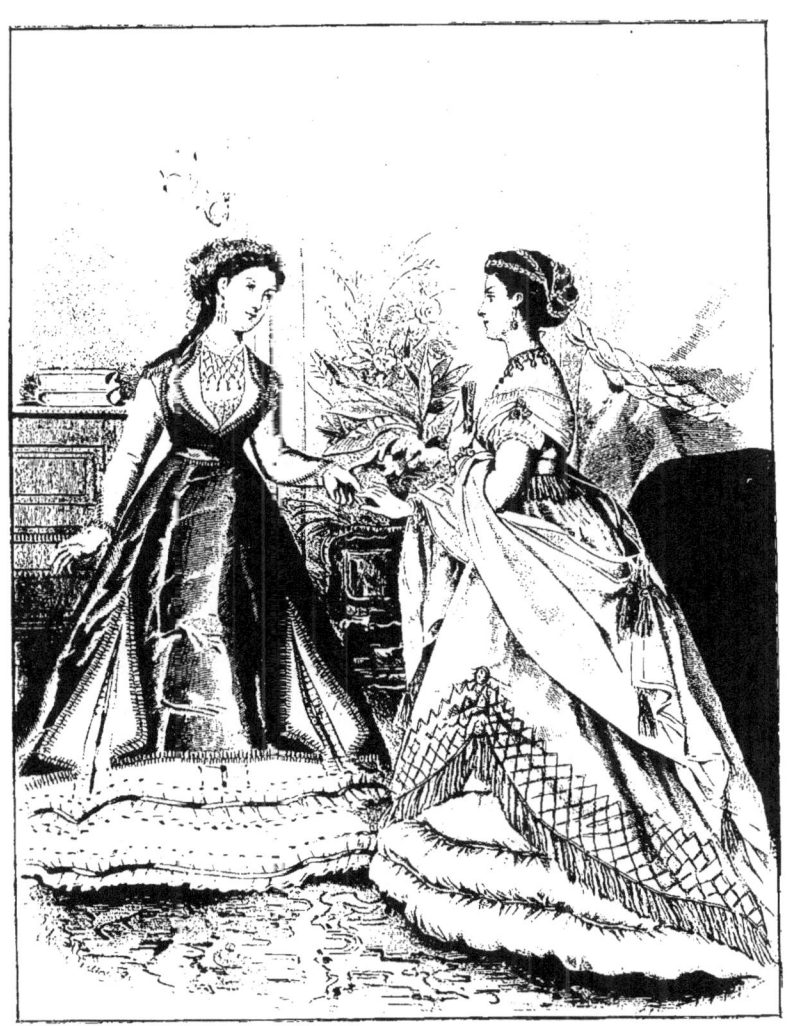

MODES DE 1868
par Héloïse Leloir.
Collier, pendants d'oreilles, bracelets d'or.

chez Christofle, alors joaillier, puis chez Martincourt, fonda une maison vers 1850. Il s'associa ensuite avec Mainfroy, vers 1860. Cette maison avait envoyé, entre autres choses, à l'Exposition de 1867, « un bandeau formé par un roseau sur lequel vient se poser une libellule. Cette pièce est simple, de bon goût et d'une grande originalité, comme tous les bijoux de cette vitrine. Toute la beauté de ces bijoux gît dans le travail seul, ces pièces n'étant rehaussées par aucune pierrerie. »

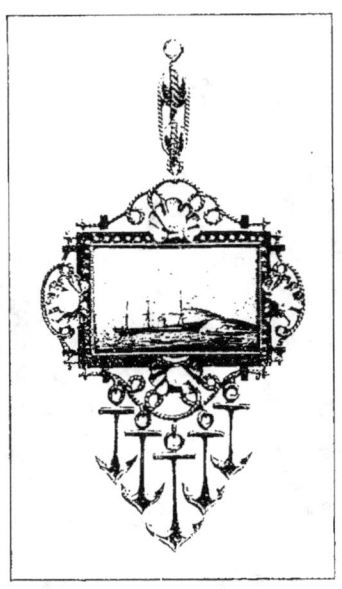

PENDANT DE COU
AVEC ATTRIBUTS MARITIMES.
(Exposition du Havre, 1868.)
La peinture représente l'*Isaac-Pereire* de la Compagnie Transatlantique, qui venait d'effectuer pour la première fois, en quinze jours au lieu de vingt, la traversée de Saint-Nazaire à New-York.
(Maison Rouvenat.)

Un dessinateur de talent, nommé Laisne, travailla pendant tout le Second Empire pour les plus importantes maisons de Paris.

Dans un genre différent, et avec moins de fougue que Julienne, il exécuta un grand nombre de modèles, dont l'originalité et la fantaisie furent très appréciées. C'était un chercheur et un homme de goût.

A l'occasion de l'Exposition de 1867, Laisne avait composé pour Fontana une série importante de bijoux de style chinois : broches, bracelets, boucles d'oreilles, pendants de cou, parures complètes, d'une ornementation un peu bizarre et compliquée, qu'agrémentaient de petites clochettes en platine et des émaux représentant des personnages du Céleste-Empire en somptueux costumes. Cette tentative était d'autant plus intéressante, qu'elle se rapportait à un style différent de l'étrusque et de l'égyptien, alors tant exploité. Bien qu'exécutés très soigneusement et à grands frais par Fontana, ces bijoux n'eurent malheureusement pas tout le succès qu'on pouvait espérer et qu'ils auraient obtenu sans doute si, au lieu d'émail peint, ils avaient pu être traités en émail cloisonné, qui leur aurait donné plus de vigueur et de caractère.

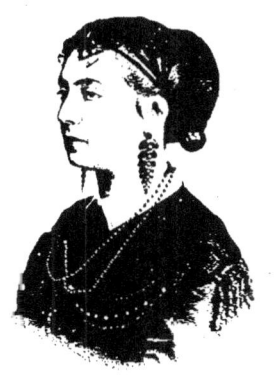

Cliché Ch. Reutlinger.
LÉONIDE LEBLANC.
Grands pendants d'oreilles, épingle de coiffure, sautoir en jais

Mais ce ne fut qu'en 1868 que Falize parvint à exécuter pour la première fois ces émaux cloisonnés, dont il devait tirer si bon parti pour le bijou.

Un élève de Joseph Legrand, Victor Heng, mérite aussi d'être cité comme un dessinateur remarquable, qui gravait et dessinait également très bien. Vers 1855, Heng entra chez Marret et Jarry ; mais, sur les sollicitations pressantes des principaux joailliers, il abandonna complètement la gravure pour se consacrer exclusivement au dessin de bijouterie. Sa clientèle ne cessant d'augmenter, il ouvrit un atelier où se groupèrent de nombreux élèves, qui l'aidaient dans ses travaux. Baugrand, Bourdier, beaucoup d'autres bijoutiers encore, eurent souvent recours à son talent. Du reste, en 1867, Heng fut récompensé comme collaborateur.

BOUCLE D'OREILLE
ÉMAILLÉE
par Cadet-Picard
(1867).

L'Exposition de 1867 fournit l'occasion de constater les progrès très sensibles réalisés par certains fabricants de chaînes, chez lesquels « l'habileté de la combinaison et de la main d'œuvre est arrivée au plus haut degré de perfection. Pour ne parler que d'un échantillon très en faveur aujourd'hui, et servant à suspendre au cou des femmes les plus riches médaillons, comment comprendre que la légèreté, la souplesse et l'élasticité de la chaîne *spirale hélicoïdale* et de tous ses dérivés, ne soient dues qu'à la combinaison de deux joncs d'or doublés de cuivre, roulés l'un sur l'autre, qui, délivrés de ce cuivre par l'action des acides, restent enchaînés l'un à l'autre sans aucune rivure, sans aucune soudure ? Y a-t-il rien de plus simple et de plus ingénieux que cette combinaison ? Quelle expérience du travail et de l'emploi des métaux il a fallu cependant pour arriver à ce résultat, dont une opération chimique accomplit le travail le plus difficile et le plus important ? On peut dire, à juste titre, que ces ouvriers chaînistes font de la science sans le savoir. »

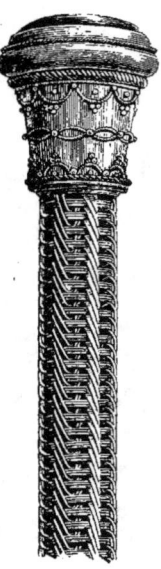

CRAVACHE
CHAINE IMPÉRATRICE
par A^{le} Lion (1865).

Parmi les bijoux les plus en faveur alors, il faut citer en première ligne les bracelets qui furent innombrables pen-

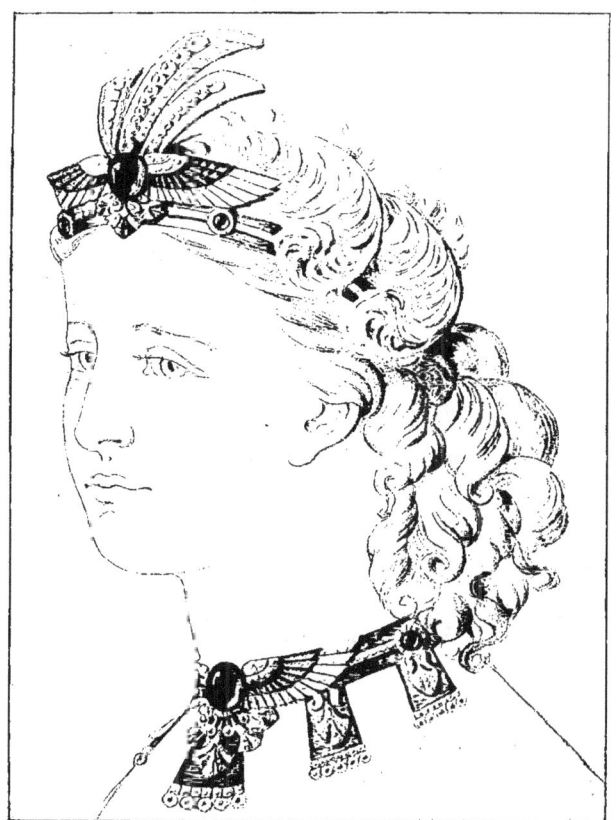

GRANDE PARURE ÉGYPTIENNE EN JOAILLERIE
par Lemonnier (1869)

dant tout le Second Empire, puis les médaillons ovales, qu'on portait non seulement isolés, mais parfois en assez grand nombre[1], suspendus à une chaîne ou à un collier de

1. La Princesse Mathilde avait un collier auquel étaient suspendus sept

largeur variable, qu'on pouvait également utiliser comme bracelet en l'entourant deux fois autour du poignet. Ces chaînes étaient soit tissées ou nattées, soit, ce qui constituait la grande nouveauté, confectionnées avec un fil d'or de un millimètre de large environ, presque plat ou en forme de

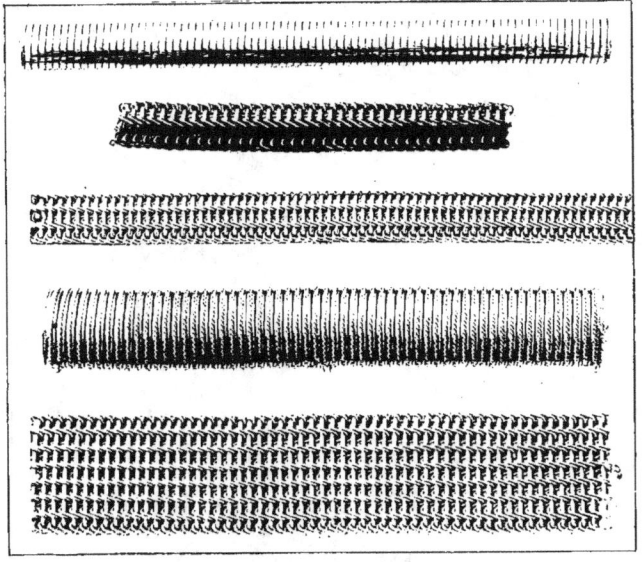

COLLIERS ET BRACELETS
par Auguste Lion
1. Modèle spiral plat (1863). — 2 et 3. Modèle Impératrice (1865). — 4. Collier spiral cordé (1865).
5. Bracelet Impératrice (1865).

gouttière, que l'on tournait en spirale continue et serrée, à l'instar d'un ressort à boudin, et dont chaque spire s'emboîtait sans soudure dans la précédente. Ce genre de travail, une fois terminé, produisait des colliers souples et solides qui ressemblaient assez à des serpents aplatis, à de longs reptiles annelés.

médaillons ovales d'or mat, au centre desquels se trouvait une perle blanche, grise ou noire, ou une pierre de couleur entourée de brillants.

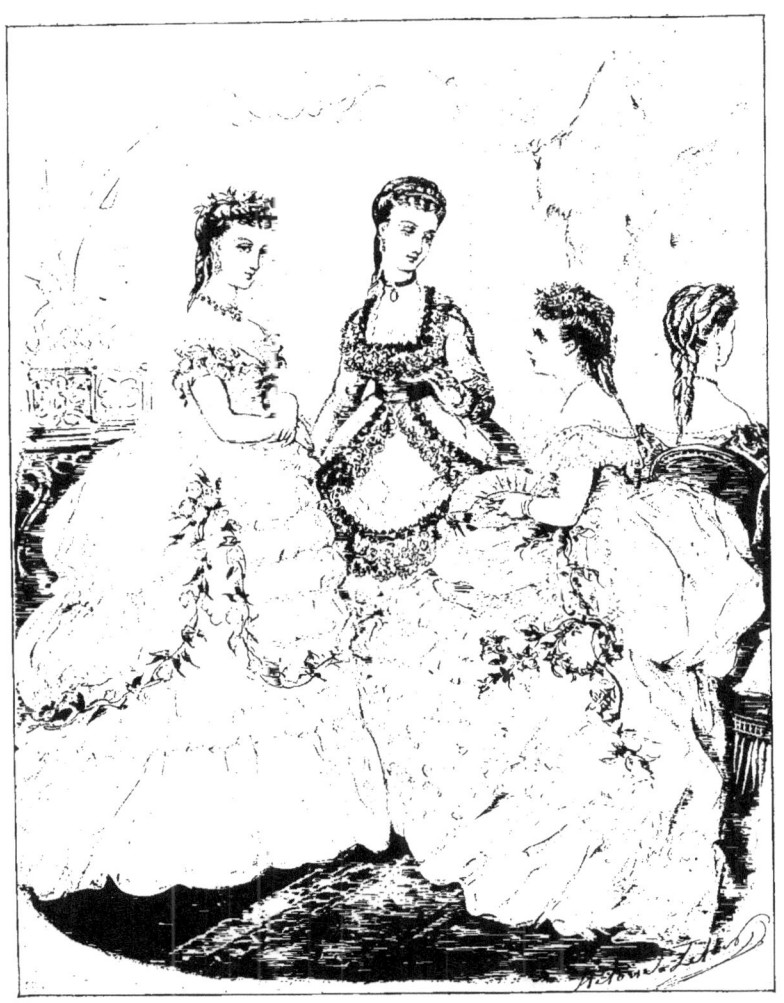

MODES DE 1869.
Colliers, médaillons, pendants d'oreilles, peignes.

On fit ainsi des chaînes, des colliers, des bracelets de toutes largeurs, très souples et très pratiques.

Auguste Lion (1830-1895) étudia tout particulièrement ce

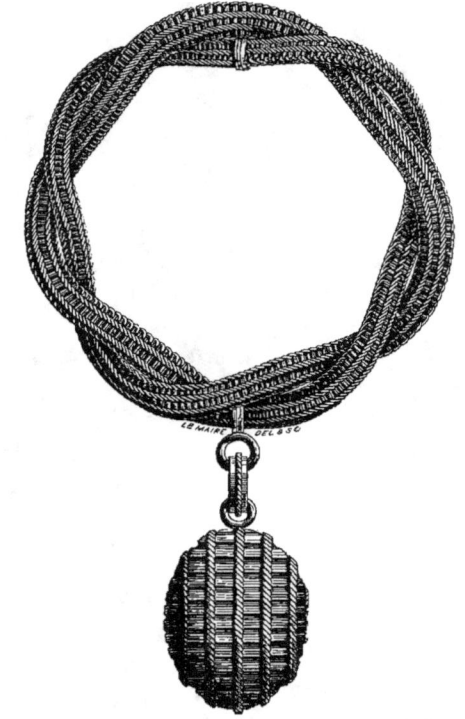

BRACELET CHAINE « IMPÉRATRICE », FAISANT COLLIER
par Auguste Lion (1865).

genre de fabrication, qu'il amena à un très grand degré de perfection et dont la vogue immense, commencée sous Napoléon III, se continua pendant plus de vingt ans.

Lion, ancien apprenti et ouvrier de la maison Vever, à Metz, était venu à Paris, en 1852, pour se perfectionner dans sa spécialité chez Dupont, messin comme lui et un des premiers chaînistes et fabricants de bracelets de la capitale.

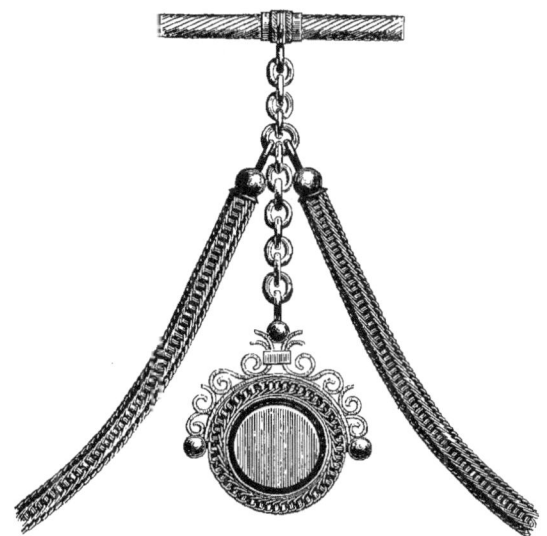

CHAINE DE GILET, AVEC MÉDAILLON-CACHET
par Auguste Lion (1865).

Son atelier, très réputé, était recherché par les ouvriers qui désiraient connaître la bonne fabrication. De ce nombre

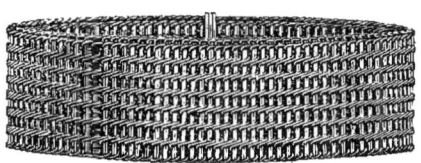

BRACELET SOUPLE EN TISSU D'OR
par Auguste Lion (1807).

furent Édouard Caen et deux compatriotes encore de Dupont, Brisac et Moche. Ce dernier, après avoir été chez Rometin,

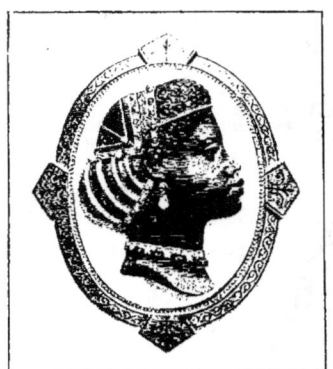

BROCHE A TÊTE DE NÉGRESSE, CAMÉE DIT « HABILLÉ ».

successeur de Dufet, s'établit en 1855 et sa maison acquit plus tard une grande réputation pour la chaîne et les bourses en tissu d'or à mailles fines, et les bourses extensibles. On peut juger d'après ces quelques noms que Dupont a fait d'excellents élèves.

Lion s'établit en 1855, rue des Archives, 23. C'était un homme intelligent, actif, laborieux. Il prit de nombreux brevets d'invention et de perfectionnement et construisit des machines spéciales pour l'exécution d'une quantité considérable de modèles différents, dont le principe de fabrication était généralement très simple et qui revenaient à des prix avantageux, en raison de l'outillage ingénieux qui servait à les établir.

Il donna à ses modèles des noms variés : *Impératrice, Écossais, Napolitain, damier, jarretière, tresse, cotte de mailles*, etc., qui ne rappelaient que rarement leur genre de fabrication, mais qui permettaient de les distinguer commercialement. Le bracelet *turban* était comme un ressort à boudin s'enroulant en spirale autour du bras. Ce principe a été utilisé depuis de bien des

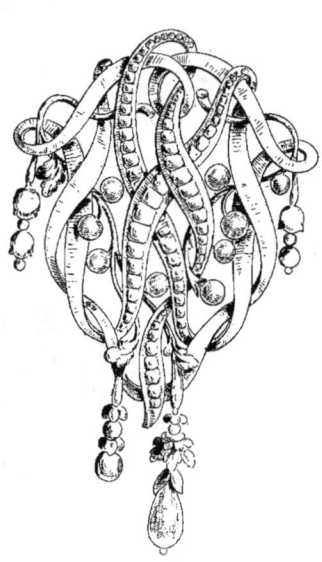

BROCHE ÉMAIL ET PERLES.

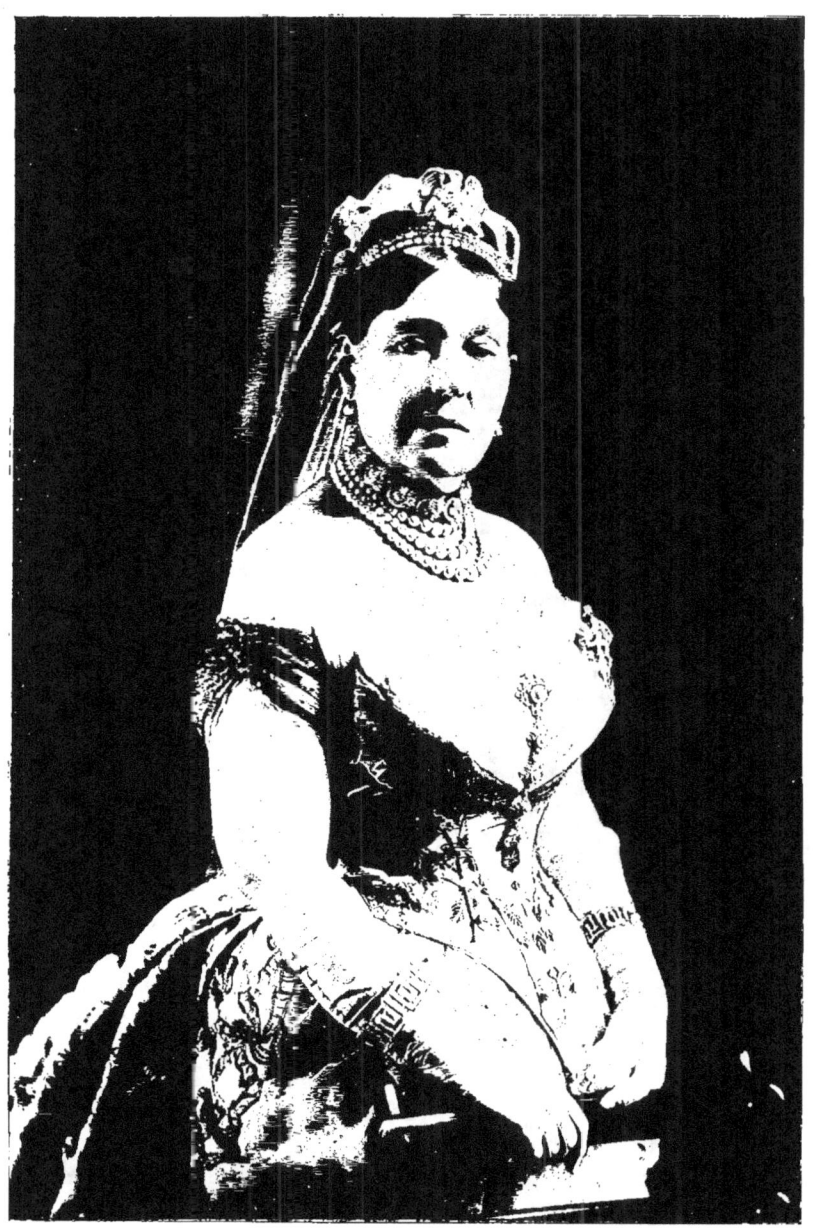

S. A. I. Mme LA PRINCESSE MATHILDE PARÉE DE SES BIJOUX.

manières pour des bracelets serpents et autres. Le *serregant*, ainsi que son nom l'indique, avait pour mission de retenir le gant au-dessus du poignet. Lion était un chercheur, aussi ingénieux et adroit qu'heureux et fécond dans ses inventions; il mérite incontestablement d'occuper une place prépondérante parmi les chaînistes cependant très habiles de cette époque.

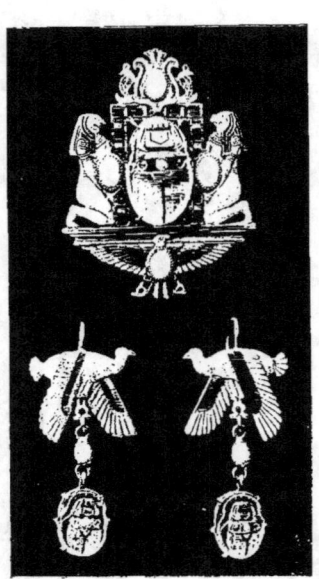

DEMI-PARURE ÉGYPTIENNE
par E. Fontenay (1869).

Édouard Caen (né en 1832) fonda sa maison en 1859 et prit comme associé Beaumont, le chef d'atelier de Dupont; ses affaires prospérèrent rapidement. Il s'adjoignit, en 1868, l'établissement de la veuve Riou, qui fut un des plus importants du Second Empire, puisqu'on y fabriquait annuellement plus d'un million de chaînes. Mme Riou avait elle-même repris vers 1849 la maison Chevalier, qui avait une dizaine d'années d'existence. On y faisait principalement les chaînes à longs maillons plus ou moins ouvragés, dont la vogue fut de longue durée.

Les frères Silvano, établis rue Sainte-Croix-de-la-Bretonnerie, obtinrent aussi beaucoup de succès aux alentours de 1860 avec des chaînes et des bracelets, composés d'un tissu d'or tricoté et laminé ensuite; très souples et très agréables au toucher, ces objets étaient malheureusement peu solides, en raison de la grande finesse du fil d'or dont ils étaient composés.

Puisque nous parlons de cette très intéressante spécialité de la bijouterie qu'est la chaîne, disons que les chaînes de

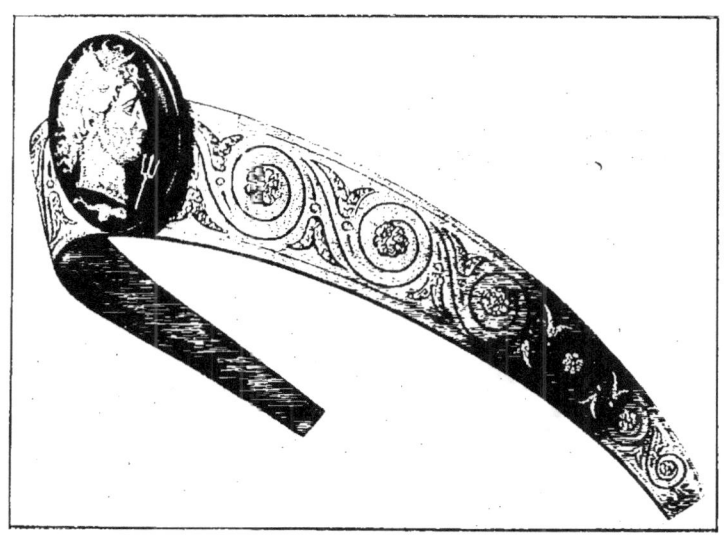

DIADÈME NÉO-GREC : CAMÉE, FILETS D'ÉMAIL ET BRILLANTS
par Alexis Falize père. (Réduction d'un tiers.)

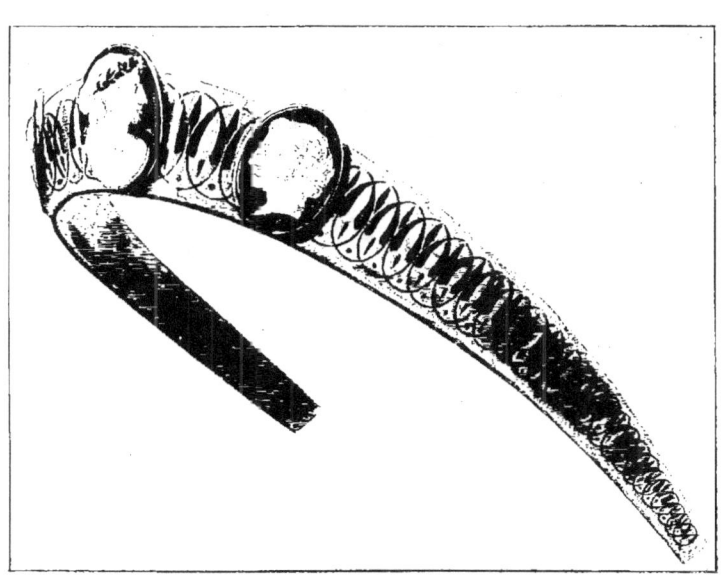

DIADÈME NÉO-GREC : CAMÉES, ORNEMENTS ÉMAILLÉS
par Alexis Falize père. (Réduction d'un tiers.)

montre pour dames se portaient simples ou doubles, avec
ou sans *coulants* mobiles, mais toujours fixées au corsage,
soit à l'aide d'une clef-bâton, soit au moyen d'un crochet
qui, par l'intermédiaire d'un *pantin* (petit morceau de chaîne
de quelques centimètres), tenait suspendus un médaillon,
des breloques variées, des glands en or, ou des *groupes*

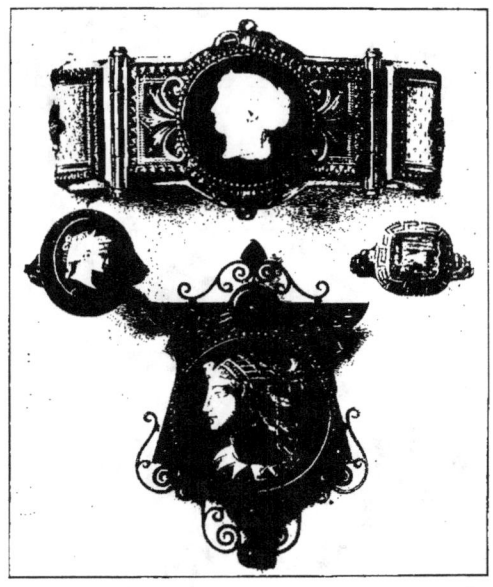

BIJOUX EXÉCUTÉS EN 1869.

comprenant ordinairement la clef de la montre et un minuscule cachet. La mode fut, un moment, de remplacer le bâton
ou le crochet qui attachait la chaîne au corsage par une
broche ronde et plate, assortie au fond de la montre qu'on
portait visiblement et qui était souvent composée d'une pas-
tille de jaspe, de lapis ou de grenat, avec un petit ornement
ou une pierre au centre. Ce genre de chaîne s'appela *Léontine*, du nom d'une actrice de la Gaîté, qui eut un succès

prodigieux à ce théâtre dans *la Grâce de Dieu*. D'autres chaînes analogues furent dénommées *Eugénie, Mathilde,*

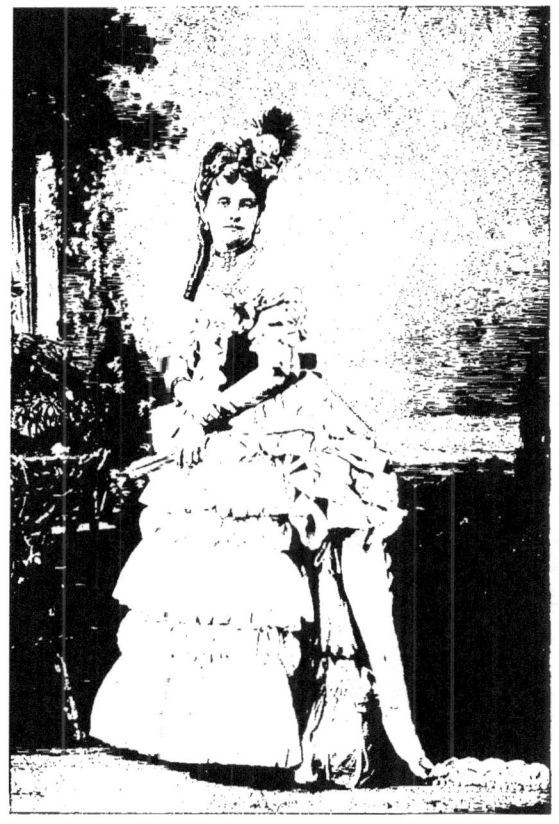

Cliché Lovitsky-Lejeune.

Mme LA COMTESSE DE POURTALÈS EN 1869.
Collier, ornement de cou, bracelets, bagues, boucles d'oreilles.

Clotilde, du nom de l'Impératrice, de la Princesse Mathilde, de la Princesse Clotilde de Savoie qui avait épousé le Prince Napoléon, fils du Roi Jérôme. Quel que fût leur nom, elles étaient presque toujours faites en chaîne *colonne,* dont le tissu à section généralement carrée ou parfois circulaire, mais très lisse, permettait aux coulants de glisser facilement.

Nous avons dû nous borner dans ce chapitre à l'étude des principales maisons de bijouterie et de joaillerie, de celles qui tenaient une place importante sous le règne de Napoléon III. D'autres encore mériteraient certainement d'être citées, mais nous pensons que cette nomenclature forcément aride n'ajouterait rien d'utile à une étude au cours de laquelle nous avons peut-être abusé des détails. On voudra bien, nous l'espérons, excuser l'auteur, qui n'a pas su résister aux entraînements d'un sujet qui lui tient à cœur.

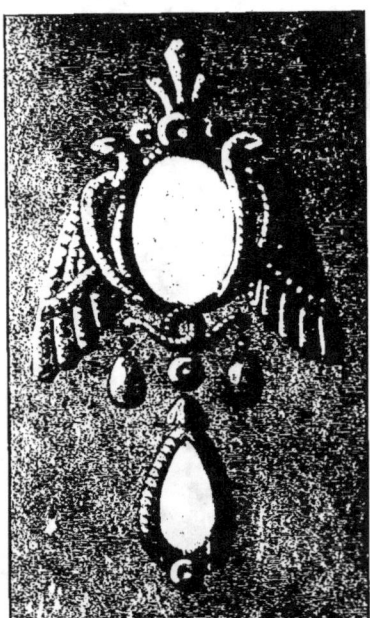

PENDANT DE COU ÉGYPTIEN.
(Maison Mellerio.)
Dessin de H. Foullé (1869).

Le luxe, qui ne fit que progresser pendant le Second Empire, devint presque effréné dans les dernières années du règne. Au début, nous l'avons dit, le couple impérial lui avait donné une impulsion qu'il ne négligea aucune occasion d'entretenir par des fêtes splendides aux Tuileries et à Saint-Cloud. La Princesse Mathilde, dont le salon réputé réunissait toutes les illustrations du monde des Lettres et des Arts ; les grands dignitaires, le corps diplomatique, les financiers, chacun rivalisait de somptuosité. Les réceptions à Compiègne — les Compiègne, — comme on disait alors,

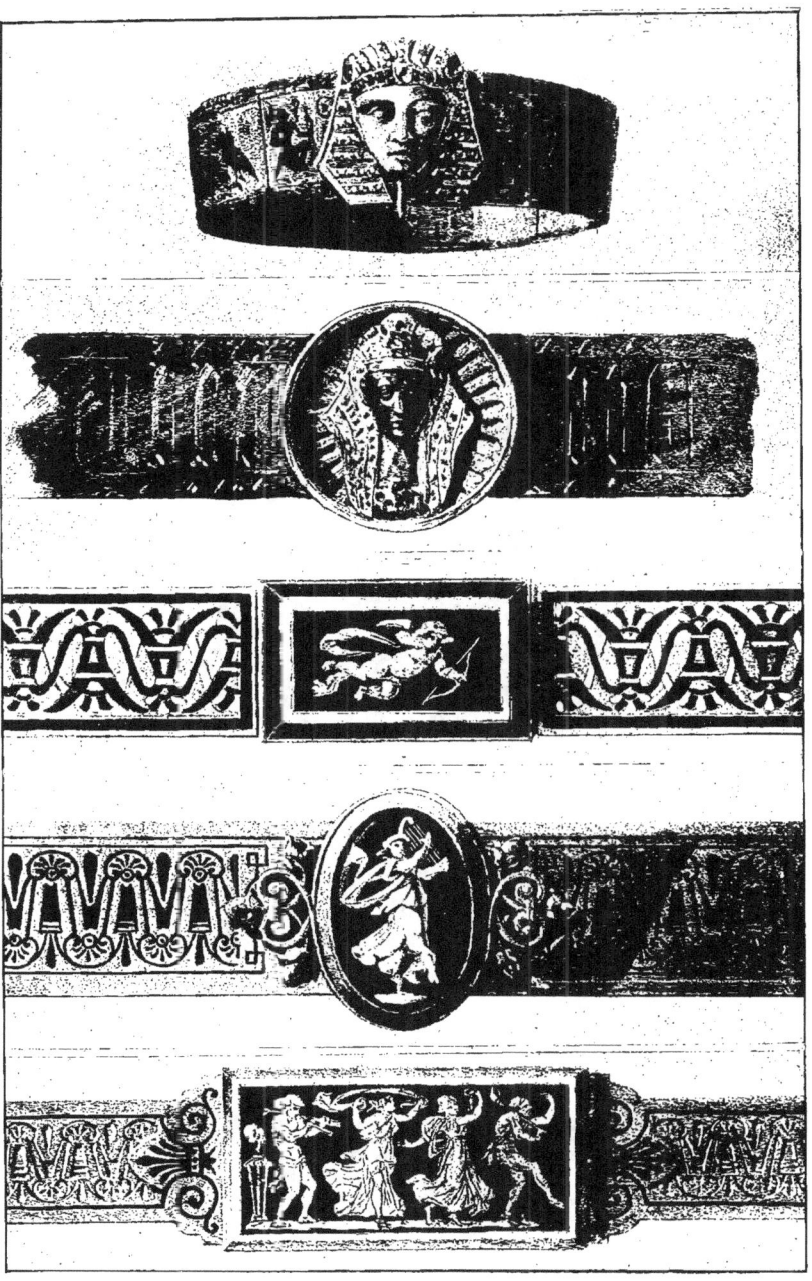

BRACELETS ÉGYPTIENS, BRACELETS NÉO-GRECS
par Alexis Falize père.

étaient des plus brillantes et des plus recherchées. La tenue habituelle pour les grandes fêtes était « en épaules ou épaulettes », c'est-à-dire que les femmes n'étaient admises qu'en

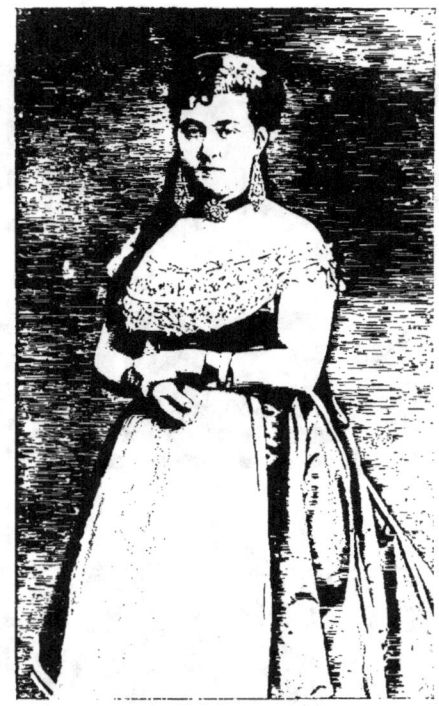

Cliché Ch. Reutlinger.
LÉONIDE LEBLANC.
Longs pendants d'oreilles en brillants, broche joaillerie, bracelets d'or uni.

grand décolleté et les hommes en uniforme ; et c'était un spectacle resplendissant que ces brillants costumes des fonctionnaires et des officiers, mêlés aux toilettes ravissantes des femmes, étincelantes de bijoux, ruisselantes de pierreries. C'est tout juste si, certains soirs, dans le petit théâtre du

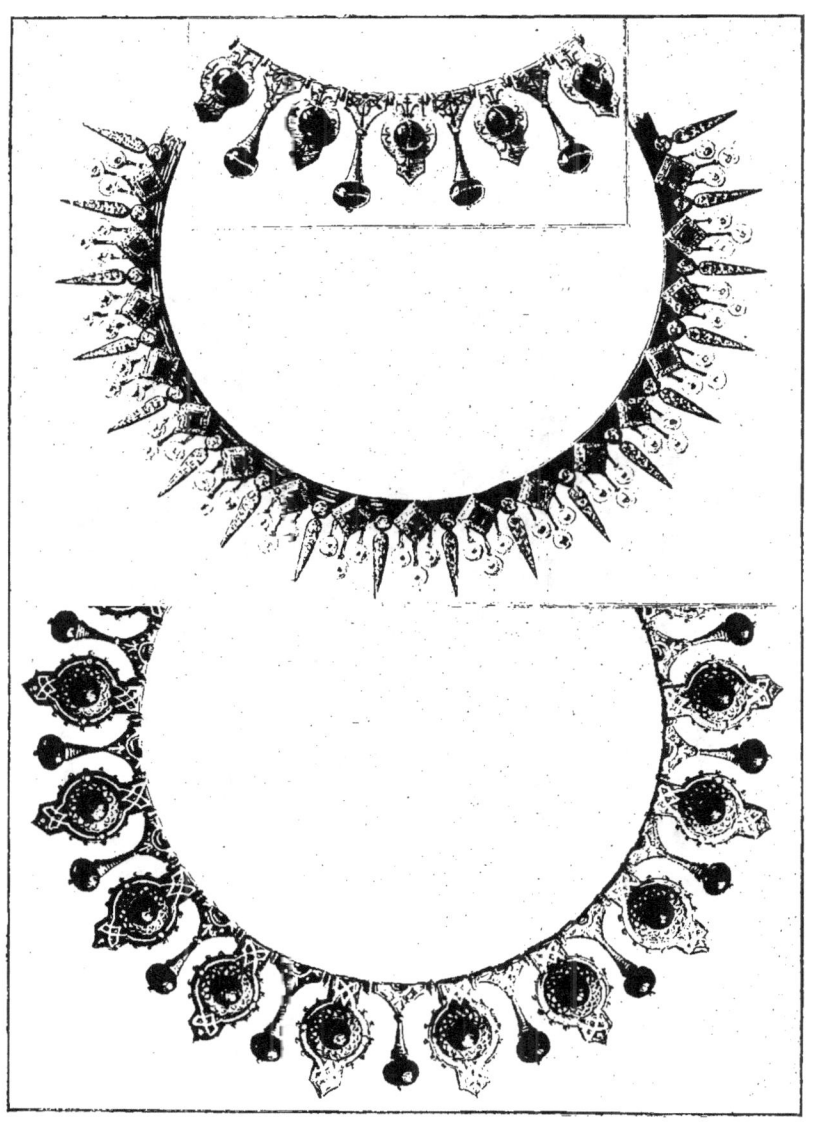

COLLIERS
par Alexis Falize père. (Réduction d'un tiers.)

château, les habits noirs étaient tolérés derrière les deux premiers rangs des loges de l'étage supérieur.

Mais ces réunions ne s'adressaient qu'à un petit nombre de privilégiés; n'était pas d'une « série » qui voulait. Heureusement qu'en dehors des galas et des fêtes officielles, il

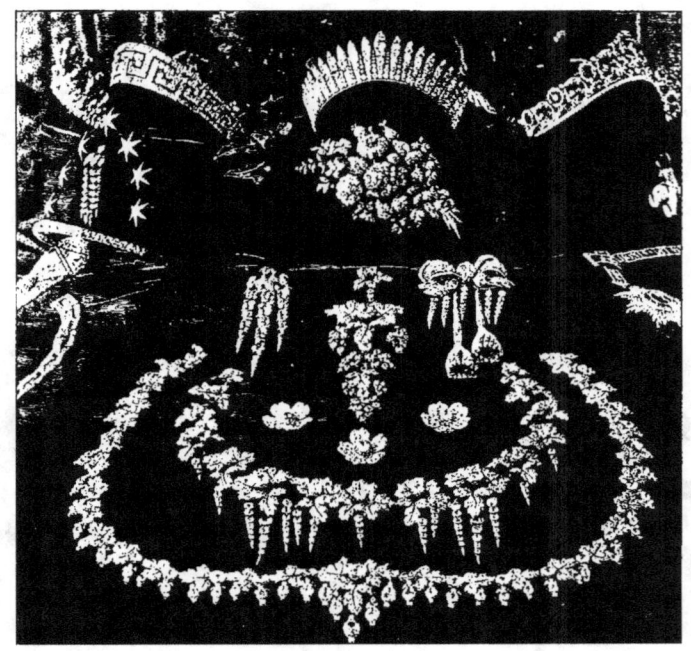

LES DIAMANTS DE LA COURONNE TELS QU'ILS ÉTAIENT
A LA FIN DU SECOND EMPIRE.

existait pour toutes les classes de la société de nombreuses occasions, non moins goûtées, de plaisir et de luxe, soit qu'on allât applaudir la Patti aux Italiens, ou la Schneider aux Variétés — ce qui obligeait encore les diamants à sortir de leurs écrins — soit que, plus modestement, on préférât se divertir, à Mabille, à Bullier, chez Musard, ou encore au café-concert, pour acclamer Thérésa. Ces distractions un peu folâtres devaient être corsées bientôt par la lecture en cachette des pamphlets de Rochefort et par les réunions

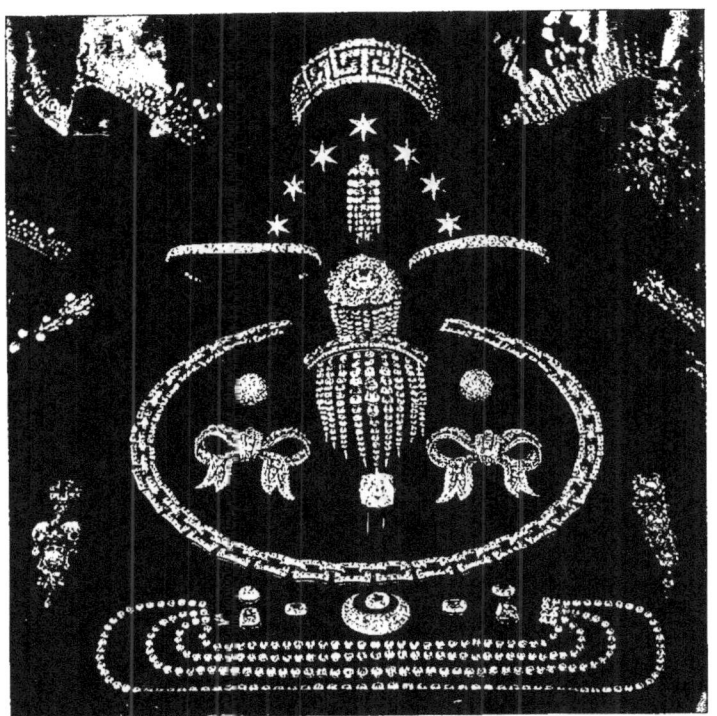

LES DIAMANTS DE LA COURONNE TELS QU'ILS ÉTAIENT
A LA FIN DU SECOND EMPIRE.

publiques où se faisaient entendre déjà les grondements précurseurs de l'orage.

En attendant, la prospérité inouïe des affaires mettait les millions en branle, et Joseph Prudhomme aurait pu dire que la nef de Paris voguait sur le Pactole.

Les grands travaux qui, sous l'impulsion du Baron

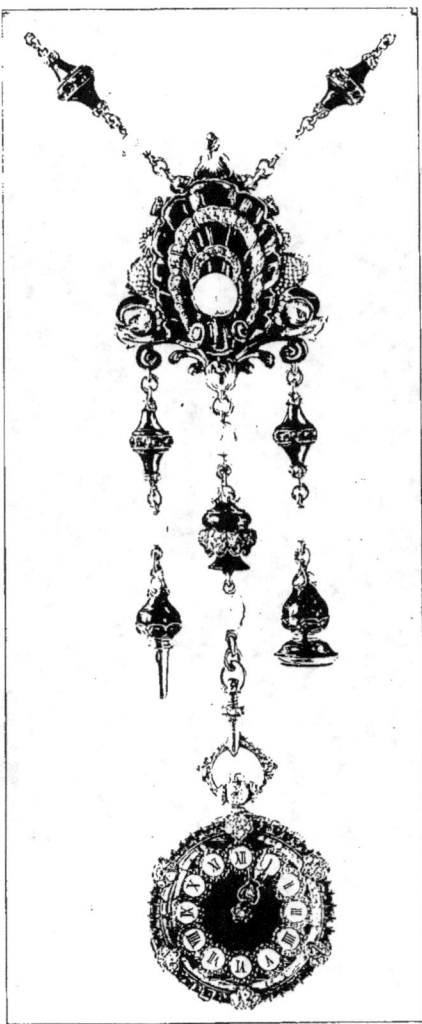

GRANDE CHATELAINE AVEC CHAINE
par Valentin Morel, pour Mme la Duchesse de Luynes.

Haussmann, transformaient Paris et en faisaient, incontestablement, la plus belle capitale du monde entier, enrichissaient à la fois les entrepreneurs et les expropriés. L'adage qui dit : « Quand le bâtiment va, tout va ! » se justifiait entièrement à cette époque. L'extension toujours croissante des chemins de fer, la réussite triomphale du Canal de Suez (1869) qui facilitait considérablement le commerce universel, l'essor extraordinaire pris par l'industrie française, créèrent rapidement de grandes fortunes qui permirent à leurs heureux possesseurs de se laisser aller à la fièvre de jouissance dont tous étaient atteints.

La France se trouvait heureuse, chacun vivait dans un rêve doré, s'abandonnant à la griserie du plaisir. Les riches étrangers de toutes les nations affluaient à Paris pour prendre part à cette fête perpétuelle : Princes russes, milords, Brésiliens, Orientaux, Levantins, boyards, et même

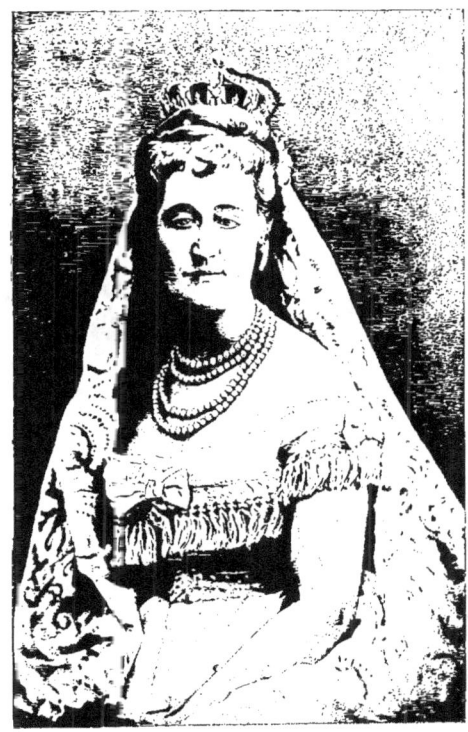

L'IMPÉRATRICE RÉGENTE
PORTANT LA COURONNE IMPÉRIALE (1870).

rastaquouères, tous dépensaient sans compter, pour quitter ensuite, la bourse plus légère sans doute, mais l'esprit ébloui par tant d'ivresses et de merveilles, ce Paris qui seul pouvait les leur procurer — et où d'ailleurs ils ne songeaient qu'à revenir bientôt. Mais le bon grain n'était pas exempt de

334 LA BIJOUTERIE FRANÇAISE AU XIXe SIÈCLE

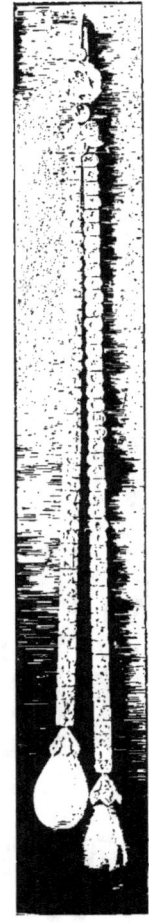

PENDANT D'OREILLES,
avec chaînes souples
de brillants sertis
sur les quatre faces.
Grandeur de l'original.
(Maison Boucheron.)

quelque ivraie, et comme le dit M. Charles Simond[1], « avec le Second Empire, le cosmopolitisme fait invasion dans Paris et s'en empare. Plus qu'à aucune époque antérieure, les Parisiens aident les aventuriers à élire domicile dans la capitale. Ces étrangers y apportent leur or et leurs diamants, ou y conquièrent ceux qu'ils n'avaient pas en arrivant. Chaque jour voit surgir des nababs, venus on ne sait d'où et qui disparaissent on ne sait comment. La vie parisienne n'est plus qu'une course à l'argent : ceux-ci le sèment des deux mains au passage, ceux-là n'ont qu'à se baisser pour le ramasser. Les célébrités poussent comme les champignons et s'étiolent même avant le coucher du soleil. On vit vite, on a la fièvre. Qu'importe demain pourvu qu'aujourd'hui donne l'enivrement ! »

L'apogée du Second Empire peut être placé vers 1860 ; cependant, malgré Sadowa, l'étoile impériale brillait encore au zénith lors de l'Exposition de 1867. A ce moment, la plupart des prin-

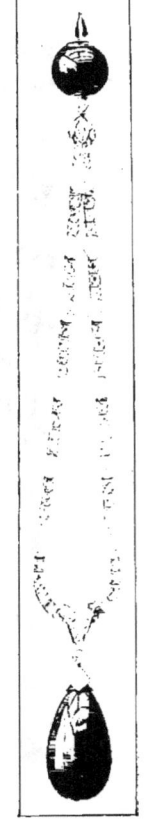

PENDANT D'OREILLES.
Grandeur de l'original.
(Maison Boucheron.)

1. *Paris de 1800 à 1900.*

cipaux monarques d'Europe vinrent à Paris et les fêtes données en leur honneur dépassèrent en magnificence toutes les réceptions faites jusque-là aux souverains et aux délégués officiels des pays les plus lointains qui étaient venus nous visiter au cours du règne. Les Empereurs de Russie et

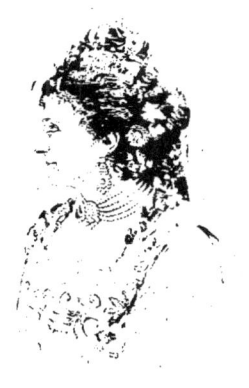

Cliché Disdéri.

HORTENSE SCHNEIDER

Collier de perles à plaque de diamants, longs pendants d'oreilles en joaillerie.

d'Autriche, les Rois de Prusse, de Belgique, de Suède, de Portugal, de Grèce, de Bavière, de Wurtemberg, le prince de Galles, le Sultan, le Vice-Roi d'Égypte, etc., accompagnés de suites nombreuses et brillantes, se succédèrent dans la capitale et retournèrent dans leurs pays vivement impressionnés par les ressources et la richesse de la France, où tout le monde gagnait de l'argent, où presque tout le monde aussi en gaspillait. Ce fut comme une apothéose de féerie, comme un nouvel âge d'or pour le commerce de luxe et particulièrement pour les bijoutiers et les orfèvres.

Qui eût dit alors que, moins de trois ans après, cet incomparable décor impérial s'effondrerait sans retour, balayé par une effroyable tempête, pour faire place aux visions sanglantes de la guerre et de la Commune, et que la France humiliée, vaincue, mutilée, se verrait froidement abandonnée par tous, par ceux même pour qui elle avait si généreusement versé son sang!

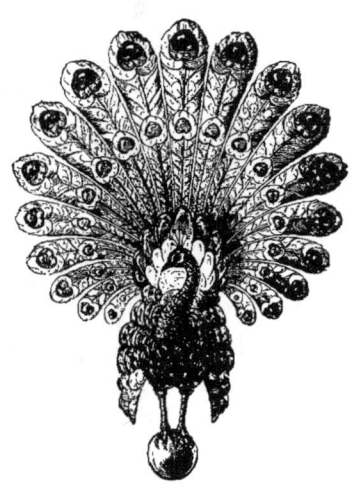

BROCHE PAON
par Baugrand.

TABLE DES GRAVURES

	Pages
Tabatière en or et diamants, avec le portrait de Louis-Napoléon, Président de la République, par F. de Fournier (1852)	5
Croquis de broche joaillerie à pampilles et perles baroques	6
Coiffure en joaillerie et broche à pluies de chatons (vers 1850)	7
Broche aigues-marines, émail et perles, par F.-D. Froment-Meurice père.	8
L'Impératrice Eugénie en toilette de gala, par Winterhalter (1854)	9
Bracelet d'or à plaques articulées (vers 1850)	11
Bracelet souple en joaillerie	12
Bracelet souple en or émaillé imitant le bois naturel (vers 1850)	12
Broche à pampilles de diamants (vers 1850)	13
Bracelet à grosses feuilles d'émail	14
Diadème émeraudes et brillants, par Lemonnier	15
Grande broche exécutée par Lemonnier, pour le mariage de l'Impératrice.	16
Modes de 1849. Aquarelle, par Héloïse Leloir	17
Broches	18
Bracelet articulé, émail bleu et vert	18
Mlle Doche, du Gymnase (vers 1850-52), par Buchner	19
Broche en joaillerie, par Viennot	20
Bouquet de joaillerie, par Viennot	20
Étui à cigares en « argent galvanique », par A. Gueyton	21
Porte-cartes en « argent galvanique », par A. Gueyton	22
Bijoux antérieurs à 1858, par Alexandre Gueyton	23
Bracelet souple à gros maillons or et émail bleu (vers 1850)	24
Bracelet articulé, bois ciselé, fleurs et feuilles d'émail	24
Bijoux antérieurs à 1862, par A. Gueyton père	25
Déjazet en costume de théâtre, avec des bijoux de ville	27
Broches à pampilles, diamants et émail vert et brun	28
Les modes parisiennes (1849)	29
Broche joaillerie, feuilles et pampilles (1851), par O. Massin	30
Broche de corsage en joaillerie, bleuets et pampilles (1852)	30
Bracelet et broche, diamants et émail noir et vert	31
Lorgnon en or (1852)	32
Modes de 1850	33
Pendants d'oreilles	34
Montre émaillée, par Bognard	34
Montre gravée, par Bognard	34
Fond de montre, gravé par Bognard	35
Carnet, par Bognard	35
Calepin de dame, par Bognard	36
Fonds de montres, par Bognard	37
Motifs d'épingles, par Bognard	38

a

Avant le bal (1850), par Compte-Calix	39
Broche feuilles de marronnier en joaillerie (vers 1854), par Fester	40
Bracelet d'émail, à lacets de diamants	41
Bracelet or, émail bleu et perles, exécuté en 1854	41
Épingles de cravate	42
Broche en or, émail bleu et perles (1854)	43
Demi-parure, émail et brillants	44
S. A. I. Madame la Princesse Mathilde. Lithographie de Siroux, d'après le tableau de Giraud (1853)	45
Bracelets souples	47
Bracelet souple, rubis et brillants, par Petiteau	47
Broche avec cabochons d'améthystes	48
Collier serpent souple émaillé, avec émeraudes et brillants (1855)	49
Devant de collier et boutons de manchettes	50
Au Théâtre des Italiens, en 1853, par Compte-Calix	51
Boutons de chemise, par Goësin	53
Broche joaillerie à pampilles (vers 1850)	54
Broche églantines et muguets (1855)	55
Demi-parure et pendants d'oreilles or et perles	56
Toilette de Cour (1853)	57
Grande broche : saphirs, rubis, perles et émail (vers 1855-1860)	58
Bagues du temps de Napoléon III	59
Broche émeraudes, cabochons et perles, par Alexis Falize père (1853)	60
Broche, boucle d'oreilles et collier, par Alexis Falize père	61
Broche corail et or émaillé, par Alexis Falize père (1855)	62
Grande broche or et cabochons, par Alexis Falize père	63
Bracelet pois de senteur émail (vers 1850), par Alexis Falize	64
Une loge aux Italiens en 1854, par Compte-Calix	65
Peigne émail bleu et perles, par Alexis Falize	66
Bracelet « Saint Georges » à chaînettes, par Alexis Falize	67
Diadème rubis, brillants et perles, par Alexis Falize	68
Résille corail et or, par Alexis Falize père	69
Broche camée, par Alexis Falize	70
Peigne, broche, collier lapis et émail, par Alexis Falize père	71
Bracelet, par Alexis Falize père	72
S. M. l'Impératrice Eugénie (2 janvier 1855), par Gavarni	73
Lorgnons, par Alexis Falize père	75
Bracelet néo-grec avec camée, par Alexis Falize père	76
Peignes de chignon, par Alexis Falize	77
Broche, par Alexis Falize	78
Bonbonnière de style Louis XVI, exécutée pour l'Impératrice	79
Châtelaine Renaissance, par Alexis Falize	80
Modes de printemps (1855). *(Petit Courrier des Dames)*	81
Broche grenats, cabochons et émail	82
Broche de corsage en joaillerie (1855)	83
Collier Second Empire	84
Bracelet vieil argent ciselé, ors de couleurs, corps en cheveux	85
Bracelet articulé, or et émail	85
Chaîne de montre pour dame, reliée par deux broches	86
Pendants d'oreilles amphores	87

TABLE DES GRAVURES

Pendants d'oreilles hottes	87
Pendants d'oreilles cocottes	87
Pendant d'oreilles colibri en joaillerie (1867), par Rouvenat	88
Boucles d'oreilles en joaillerie	88
S. M. l'Impératrice Eugénie. Gravure de Danguin, d'après une miniature par De Pommeyrac	89
Broche avec fleurettes incrustées sur topazes, filets d'email noir	91
Ornementation d'une tasse turque, appelée « zarff »	91
Chaîne	92
Boucle d'oreille clochette or	92
Bracelet en or ciselé avec imitation de bois naturel	92
Épingles de cravate	93
Broche avec camée en haut-relief, par Petiteau	94
Bracelet saphir et brillants, émail bleu sur fond guilloché (vers 1855-1860)	95
S. M. l'Impératrice des Français entourée des dames de sa Cour, par Winterhalter (1855)	97
Broche à croisillons de diamants	99
Broche	100
Le Nouveau bracelet (1857) Dessin de Compte-Calix	101
Broche en joaillerie (1850-1858)	103
Ornement de corsage or et perles	104
Bracelet à pampilles, or émaillé et brillants	105
Broche émail, perles et brillants	106
Modes en 1857 : le Triomphe des bracelets. Dessin de Compte-Calix	107
Broche avec camée en topaze. Cadre émaillé	108
Grande broche de corsage perles et émail	109
Broche coquille et grenat sculpté, par Valentin Morel	110
Bracelet avec camée en émeraude	110
Chaîne « Mathilde », avec broches	111
Broche	112
Broche bouquet	112
La Crinoline en 1859	113
Broche avec ciselure et joaillerie, par Varlet	115
Bracelet en joaillerie, par Viennot	117
Bracelets manchettes à plaques mobiles enfilées sur une lanière de cuir, par Louis et Philibert Audouard (1858)	119
Broche émail, avec intaille d'agate	120
Grande broche « Aréthuse », par F.-D. Froment-Meurice père (1855). Émaillée par Lefournier	121
Bracelet, par É. Froment-Meurice fils	122
Pendant de cou Renaissance, camée et émaux, par É. Froment-Meurice fils	123
Broche à tête d'ange, par É. Froment-Meurice	124
Pendant de cou « la Toilette de Vénus », par F.-D. Froment-Meurice père (1854)	125
Bracelet lézard, par É. Froment-Meurice (1865). Composition d'Émile Carlier	126
Modes de 1860	127
Broche Renaissance, argent ciselé, par É. Froment-Meurice. Composition de H. Cameré	128

Annexion des communes en 1860, tableau par Adolphe Yvon, brûlé pendant la Commune (incendie de l'Hôtel de Ville). 129
Pomme de canne Renaissance, par É. Froment-Meurice. 131
Aigle impérial en bracelet, par Baugrand 133
Grande « berthe », en joaillerie, exécutée pour l'Impératrice Eugénie (anciens diamants de la Couronne) 135
Diadème à la grecque porté par l'Impératrice le soir de l'attentat d'Orsini (1858), par Bapst. 136
Toilette de bal en 1861. 137
Bracelets saphirs et brillants, exécuté pour l'Impératrice Eugénie, par Baugrand (Exposition de 1867) 139
L'un des deux nœuds d'épaule, exécutés en 1863 par Bapst pour l'Impératrice Eugénie (Diamants de la Couronne). 141
Modes de 1861 143
Parure de Mme la Comtesse de Paris, par Bapst (1864). 145
Demi-parure or, par E. Fontenay. 147
Broche émaillée de style néo-grec 148
Bracelets d'or, par E. Fontenay 149
Flacon, par Rudolphi (Exposition de 1862) 150
Diadème néo-grec, par F. Fontenay 151
Pendants d'oreilles genre étrusque, avec bustes en lapis, par E. Fontenay (2 fig.). 152
Médaillons genre étrusque, par E. Fontenay 153
Pendants d'oreilles amphores, jade et or, par E. Fontenay 155
Demi-parure genre étrusque, par E. Fontenay 156
Demi-parure amphores, par E. Fontenay 157
Sauterelle en joaillerie et jade, par E. Fontenay (1860) 158
Coléoptère en jade, par E. Fontenay (1860) 159
Scarabée en jade, par E. Fontenay (1860) 159
S. A. I. Mme la Princesse Mathilde, par Édouard Dubufe (1861). (Musée de Versailles.) 161
Coiffure de joaillerie : roncier sauvage (profil), par E. Fontenay (1855) . 163
Coiffure de joaillerie : roncier sauvage (face), par E. Fontenay (1855). . 164
Éventail exécuté en 1852. Composition d'Eugène Fontenay, émaux de Lefournier 165
Toilette de bouche de Saïd-Pacha, par E. Fontenay (1861). 166
Candélabre en or massif, diamants, émeraudes, rubis et perles, par E. Fontenay (1861) 167
Pendant d'oreille, seaux de puits, par E. Fontenay 168
Colliers d'or, par E. Fontenay 169
Assiette et couvert en or massif, par E. Fontenay (1858 et 1853) 171
Diadème de l'Impératrice Eugénie, exécuté par E. Fontenay en 1858 . . 172
Collier et demi-parure, par E. Fontenay. 173
Pendants de cou à fond de jade (1860). 174
Modes de 1861, par Compte-Calix 175
La Princesse Louise de Hesse 176
Demi-parures or et émaux, genre antique, par E. Fontenay. 177
La Princesse de Saxe-Weimar 179
Collier avoine, dessin original de E. Fontenay 181
Bouquet en joaillerie, par Jules Fossin fils 183

TABLE DES GRAVURES

Bracelet avec nœud algérien et boules lapis, par Crouzet (vers 1860)...	184
Bracelet double, par Crouzet	185
Bracelet genre marocain, par Crouzet (vers 1860)	186
Bracelet ferronnerie, avec chaînes et poires d'onyx, par Crouzet.	187
Bracelet d'émail écossais, par Jacques Petit	188
Bracelets exécutés par Mellerio pour la Reine Isabelle, composition de H. Foullé (1865)	189
Bracelet-manchette à ganse d'or et bouton de perle, par J. Petit	190
Demi-parure joaillerie (maison Caillot-Peck)	191
Broche avec émaux byzantins, par Coffignon	192
Collier joaillerie (maison Caillot-Peck et Guillemin)	193
Broche perles et diamants (1865). Type de modèle courant	194
Bracelet, chaînes d'or tissé avec passants d'or et perles	195
Pendeloque « Sirène » avec perle baroque, par F. Philippi	196
Croquis de Carl Philippi, qui fut tué au combat de Montretout	197
Ange musicien, argent ciselé sur fond de lapis, par les frères Fannière	198
Demi-parure « Amphitrite, par les frères Fannière	199
Bijoux composés et ciselés par les frères Fannière	201
Pendant de cou « Diane de Poitiers », par les frères Fannière	203
Broche chimère et armoiries avec perles, par les frères Fannière	204
Toilettes de bal en 1862, par Héloïse Leloir	205
Broche, par Jules Wièse (367)	207
Broche, par Jules Wièse (367)	208
L'Impératrice Eugénie, par Winterhalter	209
Épée d'honneur offerte par la Ville d'Autun en 1860 au Maréchal de Mac-Mahon. Composition de Schœnewerk, exécution de J. Wièse père	211
Bijoux ciselés par Jules Wièse père, de 1850 à 1862	213
Diadème joaillerie fleurs, épis et avoines. Composition et exécution personnelle de O. Massin	215
Broche joaillerie, par O. Massin (1860), exécutée pour Lemonnier	216
Toilettes de ville en 1862	217
Diadème avec le Régent porté par l'Impératrice à l'inauguration de l'Exposition de 1855, par O. Massin	218
La Comtesse de Castiglione en reine d'Étrurie (coll. du Comte Robert de Montesquiou)	219
Broche, par O. Massin (1862)	221
Diadème en joaillerie, exécuté par O. Massin, pour la Duchesse de Medina-Cœli	223
Eugénie, par Winterhalter	225
Branche d'églantier, par O. Massin (1863)	227
Parure complète en onyx pour les deuils de cour	229
Boucles d'oreilles en joaillerie (2 fig.)	231
Boucles d'oreilles en joaillerie (2 fig.)	232
Boucles d'oreilles en joaillerie (5 fig.)	233
Diadème en joaillerie, avec briolette au centre, par O. Massin (1867)	234
Toilettes de bal en 1863, par Héloïse Leloir	235
Grande parure de tête, exécutée pour l'Orient par O. Massin (1867)	237
Nœud de joaillerie à pampilles, par O. Massin (1864)	238
Bracelets et breloques, par Eugène Julienne. (Extrait de *la Pandore*)	239

Pendant de cou, par O. Massin (1867)	240
Parure « Voie lactée », par Julienne (archives de la maison Robin)	241
Aigrette de plumes en diamants, par O. Massin (1867)	243
Épingles de coiffure, par Julienne	244
Pommeaux de cannes, par Julienne	245
Une élégante de 1864	246
Chaînes de montre, par Eug. Julienne	247
Épingles de cravate, par J.-P. Robin père	248
Boucles de ceinture serpents, par J.-P. Robin père	248
Toilettes de bal en 1864	249
Aigrette exécutée par Robin pour l'Impératrice d'Autriche. Dessin de E. Julienne	251
Bracelet à ressort, avec têtes d'aigles, par J.-P. Robin père (1860)	252
Épingles de cravate haute fantaisie, par J.-P. Robin père	253
Bagues, par J.-P. Robin père (1850)	254
Bagues de haute fantaisie, par J.-P. Robin père	255
Pendants d'oreilles, par E. Julienne	256
Bijoux, par J.-P. Robin père	257
Pendants d'oreilles en or, par Jacques Petit	259
Pendant d'oreille, par Julienne	260
Ornement de corsage, dessin de Julienne	260
L'Impératrice Eugénie en 1864, par Winterhalter	261
Pendant de cou, turquoises calibrées et perles	262
Bracelet et boucles d'oreilles en turquoises calibrées	263
Parure or et corail, par Félix Duval	264
Concert intime (1864), par Héloïse Leloir	265
Bracelet or, à filets d'émail et brillants, par Félix Duval	267
Bracelet, par Félix Duval	267
Broche, par Félix Duval	268
Bracelet, par Félix Duval	269
Bracelet sportif, fer à cheval et clous en diamants, donné par Napoléon III en 1864	269
Pommeau de cravache. Composition de Rouillard, ciselure par Honoré (1860) (Musée des Arts décoratifs)	270
Épingles de cravate hippiques, par Jacques Petit	271
Broche joaillerie et émaux, exécutée pour l'Empereur, par Duponchel	272
L'Impératrice Eugénie avec sa parure de perles pendeloques, par Winterhalter (1864)	273
Collier et boucle d'oreille de style égyptien. Dessin de E. Fontenay	275
Pendant de cou égyptien, par Baugrand (Exposition de 1867)	276
Cora Pearl en toilette de soirée	277
Broche émaillée, avec intaille, par Ch. Duron	278
Bracelet néo-grec, par E. Froment-Meurice fils (1867)	278
Bijoux, par E. Froment-Meurice fils (Exposition de 1867)	279
Pendant de cou, par Émile Froment-Meurice	280
Broche et pendants d'oreilles en or mat et filigrane, par Jacques Petit	281
Broche, par Morel et Duponchel	283
Modes en août 1865	285
Bracelet en aluminium, avec incrustations d'or, par Honoré Bourdoncle, vers 1858. (Musée des Arts décoratifs.)	286

TABLE DES GRAVURES

Plume de paon en joaillerie, avec pierres calibrées, par Mellerio. (Exposition de 1867)	287
Collier avoine, par E. Fontenay (1867)	288
Branche de lilas en joaillerie, achetée par l'Impératrice (Exposition de 1867) (maison Rouvenat)	289
Bracelet articulé en joaillerie et perles (maison Rouvenat, 1867)	289
Diadème Renaissance en joaillerie (maison Rouvenat, Exposition de 1867)	290
Diadème, grecque en brillants (maison Rouvenat, Exposition de 1867)	290
Modes de 1866	291
Broche en joaillerie (maison Rouvenat, 1867)	292
Collier en joaillerie (maison Rouvenat, 1867)	293
Châtelaine Louis XVI. Dessin de J. Debut, pour Boucheron (1867)	294
Broche étrusque avec camée (maison Rouvenat, 1867)	295
Bracelet camée, perles et émail (maison Rouvenat, 1867)	295
Broche camée, émail et perles (maison Rouvenat, 1867)	296
Broche néo-grecque (maison Rouvenat, 1867)	296
Broche Renaissance (maison Rouvenat, 1867)	297
Broche néo-grecque (maison Rouvenat, 1867)	297
Pendant d'oreille joaillerie, avec paon, par Rouvenat (1867)	298
Modes pendant l'Exposition de 1867	299
Broche Louis XVI, par Baugrand (1867)	300
La vitrine de Baugrand à l'Exposition de 1867	301
Châtelaine avec émaux peints, par Baugrand (1867)	302
Devant de corsage, dit « berthe », exécuté en 1867 par Baugrand, pour la Reine de Portugal	303
Broche paon, par Baugrand (Exposition de 1867)	304
L'Impératrice Eugénie portant le diadème d'émeraude	305
Pendant de cou, diamants et perles (maison Baugrand, 1869)	306
Demi-parure Louis XVI, émaux peints (maison Baugrand)	307
Ornement de coiffure, roses en diamants et perles, par O. Massin (Exposition de 1867)	308
Cora Pearl	309
Châtelaine à têtes de négresses, ornées de pierreries	310
Modes de 1868, par Héloïse Leloir	311
Pendant de cou avec attributs maritimes (Exposition du Havre, 1868) (maison Rouvenat)	312
Léonide Leblanc	313
Boucle d'oreille émaillée par Cadet Picard (1867)	314
Cravache chaîne Impératrice, par Auguste Lion (1865)	314
Grande parure égyptienne en joaillerie, par Lemonnier (1869)	315
Colliers et bracelets, par Auguste Lion	316
Modes de 1869	317
Bracelet chaîne « Impératrice », faisant collier, par Auguste Lion (1865)	318
Chaîne de gilet, avec médaillon-cachet, par Auguste Lion (1865)	319
Bracelet souple en tissu d'or, par Auguste Lion (1867)	319
Broche à tête de négresse, camée dit « habillé »	320
Broche émail et perles	320
S. A. I. Mme la Princesse Mathilde parée de ses bijoux	321
Demi-parure égyptienne, par E. Fontenay (1869)	322

VIII LA BIJOUTERIE FRANÇAISE AU XIXe SIÈCLE

Diadème néo-grec : camées, filets d'émail et brillants, par Alexis Falize père.. 323
Diadème néo-grec : camées, ornements émaillés, par Alexis Falize père. 323
Bijoux exécutés en 1869.. 324
Mme la Comtesse de Pourtalès en 1869........................ 325
Pendant de cou égyptien (maison Mellerio). Dessin de H. Foullé (1869). 326
Bracelets égyptiens, bracelets néo-grecs, par Alexis Falize père...... 327
Léonide Leblanc.. 328
Colliers, par Alexis Falize père................................. 329
Les Diamants de la Couronne tels qu'ils étaient à la fin du Second Empire.................................... 330, 331
Grande châtelaine, par Valentin Morel, pour Mme la Duchesse de Luynes. 332
L'Impératrice régente portant la couronne impériale (1870)......... 333
Pendants d'oreilles avec chaîne de brillants (maison Boucheron).... 334
Pendant d'oreille (maison Boucheron)............................ 334
Hortense Schneider.. 335
Broche paon, par Baugrand..................................... 336

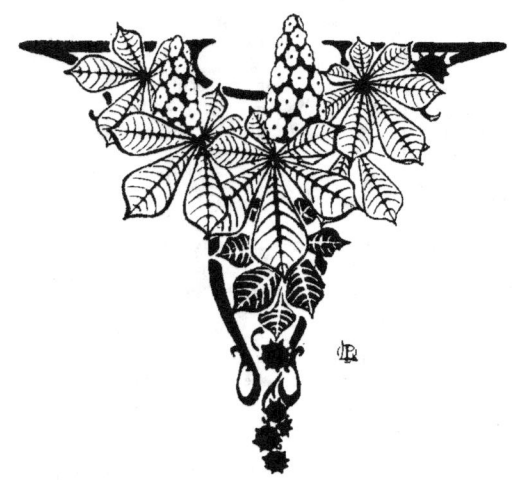

TABLE DES MATIÈRES

                                                                    Pages

AVANT-PROPOS   1

LE SECOND EMPIRE

Louis-Napoléon, nommé Président de la République, encourage la
reprise des affaires et du luxe. — Fêtes à l'Élysée. — Il engage les
industriels à prendre part à l'Exposition de Londres en 1851. —
Importance de cette Exposition ; succès des exposants français. —
Lemonnier, Gueyton . . . . 5 à 38

Proclamation de l'Empire. — Mariage de Napoléon III. — Les bijoux
de l'Impératrice ; ses toilettes. — Le collier de diamants offert par la
Ville de Paris. — La corbeille. — Les fêtes. — La nouvelle Cour. —
Élégance de l'Impératrice. — Prospérité du commerce de luxe. 38 à 60

Un maître bijoutier : Alexis Falize . . . . 60 à 88

Les bijoux au commencement du Second Empire. — Les pendants
d'oreilles. — La joaillerie. — Les perles et les joyaux de la Princesse
Mathilde et des grandes dames. — Les écrins des demi-mondaines
célèbres : Mme Musard, Cora Pearl, la Païva, la Comtesse de Castiglione, Thérèsa, etc. . . . . 88 à 112

L'Exposition de 1855 à Paris. — Les Diamants de la Couronne. — Les
principaux exposants. — La naissance du Prince Impérial, occasion
de nouvelles fêtes. — Le berceau offert par la Ville de Paris. —
Froment-Meurice. — Un peigne d'un million. — Bapst et le diadème
de l'attentat d'Orsini. . . . . 112 à 138

Ambassade birmane. — Ambassade siamoise. — Rubis et saphirs. 138 à 144

La campagne d'Italie. — La collection Campana et le néo-grec. —
Castellani et le bijou étrusque. — Fontenay. — Le service du vice-
roi d'Égypte : un surtout de 1.500.000 francs ; les couverts de
60.000 francs . . . . 144 à 182

Les fournisseurs de l'Impératrice : Fossin, Kramer, Crouzet, la maison
Caillot et Peck, Philippi. . . . . 182 à 198

Les Fannière et leur conscience artistique. — Wièse . . . . . . 198 à 212

Un maître joaillier : O. Massin . . . . 213 à 240

Quelques dessinateurs. — E. Julienne. . . . . 240 à 253

P. Robin et le bijou d'or mat. — La couleur anglaise. — Joseph Halphen et ses commandes pour l'Orient. — Félix Duval. — Les bijoux sportifs. . . . . 253 à 271

L'Exposition de 1867. — Son succès considérable. — Le canal de Suez et le style égyptien . . . . 271 à 278

Émile Froment-Meurice. — Divers exposants. — Rouvenat. — Débuts de Boucheron. — Baugrand. — Massin. — Progrès de la joaillerie et de la bijouterie. — Les bracelets et les médaillons. — Chaînes et colliers. — Auguste Lion. . . . . 278 à 326

Les bijoux à la mode. — « Les Compiègne ». — Les embellissements de Paris attirent les étrangers. — La grande vie. — L'âge d'or. — La catastrophe . . . . 326 à 336

L'Index alphabétique des noms cités dans ce volume se trouve à la fin du Tome III.

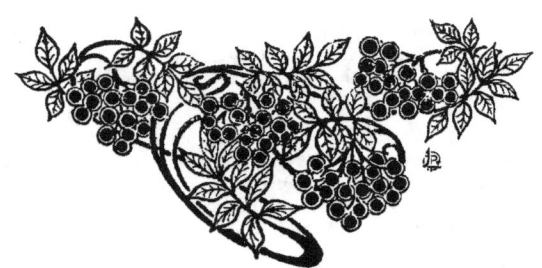

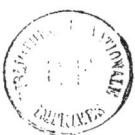

H. FLOURY, Éditeur, 1, Boulevard des Capucines, PARIS

LA
BIJOUTERIE FRANÇAISE
AU XIXE SIÈCLE
(1800-1900)

PAR

HENRI VEVER
BIJOUTIER-JOAILLIER

Trois volumes in-8º jésus, illustrés de **1.250** gravures dans le texte et hors texte, donnant la reproduction de près de **3.000** bijoux.

Tirage à 1.000 exemplaires numérotés à la presse.

Prix de l'ouvrage complet, *broché*. . . . . . . **120** Francs.

TOME Ier (1800 à 1850) : *Consulat, Empire, Restauration, Louis-Philippe*.
418 gravures. — **Prix**, broché . . . . **40** fr.

TOME II & III (1850 à 1900) : *Second Empire, Troisième République*.
835 gravures. — **Prix**, broché . . . . **80** fr.

(*Les Tomes II et III ne sont vendus que réunis.*)

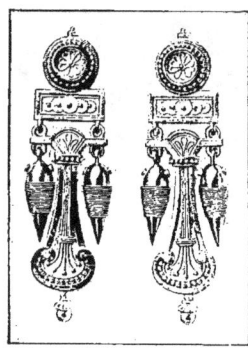

PENDANTS D'OREILLES
GENRE ÉTRUSQUE
par E. Fontenay (1873).

Le succès du premier volume de l'ouvrage de M. Henri Vever sur la Bijouterie française au xixe siècle a dépassé toutes nos prévisions. Il nous avait paru vraisemblable qu'il rencontrerait un accueil favorable surtout auprès des personnes que leur profession rattache de près ou de loin à la bijouterie et, de ce côté, nos espérances ont été très largement réalisées. Mais nous avons eu aussi l'agréable surprise de recevoir d'amateurs ou d'artistes de tous les pays des demandes fort nombreuses, qui nous ont démontré que cet ouvrage n'était pas apprécié seulement par les spécialistes, mais qu'il présentait un intérêt d'ordre plus général.

Ce livre, en effet, est de ceux, si rares en tous temps, qui sont le résultat, non d'une compilation plus ou moins habile d'ouvrages antérieurs, mais d'un travail personnel présentant au plus haut point un caractère d'inédit, car rien d'analogue n'avait été fait concernant l'histoire du bijou au xixe siècle, histoire beaucoup moins connue qu'on ne pourrait le supposer, étant donné le petit nombre d'années qui nous séparent de cette période.

Aujourd'hui, nous mettons en vente les deux volumes qui complètent cette importante étude et dont la lecture se trouve plus attrayante encore que celle de la première partie.

Le Tome 1er a retracé l'évolution du bijou français pendant la

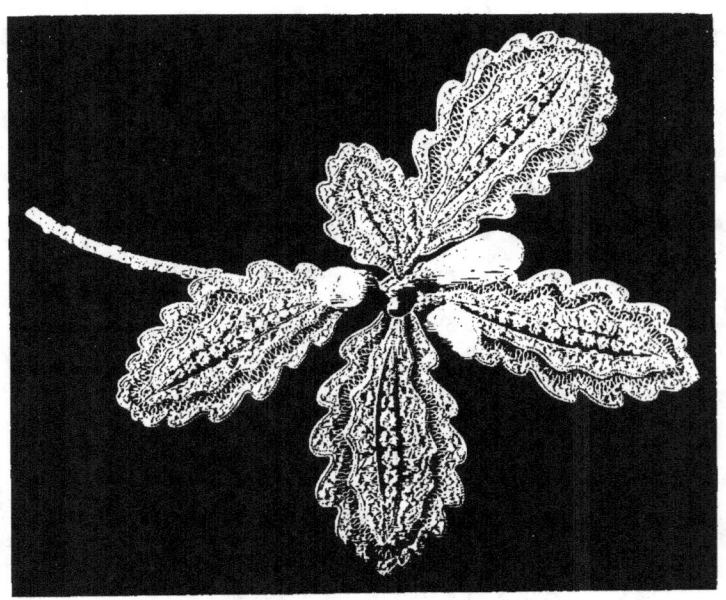

BROCHE FEUILLES DE CHÊNE EN JOAILLERIE ET GLANDS PERLES
par O. Massin (1878). -- Longueur : 0ᵐ15.

première moitié du xixe siècle, nous montrant successivement les dames de la Cour de Napoléon avec leurs riches diadèmes ou leurs camées, les Duchesses de la Restauration et leurs parures filigranées rehaussées de topazes ou d'aigues-marines, puis, sous Louis-Philippe, les bourgeoises cossues et les élégantes romantiques dont les bijoux s'inspiraient avec plus ou moins de bonheur du Moyen-Age et de la Renaissance. Nous voyons maintenant les joyaux que portaient aux fêtes des Tuileries l'Impératrice Eugénie et la brillante société du Second Empire ; ceux aussi des beautés fameuses appartenant alors à ce que Dumas fils appela le Demi-Monde. Nous assistons aux changements de la Mode et de la

Parure pendant cette période de prospérité matérielle inouïe et à ceux, très suggestifs, qui sous la Troisième République ont abouti progressivement à la formation du style moderne.

On ne saurait croire combien ces modes fugitives sont curieuses à revoir, alors même que peu d'années se sont écoulées depuis leur disparition. Rien n'est plus séduisant que cette revue de ce qui fut le luxe personnel de la femme française au cours du siècle passé, revue rendue agréablement instructive par l'abondance excep-

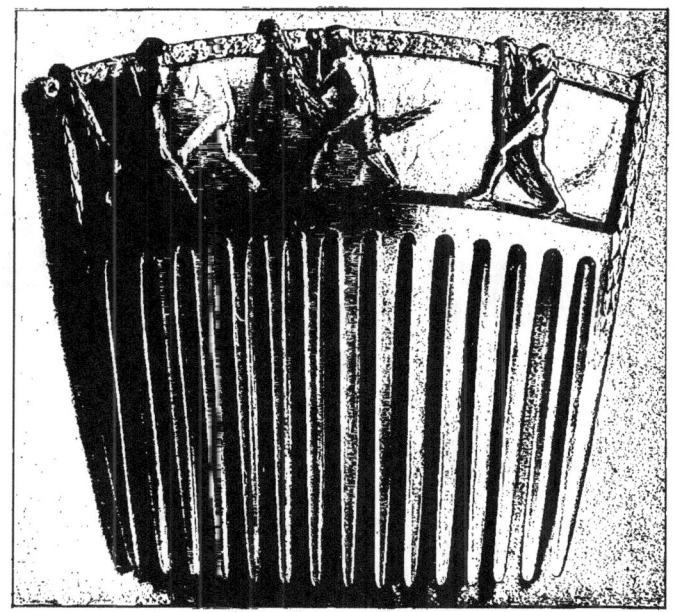

PEIGNE EN CORNE SCULPTÉE ET TEINTÉE
par Lalique (1905).

tionnelle des reproductions qui l'accompagnent. Ces documents, patiemment et judicieusement rassemblés par M. Vever, sont présentés par lui avec une compétence indéniable, doublée d'une méthode et d'un goût très sûrs.

Émaillant un texte fort intéressant agrémenté d'anecdotes nombreuses, 1.250 gravures font passer sous nos yeux près de trois mille bijoux. Dans ce nombre, la production contemporaine est largement représentée par des œuvres de Lalique et de ses meilleurs émules ; on peut ainsi assister à l'éclosion de ce que l'on a appelé « l'Art nouveau », en suivre les différentes phases, depuis ses origines peu connues jusqu'à son apogée, et se rendre compte aussi des tendances actuelles de nos artistes les plus réputés.

Les trois volumes qui composent ce bel ouvrage, d'une lecture

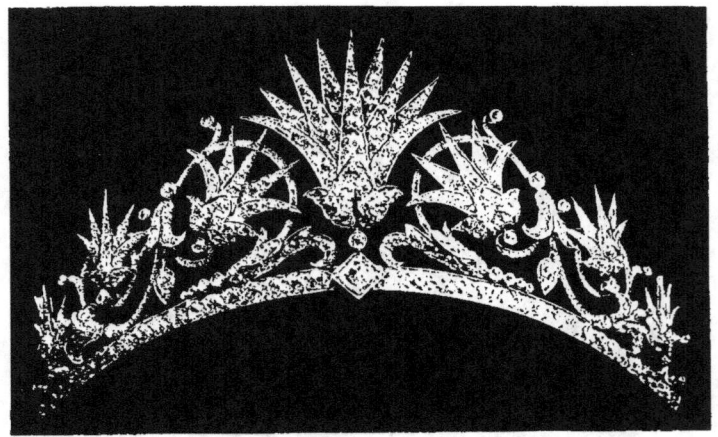

DIADÈME LOTUS EN JOAILLERIE.
(Maison Boucheron, 1876.)

si attachante et d'une remarquable exécution, sont pour les amateurs, les érudits et les artistes, une source très précieuse de renseignements et constituent certainement le document iconographique le plus complet qui soit consacré jusqu'ici à l'histoire de la Parure au XIXe siècle.

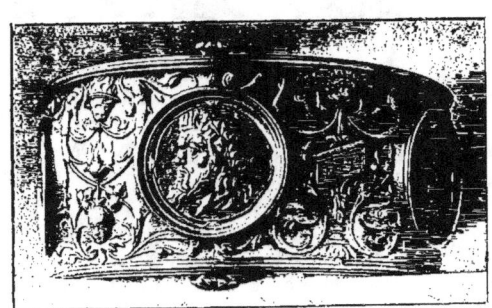

BRACELET AVEC MÉDAILLES ANTIQUES
par Lucien Falize

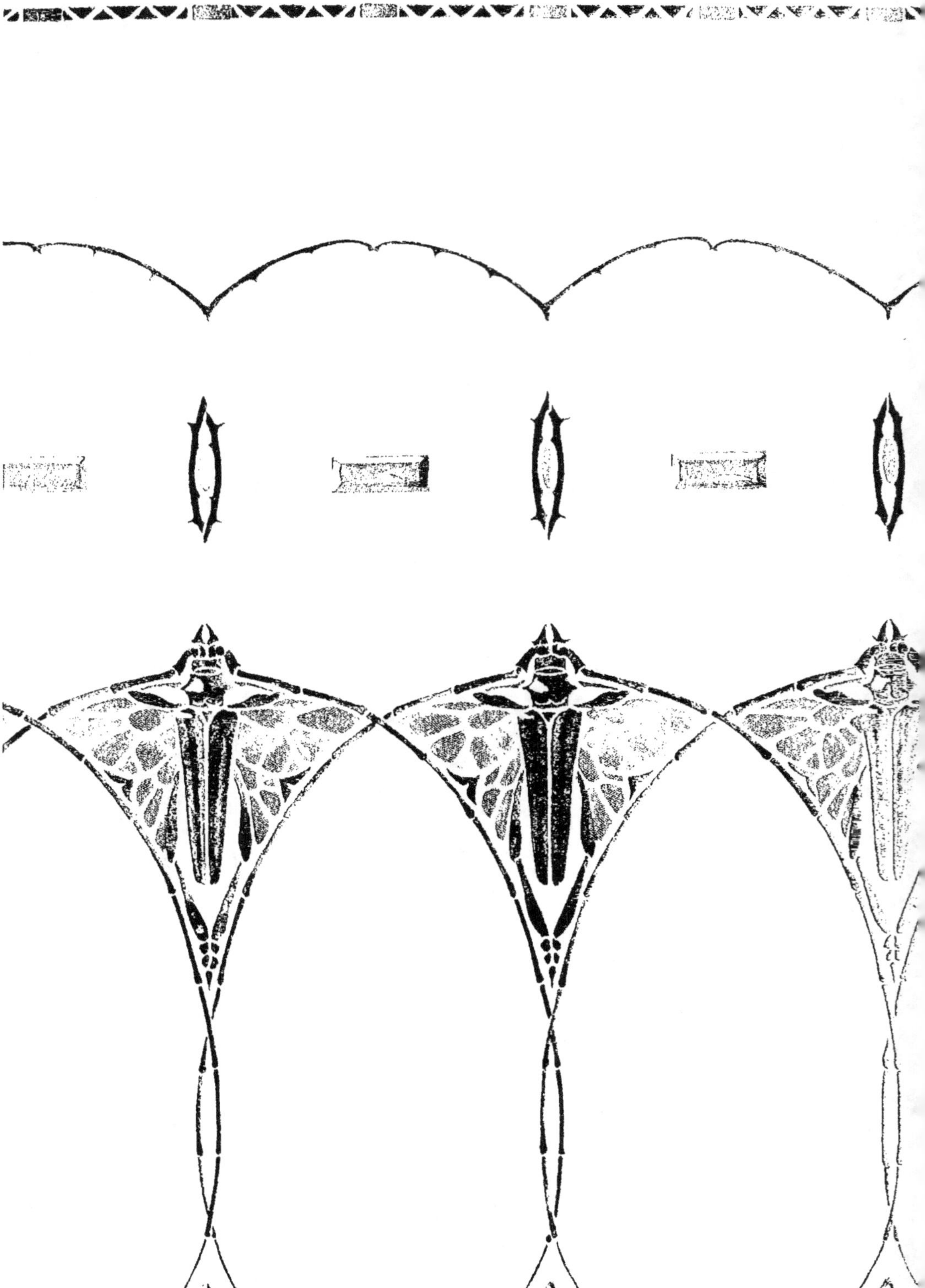

www.ingramcontent.com/pod-product-compliance
Lightning Source LLC
Chambersburg PA
CBHW071156240526
45470CB00016BA/91